（2024年版）

国网福建省电力有限公司输变电工程

通用设计

35kV 输电线路杆塔分册

国网福建省电力有限公司经济技术研究院　组编

中国电力出版社
CHINA ELECTRIC POWER PRESS

内容提要

　　为持续完善福建省 35kV 输配电线路设计标准及造价控制指标，加强工程建设集约化管理，国网福建省电力有限公司（简称国网福建电力）建设部组织修编完善 35kV 输电线路杆塔通用设计。通用设计的广泛深入应用，对统一建设标准、规范设计方案、加快设计进度和提升工程建设水平具有重要意义。

　　本书为《国网福建省电力有限公司输变电工程通用设计　35kV 输电线路杆塔分册（2024年版）》，全书共分为 4 篇，第 1 篇为总论，包括概述、编制依据、使用说明、模块划分及杆塔规划；第 2 篇为技术导则；第 3、4 篇为 35kV 输电线路杆塔通用设计，主要包括 14 个子模块、94 个杆塔的设计说明、杆塔一览图、杆塔单线图。本书适合从事输电线路工程的技术人员及相关人员阅读。

图书在版编目（CIP）数据

国网福建省电力有限公司输变电工程通用设计. 35kV
输电线路杆塔分册：2024 年版 / 国网福建省电力有限公
司经济技术研究院组编. -- 北京：中国电力出版社，
2025. 4. -- ISBN 978-7-5198-9866-3

Ⅰ. TM7；TM753

中国国家版本馆 CIP 数据核字第 202513AONO 号

出版发行：中国电力出版社	印　　刷：三河市万龙印装有限公司
地　　址：北京市东城区北京站西街 19 号（邮政编码 100005）	版　　次：2025 年 4 月第一版
网　　址：http://www.cepp.sgcc.com.cn	印　　次：2025 年 4 月北京第一次印刷
责任编辑：赵　杨（010-63412287）	开　　本：880 毫米×1230 毫米　横 16 开本
责任校对：黄　蓓　常燕昆　于　维	印　　张：15.25
装帧设计：张俊霞	字　　数：547 千字
责任印制：石　雷	定　　价：275.00 元

《国网福建省电力有限公司输变电工程通用设计　35kV 输电线路杆塔分册（2024 年版）》编委会

牵头单位　国网福建省电力有限公司建设部

编制单位　国网福建省电力有限公司经济技术研究院

　　　　　　福建永福电力设计股份有限公司

主　　编　柯清辉

副 主 编　陈　彬　　黄永忠　　肖方顺　　林学根

编写人员　武奋前　李扬森　林少远　纪联辉　于新民　刘志伟　宋　平　唐自强　程建平　陈　祥　蔡旺昕　李小刚　聂克剑

　　　　　　施孝霖　陈行云　林健昊　吴逸帆　黄晓予　张劲波　王先日　陈远浩　郭经峰　叶　欣　林　师　陈　剑　林文玉

　　　　　　付晓旭　谢杨斌　孙义贤　游金泉　谢　铭　陈笔尖　胡逸羽　张　炜　陈　达　黄旭伟　张彦博　陈鹏飞　刘　创

前　　言

　　近年来，我国自然灾害频繁，电网时常受灾损坏，对电网安全、企业与社会经济造成重大损失。考虑原设计规模与标准的不足、环境演变因素、国民经济发展需要，并总结和吸收了近年来架空输电线路设计、建设和运行中的新技术、新材料、新工艺应用经验，国家修订了新版规程规范与有关设计标准，其主要设计原则与有关计算参数有较大调整，以提高电网抗灾能力与安全运行水平。

　　福建省 35kV 电压等级输电线路目前缺乏完整的设计标准及造价控制指标，在具体工程建设中，无论是技术参数，还是工程造价水平均较难准确控制，而目前福建省 35kV 线路的设计单位技术水平良莠不齐，尤其在杆塔设计方面更为薄弱。2010 年，福建省电力有限公司（简称国网福建电力）建设部组织相关单位编写了 351、352、353、354 共 4 个模块杆塔型的通用设计（2010 版），该版本通用设计由于规划的杆塔型数量有限，远不能满足实际工程的需求，一定程度上制约了工程建设集约化管理的发展。

　　国网福建电力于 2019 年底开始组织相关单位修编完善 35kV 输电线路杆塔通用设计，在方案的研究阶段，国网福建电力开展了大量前期工作：分别向省内各设计、施工和运行单位进行深入调研；2019 年 5 月 14 日，在国网福建电力组织召开福建省 35kV 输电线路杆塔通用设计专项会议；2020 年 1 月 7 日，组织相关专家对通用设计技术原则进行深入讨论，并于 2021—2023 年完成此次成果的省内试运行。这些举措保证了方案的适用性与通用性。

　　此次 35kV 输电线路杆塔通用设计的顺利完成及今后的推广，将有效提高福建电网抗灾能力，并使工程建设的采购、设计制造、施工等各环节更加规范化，有利推进福建省电网基建标准化工作再上新台阶。

编　者

2025 年 4 月

目　录

第1篇

总　　论

1　概　　述

1.1　编制目的

福建省 35kV 电压等级输电线路工程具有分布范围广、地域差异大、设计方案同设备选型关联度大、形式多样等特点，要建设坚固的国家电网，就要发挥规模优势，提高资源的利用率，增强供电可靠性。

开展通用设计的目的是：统一建设标准，统一设备规范；方便运行维护、设备招标；提高工作效率，降低建设和运行成本；发挥规模优势，提高整体效益；更好地指导规范工程设计建设。

1.2　编制原则

（1）遵循最新标准规范。按照新修订的国家标准、行业标准及公司技术标准、文件等要求，编制杆塔通用设计技术导则。

（2）统一设计技术要求。统一设计原则、杆塔规划、材料规格、加工制图要求，提高杆塔通用互换性。

（3）优化精简杆塔数量。分析通用设计杆塔应用频率、技术指标，合理归并相邻杆塔模块，优化精简通用设计杆塔数量。

（4）实现技术经济合理。精细化开展杆塔设计，合理控制构件应力。

1.3　工作成果

根据《福建省 35kV 输电线路杆塔通用设计》的指导意见及前期调研成果，并通过与会专家讨论，最终确定此次通用设计按单、双回路设计，海拔在 1000m 以内，共规划 14 个子模块。其中，12 个子模块共 84 种塔型为角钢塔，2 个子模块共 10 种杆塔型为钢管杆。

1.4　工作方式

为了保证设计方案的适用性、通用性，国网福建电力开展大量深入的前期调研工作。结合福建省各个地区的实际情况，向省内设计、施工、运行、生产制造等相关单位进行多方面、深层次的调查收资；与国内其他设计单位进行充分的交流，借鉴国家电网典型设计的先进经验，确保此次典型设计的质量与技术水平。调研的主要内容如下：

（1）杆塔设计条件规划。

（2）杆塔设计技术标准。

（3）加工、施工、运行等环节对设计参数的要求。

（4）在线运行的各种杆塔的优缺点。

1.5　技术重点

此次 35kV 输电线路杆塔深化应用项目总结和吸收了近年来架空输电线路设计、建设及运行中的新技术、新材料、新工艺应用经验，主要着重以下几方面：

（1）铁塔采用全方位不等高接腿布置，可尽量维护自然地形、地貌，相对以往 35kV 输电线路工程可减少尖峰土石方量。

（2）提升杆塔的最高呼高，使线路满足林区高跨设计的要求，达到减少林木砍伐量、防治水土流失等目的。

（3）充分考虑目前省内各地区污秽等级的要求，合理规划塔头尺寸，以满足全省使用要求。

（4）采用三维数字化技术设计，满足公司架空输电线路三维设计全过程应用需求，同时为构建数字电网奠定基础。

（5）结合公司开拓电力物联网的战略目标，考虑远期升级大容量地线复合光缆（optical power grounded waveguide，OPGW）光缆的技术措施。

2 编 制 依 据

2.1 主要设计标准、规程规范

（1）《架空输电线路荷载规范》（DL/T 5551—2018）。

（2）《66kV 及以下架空电力线路设计标准》（2025 年版）（GB 50061—2010）。

（3）《架空输电线路杆塔结构设计技术规程》（DL/T 5486—2020）。

（4）《输电线路杆塔制图和构造规定》（DL/T 5442—2020）。

（5）《建筑结构荷载规范》（GB 50009—2012）。

（6）《钢结构设计标准》（GB 50017—2017）。

（7）《架空绝缘配电线路设计标准》（GB 51302—2018）。

（8）《圆线同心绞架空导线》（GB/T 1179—2017）。

（9）《铝包钢绞线》（YB/T 124—2017）。

（10）《镀锌钢绞线》（YB/T 5004—2012）。

（11）《交流电气装置的过电压保护和绝缘配合设计规范》（GB/T 50064—2014）。

2.2 国家电网有限公司的有关规定

（1）《国家电网有限公司关于印发十八项电网重大反事故措施（修订版）的通知》（国家电网设备〔2018〕979 号）。

（2）《电力安全工作规程 电力线路部分》（GB 26859—2011）。

（3）《电力建设安全工作规程 第 2 部分：电力线路》（DL 5009.2—2013）。

3 使 用 说 明

3.1 应用方法

首先，根据实际工程的导地线规格型号及气象条件，查找相应的杆塔子模块，套用时，应注意详细核对每个塔型的设计参数，确保安全可靠。

（1）水平档距、垂直档距、K_v 值、转角度数、代表档距。

（2）绝缘配置是否满足实际工程的要求。

（3）塔头间隙。

（4）特殊塔位应注意核对可能出现极端的荷载情况。

（5）施工架线方式是否存在特殊情况。

（6）联塔金具及挂孔大小是否与通用设计一致。

3.2 耐张塔基础作用力转换系数

耐张塔同一呼高拉腿对应的下压力或压腿对应的上拔力，可通过该呼高的最大下压力或上拔力乘以相应转换系数得到。

（1）Ⅰ型耐张塔下压力转换系数 0.9，上拔力转换系数 0.9。

（2）Ⅱ型耐张塔下压力转换系数 0.75，上拔力转换系数 0.7。

（3）Ⅲ型耐张塔下压力转换系数 0.55，上拔力转换系数 0.5。

（4）Ⅳ型耐张塔下压力转换系数 0.35，上拔力转换系数 0.3。

3.3 注意事项

（1）超条件使用的杆塔、单侧档距超过 900m 的Ⅲ型直线塔，使用时，均应注意核对导地线的相间距离。

（2）对于差异化设计或超条件使用杆塔时，应通过验算或者采用荷载换算的方式验证承载力。

（3）严禁未经计算而随意变更导地线的施工架线方式。

（4）地线采用 OPGW 时，应注意核对 OPGW 的各项参数，确保实际荷载不大于原设计的荷载。

4 模块划分及杆塔规划

（1）导地线型号：此次国网福建电力输变电工程 35kV 输电线路杆塔通用设计新规划三种导线，分别为 JL/G1A-150/35、JL/G1A-240/30 和 JL/G1A-240/40，按单地线进行设计；常规塔导线安全系数 2.5，GJ-55 地线取 3.0，JLB20A-80 地线取 3.5；钢管杆导线安全系数取 6.0，地线安全系数取 8.0。

（2）杆塔类型：根据杆塔负荷的大小及各模块的实际应用情况采用常规铁塔和钢管杆。

（3）规划模块数量：此次通用设计分别按单双回路设计，杆塔模块规划是以省内各地区对 35kV 杆塔的需求为基础进行整合归并，并结合实际工程的使用情况进行适当补充。

（4）此次通用设计没有涉及的导线及气象区，在工程应用时，采用相近模块换算的方式进行套用。

35kV 通用设计规划杆塔模块一览表见表 4-1。

表 4-1　　　35kV 通用设计规划杆塔模块一览表

序号	模块名称	回路	导线	地线	基本风速 v（m/s）	冰厚 c（mm）	杆塔型	杆塔数	地形	海拔（m）
1	35-AC21D	单回	JL/G1A-150/35	GJ-55	27	10	常规铁塔（3+4）	7	山地	
2	35-AC31D	单回	JL/G1A-150/35	GJ-55	27	15	常规铁塔（3+4）	7	山地	0~1000
3	35-AC21S	双回	JL/G1A-150/35	JLB20A-80	27	10	常规铁塔（3+4）	7	山地	

续表

序号	模块名称	回路	导线	地线	基本风速 v（m/s）	冰厚 c（mm）	杆塔型	杆塔数	地形	海拔（m）
4	35-AC31S	双回	JL/G1A-150/35	JLB20A-80	27	15	常规铁塔（3+4）	7	山地	
5	35-CC21D	单回	JL/G1A-240/30	GJ-55	27	10	常规铁塔（3+4）	7	山地	
6	35-CC31D	单回	JL/G1A-240/40	GJ-55	27	15	常规铁塔（3+4）	7	山地	
7	35-CF11D	单回	JL/G1A-240/30	GJ-55	33	5	常规铁塔（3+4）	7	山地	
8	35-CC21S	双回	JL/G1A-240/30	JLB20A-80	27	10	常规铁塔（3+4）	7	山地	
9	35-CC31S	双回	JL/G1A-240/40	JLB20A-80	27	15	常规铁塔（3+4）	7	山地	0~1000
10	35-CF11S	双回	JL/G1A-240/30	JLB20A-80	33	5	常规铁塔（3+4）	7	山地	
11	35-CH11D	单回	JL/G1A-240/30	GJ-55	37	0	常规铁塔（3+4）	7	山地	
12	35-CH11S	双回	JL/G1A-240/30	JLB20A-80	37	0	常规铁塔（3+4）	7	山地	
13	35-CF11GD	单回	JL/G1A-240/30	GJ-55	33	5	钢管杆（2+3）	5	平地	
14	35-CF11GS	双回	JL/G1A-240/30	JLB20A-80	33	5	钢管杆（2+3）	5	平地	

第2篇

技 术 导 则

5 环 境 条 件

5.1 气象条件

根据 2020 年 1 月 7 日在国网福建电力举行的"福建省 35kV 杆塔深化应用方案主要设计原则暨线路设计交流研讨会"的会议要求，并结合全省各地区对 35kV 输电线路杆塔的需求情况，整合 2010 年已完成的杆塔通用设计，此次通用设计新设计塔型主要考虑以常见的"27m/s、33m/s、37m/s"典型风速区与"0mm、5mm、10mm、15mm"常见冰区进行组合，作为通用设计的标准气象条件。各气象区的气象组合情况见表 5-1。

表 5-1　　　　　各气象区的气象组合情况表

气象区		气温（℃）	风速 v（m/s）	冰厚 c（mm）
气象区（Ⅰ）	最高温	40	0	0
	最低温	−5	0	0
	平均温	15	0	0
	基准风	10	37	0
	覆冰	−5	10	0
	安装	0	10	0
	雷电过电压	15	15	0
	内部过电压	15	20	0

续表

气象区		气温（℃）	风速 v（m/s）	冰厚 c（mm）
气象区（Ⅱ）	最高温	40	0	0
	最低温	−5	0	0
	平均温	15	0	0
	基准风	10	33	0
	覆冰	−5	10	5
	安装	−5	10	0
	雷电过电压	15	10	0
	内部过电压	15	18	0
气象区（Ⅲ）	最高温	40	0	0
	最低温	−10	0	0
	平均温	15	0	0
	基准风	10	27	0
	覆冰	−5	10	15
	安装	−5	10	0
	雷电过电压	15	10	0
	内部过电压	15	15	0

气象区		气温（℃）	风速 v（m/s）	冰厚 c（mm）
气象区（Ⅳ）	最高温	40	0	0
	最低温	-10	0	0
	平均温	15	0	0
	基准风	10	27	0
	覆冰	-5	10	10
	安装	-5	10	0
	雷电过电压	15	10	0
	内部过电压	15	15	0

5.2 导地线参数

此次通用设计导地线技术参数及机械特性表见表5-2。

表5-2　　　　　　　　导地线技术参数及机械特性表

项目	导线			地线	
电线型号	JL/G1A-150/35	JL/G1A-240/30	JL/G1A-240/40	GJ-55	JLB20A-80
计算截面面积（mm²）	181.62	275.96	277.74	56.3	79.39
计算外径（mm）	17.50	21.60	21.70	9.6	11.4
计算重量（kg/m）	0.675	0.9207	0.9628	0.447	0.528
计算拉断力（N）	64940	75190	83760	65780	89310
弹性系数（MPa）	80000	73000	76000	185000	147200
线膨胀系数（1/℃）	17.8×10^{-6}	19.6×10^{-6}	18.9×10^{-6}	11.5×10^{-6}	13.0×10^{-6}

5.3 杆塔设计

5.3.1 杆塔设计条件

根据前期调研成果、以往工程使用经验及35kV输电线路杆塔通用设计的指导意见，规划设计条件按以下原则进行：

（1）铁塔接腿设置：常规铁塔设计不等高接腿以满足山区要求，钢管杆采用平腿设计。

（2）此次通用设计钢管耐张杆塔按0°~20°、20°~45°、45°~90°（兼0°~90°终端）角度划分，常规杆塔根据荷载大小对杆塔指标的影响情况进行角度划分；常规铁塔模块直线规划为3塔的型式；钢管杆模块直线规划为2塔的型式。

（3）双回路塔采用垂直排列的布置方式，单回路采用三角排列。各模块的杆塔型规划设计条件见表5-3~表5-7。

（4）垂直档距栏中括号内的负值表示最小垂直档距，详见5.4.4说明。

表5-3　　　　单回路（无）轻冰区杆塔规划使用条件

序号	名称	水平档距（m）	垂直档距（m）	代表档距（m）	K_v	转角度数（°）	呼称高（m）	杆塔类型	备注
1	ZC1	320	550	200	0.85 (0.95)	0	12~30	铁塔	35-CH11D 直线塔 K_v值 取括号内值
2	ZC2	450	700	200	0.75 (0.85)	0	12~30	铁塔	35-CH11D 直线塔 K_v值 取括号内值
3	ZC3	750	1200	200	0.65 (0.75)	0	1~36	铁塔	35-CH11D 直线塔 K_v值 取括号内值
4	JC1	450	650 (-325)	450/150	—	0~20	9~30	铁塔	—
5	JC2	450	650 (-325)	450/150	—	20~40	9~30	铁塔	—
6	JC3	450	650 (-325)	450/150	—	40~60	9~30	铁塔	—
7	JC4	450	650 (-325)	450/150	—	60~90	9~30	铁塔	兼0°~90°终端

注：K_v表示最小垂直档距与水平档距比值。

表5-4　　　　双回路（无）轻冰区杆塔规划使用条件

序号	名称	水平档距（m）	垂直档距（m）	代表档距（m）	K_v	转角度数（°）	呼称高（m）	杆塔类型	备注
1	ZC1	320	550	200	0.85 (0.95)	0	12~30	铁塔	35-CH11S 直线塔 K_v值 取括号内值
2	ZC2	450	700	200	0.75 (0.85)	0	12~30	铁塔	35-CH11S 直线塔 K_v值 取括号内值

序号	名称	水平档距(m)	垂直档距(m)	代表档距(m)	K_v	转角度数(°)	呼称高(m)	杆塔类型	备注
3	ZC3	750	1200	200	0.65(0.75)	0	12~36	铁塔	35-CH11S 直线塔K_v值取括号内值
4	JC1	450	650(-325)	450/150		0~20	9~30	铁塔	
5	JC2	450	650(-325)	450/150		20~40	9~30	铁塔	
6	JC3	450	650(-325)	450/150		40~60	9~30	铁塔	
7	JC4	450	650(-325)	450/150		60~90	9~30	铁塔	兼0°~90°终端

表 5-5　　　　　　　　单回路中冰区杆塔规划使用条件

序号	名称	水平档距(m)	垂直档距(m)	代表档距(m)	K_v	转角度数(°)	呼称高(m)	杆塔类型	备注
1	ZC1	320	550	200	0.85	0	15~33	铁塔	—
2	ZC2	450	700	200	0.75	0	15~33	铁塔	—
3	ZC3	750	1200	200	0.65	0	15~39	铁塔	—
4	JC1	450	650(-325)	450/150		0~20	12~33	铁塔	
5	JC2	450	650(-325)	450/150		20~40	12~33	铁塔	
6	JC3	450	650(-325)	450/150		40~60	12~33	铁塔	
7	JC4	450	650(-325)	450/150		60~90	12~33	铁塔	兼0°~90°终端

表 5-6　　　　　　　　双回路中冰区杆塔规划使用条件

序号	名称	水平档距(m)	垂直档距(m)	代表档距(m)	K_v	转角度数(°)	呼称高(m)	杆塔类型	备注
1	ZC1	320	550	200	0.85	0	15~33	铁塔	—
2	ZC2	450	700	200	0.75	0	15~33	铁塔	—
3	ZC3	750	1200	200	0.65	0	15~39	铁塔	—
4	JC1	450	650(-325)	450/150		0~20	12~33	铁塔	
5	JC2	450	650(-325)	450/150		20~40	12~33	铁塔	
6	JC3	450	650(-325)	450/150		40~60	12~33	铁塔	
7	JC4	450	650(-325)	450/150		60~90	12~33	铁塔	兼0°~90°终端

表 5-7　　　　　　　　钢管杆杆塔规划使用条件（33m/s）

序号	名称	水平档距(m)	垂直档距(m)	代表档距(m)	K_v	转角度数(°)	呼称高(m)	杆塔类型	备注
1	ZG1	150	300	80	0.85	0	18~30	钢管杆	—
2	ZG2	200	350	80	0.70	0	18~36	钢管杆	—
3	JG1	200	350	150/50		0~20	12~27	钢管杆	—
4	JG2	200	350	150/50		20~45	12~27	钢管杆	—
5	JG3	200	350	150/50		45~90	12~27	钢管杆	兼0°~90°终端

5.3.2　杆塔电气配合及塔头设计

（1）此次通用设计 35kV 输电线路单双回杆塔考虑架设一根地线。

（2）双回路塔采用垂直排列的布置方式，单回路采用三角排列。

（3）适用地形：按 1000m 以下山区地形设计。

（4）地线对导线的保护角：按不大于 25° 进行设计。

（5）雷暴日数：雷暴日取 65 日。

（6）污秽等级：按 D2 级污秽区。

（7）绝缘子串参数：35kV 按 4 片配置、绝缘长度按 584mm（再按合成绝缘子长度校对）。

（8）塔头空气间隙值：按规范取值。

5.3.3　杆塔结构布置

（1）常规铁塔尽可能设计高低腿组合，钢管杆采用平腿设计。

（2）为了增加铁塔顺线路的刚度，所有铁塔采用方形断面。

（3）为了确保铁塔的抗扭刚度，隔面设置按不大于 5 倍平均宽和 4 个主材分段。

（4）为了确保直线塔导线双悬垂挂点间距满足 200＋200＝400（mm）的要求，直线塔横担口宽不宜小于 600mm。

（5）此次典型设计耐张塔转角外侧 3 个跳线挂点，耐张塔转角内侧 1 个跳线挂点，塔型规划时可适当减小横担口宽。单回路耐张塔上导线挂点设置在塔身隔面中间。

（6）由于 35kV 输电线路铁塔荷载相对较小，且考虑结构处理的简便性，塔头普遍采用单斜材、主材平行轴的布置形式，塔身根据各塔型受力大小的不同依次采用单斜材平行轴、交叉材平行轴、交叉材最小轴的布置形式，力求做到构造简单、受力合理、指标优化。

（7）横担上弦杆与下弦杆的夹角宜控制在 18°～23°；塔身交叉斜材与水平面的夹角取 35°～45°为宜，不宜小于 30°，同时不宜大于 45°；塔腿斜材与主材的夹角不应小于 18°，同时不宜大于 30°，塔腿斜材与水平面的夹角宜大于 30°。

（8）纵向荷载应按沿导线横担下平面传递的方式进行结构布置，根据具体情况，直线塔导线横担上平面腹杆按单横杆布置，耐张塔可采用交叉布置方式。

5.4 杆塔荷载

5.4.1 气象重现期

35kV 输电线路重现期按 30 a 取值。

5.4.2 设计风速离地高度

设计风速离地高度取 10m，按 B 类地面粗糙度选取。

5.4.3 杆塔结构重要性系数

此次通用设计所有杆塔结构重要性系数均取 1.0。

5.4.4 荷载计算原则

（1）荷载计算时，水平荷载考虑风压高度变化系数，线条安装张力考虑初伸长、过牵引及施工误差的影响。

（2）铁塔构件覆冰后风荷载增大系数按规范要求取值，5mm 冰取 1.1，10mm 冰取 1.2，15mm 冰取 1.6。

（3）安装工况动力系数：直线塔取 1.1。

（4）考虑温度变化对垂直档距的影响，计算时垂直档距乘以 1.1 的放大系数。

（5）可变荷载组合系数：正常运行情况取 1.0；安装工况取 0.9；转角塔断线工况取 0.9，直线塔断线工况取 0.75；验算工况取 0.75。

（6）直线塔最小垂直荷载根据 K_v 计算，即 $G_{min} = G_{max} \times K_v \times L_h/L_v$，摇摆角 K_v 值参照 110kV 杆塔典设取值；耐张塔最小垂直荷载工况，按一侧上拔一侧下压考虑，垂直上拔荷载按照设计垂直档距的 50% 考虑，垂直下压荷载按设计垂直档距的 80% 考虑。例如：JC1 塔垂直档距为 650m，最小垂直档距为负值，即 $L_v(min) = 650 \times (-50\%) = -325$（m）。

（7）前后点荷载分配系数：直线塔水平荷载前后侧按 3:7 分配，垂直荷载前后侧按 3:7 分配；耐张塔风荷载、垂直荷载前后侧按 3:7 分配。

（8）当杆塔全高不超过 60m，高度与根开比值不大于 7 时，杆塔风荷载调整系数 β_z 应按表 5-8 对全塔采用一个系数：

表 5-8　　　　　　　　　　杆塔风荷载调整系数

杆塔全高 h（m）		<30	30～50	50～60
β_z	铁塔	1.0	1.2	1.5
	基础	1.0	1.0	1.2

当杆塔全高超过 60m 或高度与根开比值大于 7 时，风荷载调整系数应分段计算。对基础，常规铁塔及钢管杆取杆塔效应的 50%，即 $\beta_基 = (\beta_{杆塔} - 1)/2 + 1$。

1）导地线平均高及风压高度系数取值如下：

a. 下层导线：h = ［计算呼称高 -（对地距离 + 悬垂串长）］× 1/3 + 对地距离；

b. 其他导线：下导线高 + 层高；

c. 各杆塔下相导线平均高及风压高度系数取值详见表 5-9。

表 5-9　　　　　　　杆塔下相导线平均高及风压高度系数

最高呼高 h（m）	18	21	24	27	30	33	36
下导线平均高（m）	12.0	15.0	18.0	21.0	23.0	25.0	27.0
下导线风压高度系数	1.06	1.14	1.21	1.27	1.30	1.34	1.37

2）根据《66kV 及以下架空电力线路设计规范》的要求，直线杆塔的断线张力取值按表 5-10。

表 5-10　　　　地线、单导线断线张力与最大使用张力的百分比值

导线或地线种类		自立式杆塔（%）
地线		50
导线	截面面积 95mm² 及以下	40
	截面面积 120～185mm²	40
	截面面积 210mm² 及以上	50

耐张塔的断线情况，地线张力取地线最大使用张力的 80%，导线张力取最大使用张力的 70%。

5.4.5 工况组合

1. 直线塔工况组合

（1）正常运行情况。

1）基准风速、无冰、未断线（最大垂直荷载、最小垂直荷载分别与最大

水平荷载组合），包括 0°、45°、60°、90°风。

2）设计覆冰、相应风速及气温、未断线。

3）最低气温、无风、无冰、未断线。

（2）断线情况。

1）普通铁塔断任意一相导线，地线未断。

2）断任意一根地线，导线未断。

（3）安装情况。所有直线塔安装考虑双倍起吊工况，考虑锚线工况。

（4）不均匀覆冰情况。所有直线杆塔均不考虑不均匀覆冰工况。

（5）验算覆冰情况。所有直线杆塔均不考虑验算覆冰工况。

（6）分期架设情况。所有双回直线杆塔均考虑分期架设工况。

2. 耐张塔工况组合

（1）正常运行情况。

1）基准风速、无冰、未断线，包括 60°、90°风（终端塔再算 0°风）。

2）设计覆冰、相应风速及气温、未断线。

3）最低气温、无冰、无风、未断线。

（2）断线情况。

1）单回路同档内断任意两相导线，地线未断。

2）双回路同档断导线的数量为杆塔上全部导线数量的三分之一，地线未断。

3）断任意一根地线，导线未断。

4）终端杆塔：除按常规转角考虑外，还需考虑同一档内，断剩两相导线、地线未断。

（3）安装情况。所有耐张杆塔应考虑紧线、挂线工况。

（4）不均匀覆冰情况。所有耐张杆塔均不考虑不均匀覆冰工况。

（5）验算覆冰情况。所有耐张杆塔均不考虑验算覆冰工况。

（6）分期架设情况。所有双回耐张杆塔均需考虑分期架设工况。

5.5 其他设计参数

5.5.1 计算软件

普通铁塔应力分析采用铁塔设计软件 SmartTower。

5.5.2 铁塔计算

（1）对于两端单肢连接的构件，端部约束情况按两端无约束考虑。

（2）塔身主要传力斜材按平行轴布置时，计算长度放大 1.1 倍。

（3）塔腿斜材规格取不小于 L50×4；导线横担规格不小于 L50×4；塔头第一段主材规格不小于 Q355 L63×5。

（4）常规塔构件应力控制：主材为 0.98；斜材为 0.95；辅助材为 0.95。

（5）钢管杆满应力控制：0.9。

（6）构件长细比限值：受压主材为 150；受压斜材为 200；辅助材为 250；受拉材为 400。

5.6 杆塔材料

5.6.1 角钢选用原则

（1）角钢选用表。为了方便采购，杆塔材料应选择常用角钢规格，见表 5-11。

表 5-11		角 钢 规 格 选 用 表			mm
L40×3	L40×4	L45×4	L50×4	L50×5	L56×4
L56×5	L63×5	L70×5	L70×6	L75×5	L75×6
L80×6	L80×7	L90×6	L90×7	L90×8	L100×7
L100×8	L100×10	L110×8	L110×10	L125×8	L125×10
L140×10	L140×12	L160×12	L160×14	L180×14	L180×16
L200×16	L200×18	L200×20	L200×24	—	—

注：前一个数字代表等边角钢肢宽，后一个数字代表肢厚。

（2）角钢材质选择。普通铁塔采用角钢桁架结构，主材采用单角钢。对于肢宽小于 63 的角钢，材质仅采用 Q235；不小于 63 的角钢原则上均采用 Q355 以增加孔壁挤压能力，L125×10 及以上规格的主材采用 Q420 钢材，质量级别均为 B 级。

5.6.2 螺栓选用及焊接原则

铁塔构件主要采用螺栓连接，规格有 M16、M20 和 M24，其中，M16、M20 螺栓采用 6.8 级，M24 螺栓采用 8.8 级。焊接用的焊条，Q235 钢材用 E43，Q355 钢材用 E50，Q420 钢材用 E55，不同强度等级钢材焊接时，应按低等级钢材选取焊条。所有焊接构件均需加封焊以免酸水进入接触面造成锈蚀，所有构件采用热镀锌防腐。

所有铁塔均采用地脚螺栓与基础连接，地脚螺栓采用标准规格，并尽量减少规格种类，地脚螺栓材质为 35 号优质碳素钢（不加外防腐层）。地脚螺栓的规格和分布尺寸见表 5-12。

表 5 - 12   地 脚 螺 栓 选 用 表

		四根地脚螺栓用表						
螺栓型号		M24	M30	M36	M42	M48	M56	M64
塔脚板相关尺寸	塔脚板孔径φ	30	40	45	55	60	70	80
	螺栓间距 S1×2	160	200	240	260	280	320	350
	螺栓边距 S2	55	65	75	85	95	115	125
	塔脚板宽度 B	270	330	390	430	470	550	600
	垫板孔径φ	26	32	38	44	50	58	66

5.6.3 挂点金具

导线悬垂"I"型串联塔金具采用 UB - 07 挂板，地线联塔金具采用 UJ - 07 挂板。

导线耐张串及地线耐张串均采用单挂点，导线联塔金具采用 U - 16 挂板，地线联塔金具采用 U - 07 挂板，35 - CF11D、35 - CF11S、35 - CH11D、35 - CH11S、35C 模块的耐张塔跳线串采用 UJ - 07 挂板，其余模块的耐张塔跳线串采用 UB - 07 挂板。

第 3 篇

35kV 输电线路角钢塔通用设计

6　35－AC21D 子模块说明

6.1　模块说明

6.1.1　概述

本系列杆塔为海拔 1000m 以内，设计风速为 27m/s，覆冰厚度为 10mm，导线为 JL/G1A－150/35，地线为 GJ－55 的单回路杆塔。按山地规划设计，杆塔形式为直线塔及耐张塔。35－AC21D 模块共计 7 种杆塔型。

6.1.2　气象条件

35－AC21D 子模块气象条件见表 6－1。

表 6－1　　　　　　　　　35－AC21D 子模块气象条件

序号	气象工况	温度 t（℃）	风速 v（m/s）	冰厚 c（mm）
1	最高气温	40	0	0
2	最低气温	－10	0	0
3	覆冰	－5	10	10
4	基准风速	10	27	0
5	安装	－5	10	0
6	平均气温	15	0	0
7	雷电过电压	15	10	0
8	内部过电压	15	15	0

6.1.3　导地线型号及参数

35－AC21D 子模块导地线型号及参数见表 6－2。

表 6－2　　　　　　35－AC21D 子模块导地线型号及参数

项目	导线	地线
型号	JL/G1A－150/35	GJ－55
计算截面面积（mm^2）	181.62	56.3
计算外径（mm）	17.50	9.6
计算重量（kg/m）	0.675	0.447
计算拉断力（N）	64940	65780
弹性系数（MPa）	80000	185000
线膨胀系数（1/℃）	17.8×10^{-6}	11.5×10^{-6}

6.2　35－AC21D 子模块杆塔一览图

35－AC21D 子模块系列杆塔一览图如图 6－1 所示。

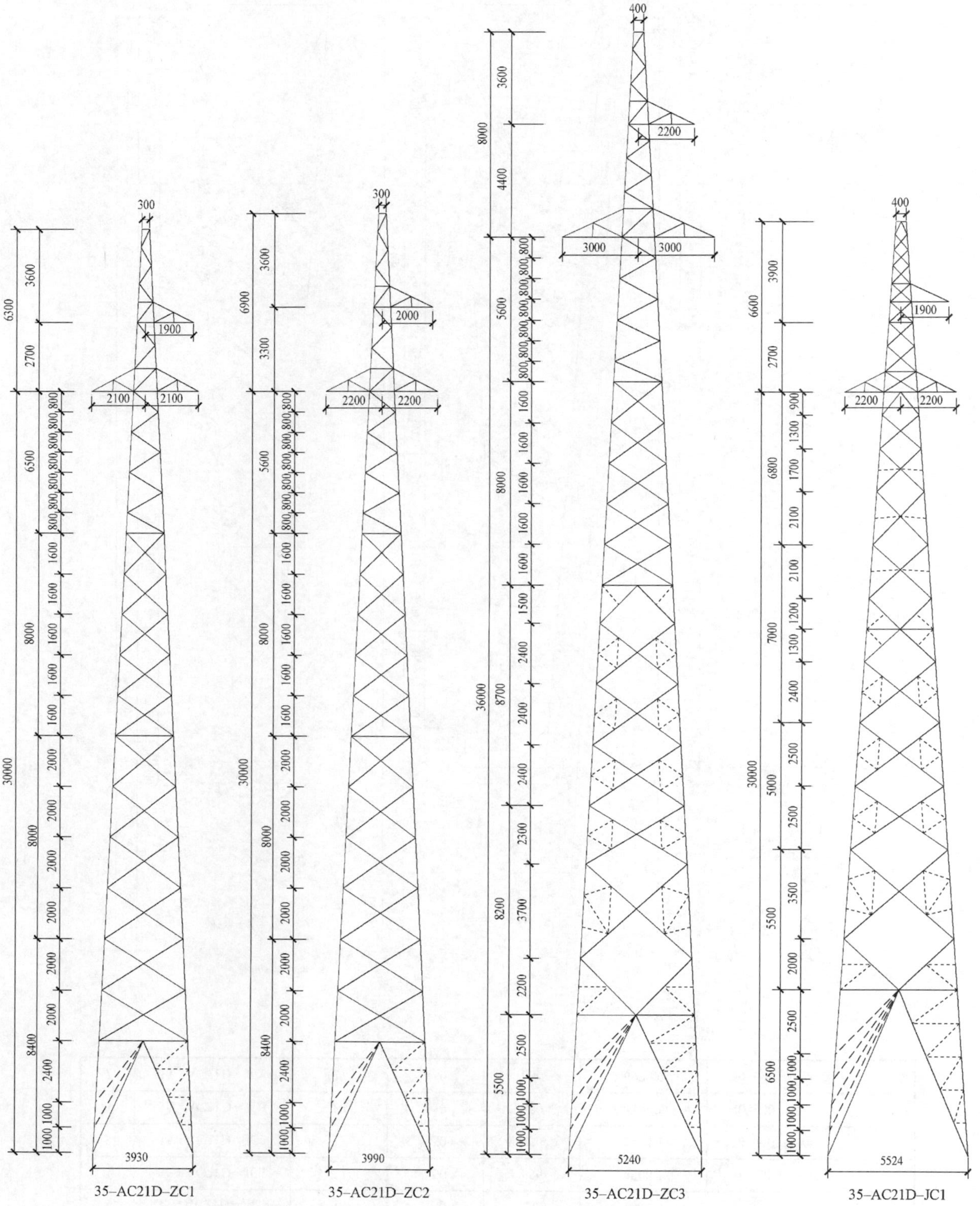

图 6—1　35—AC21D（原 35A1）系列杆塔一览图（一）

序号	塔型名称	标准呼高 (m)	水平档距 (m)	垂直档距 (m)	标准呼高塔重 (kg)	转角度数 (°)	备注
1	35-AC21D-ZC1	30	320	550	3440.3	0	
2	35-AC21D-ZC2	30	450	700	3624.3	0	
3	35-AC21D-ZC3	36	750	1200	5441.9	0	
4	35-AC21D-JC1	27	450	650	4906.1	0~20	
5	35-AC21D-JC2	27	450	650	5434.1	20~40	
6	35-AC21D-JC3	27	450	650	6108.6	40~60	
7	35-AC21D-JC4	27	450	650	6920.9	60~90	兼 0°~90° 终端

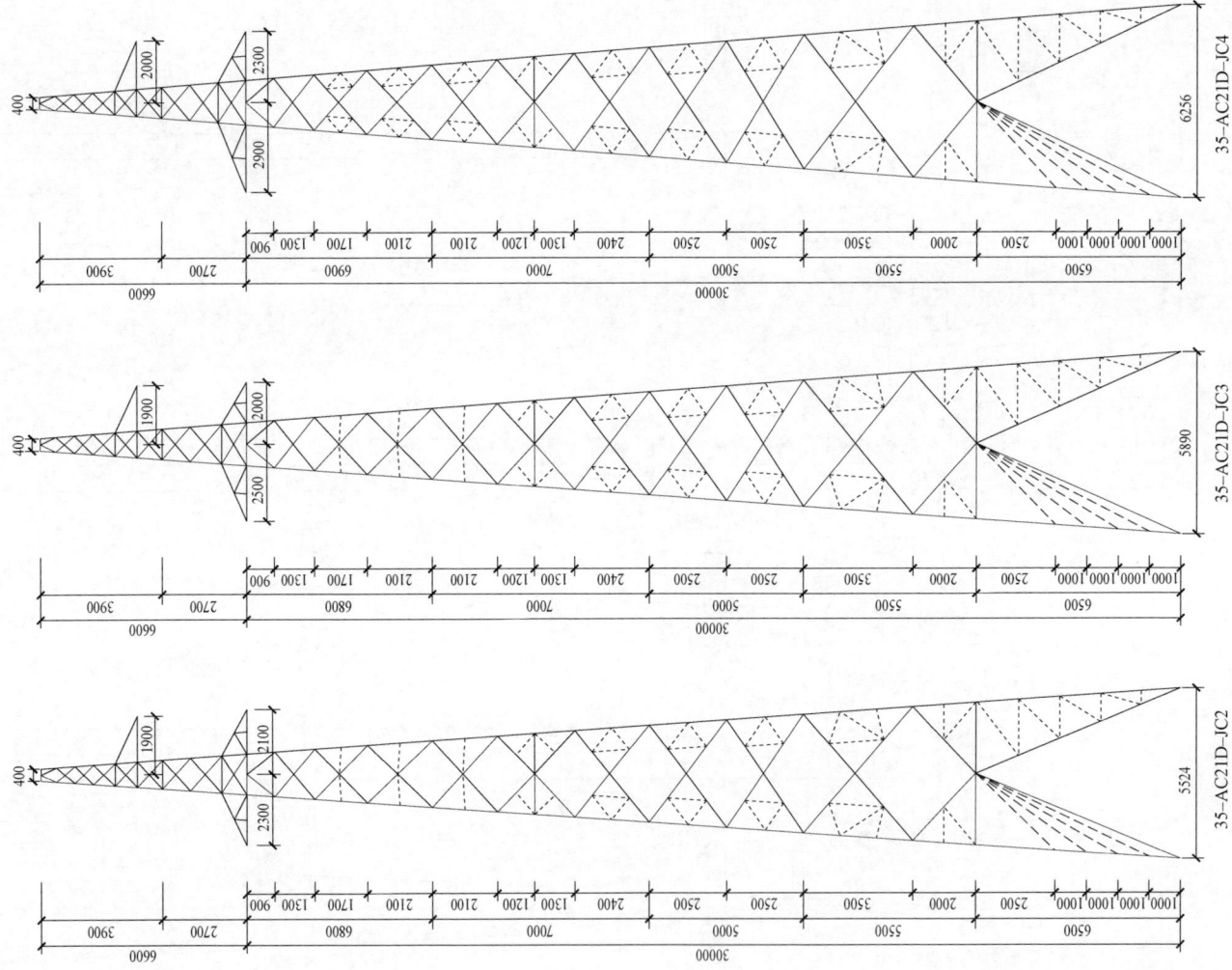

图 6-1 35-AC21D（原 35A1）系列杆塔一览图（二）

6.3　35-AC21D-ZC1 塔

6.3.1　设计条件

35-AC21D-ZC1 塔设计条件见表6-3~表6-6。

表 6-3　35-AC21D-ZC1 导地线型号及张力

导线型号	JL/G1A-150/35	最大使用张力（N）	24677	断线张力（%）	40
地线型号	GJ-55	最大使用张力（N）	21926	断线张力（%）	50

表 6-4　35-AC21D-ZC1 使用条件

水平档距（m）	垂直档距（m）	代表档距（m）	转角度数（°）	最大呼高（m）	K_v
320	550	200	0	30	0.85

表 6-5　35-AC21D-ZC1 基础力设计值

呼高 h（m）	基础力设计值（kN）					
	N_{max}	F_x	F_y	T_{max}	F_x	F_y
12	-106	-8	-6	90	-7	-6
15	-118	-9	-7	101	-8	-6
18	-136	-11	-9	118	-10	-8

续表

呼高 h（m）	基础力设计值（kN）					
	N_{max}	F_x	F_y	T_{max}	F_x	F_y
21	-151	-12	-10	131	-11	-9
24	-162	-13	-11	141	-11	-10
27	-178	-15	-13	155	-13	-12
30	-189	-15	-13	164	-14	-12

表 6-6　35-AC21D-ZC1 地脚螺栓及铁塔半根开值

呼高 h（m）	地脚螺栓	铁塔半根开（mm）	呼高 h（m）	地脚螺栓	铁塔半根开（mm）
12	4M24	1061	24	4M24	1656
15	4M24	1211	27	4M24	1806
18	4M24	1361	30	4M24	1951
21	4M24	1506	—	—	—

6.3.2　35-AC21D-ZC1 铁塔单线图

35-AC21D-ZC1 铁塔单线图如图6-2所示。

塔呼高（m）	12.0	15.0	18.0	21.0	24.0	27.0	30.0
塔重（kg）	1525.4	1787.7	2042.8	2377.4	2677.4	3088.7	3440.3

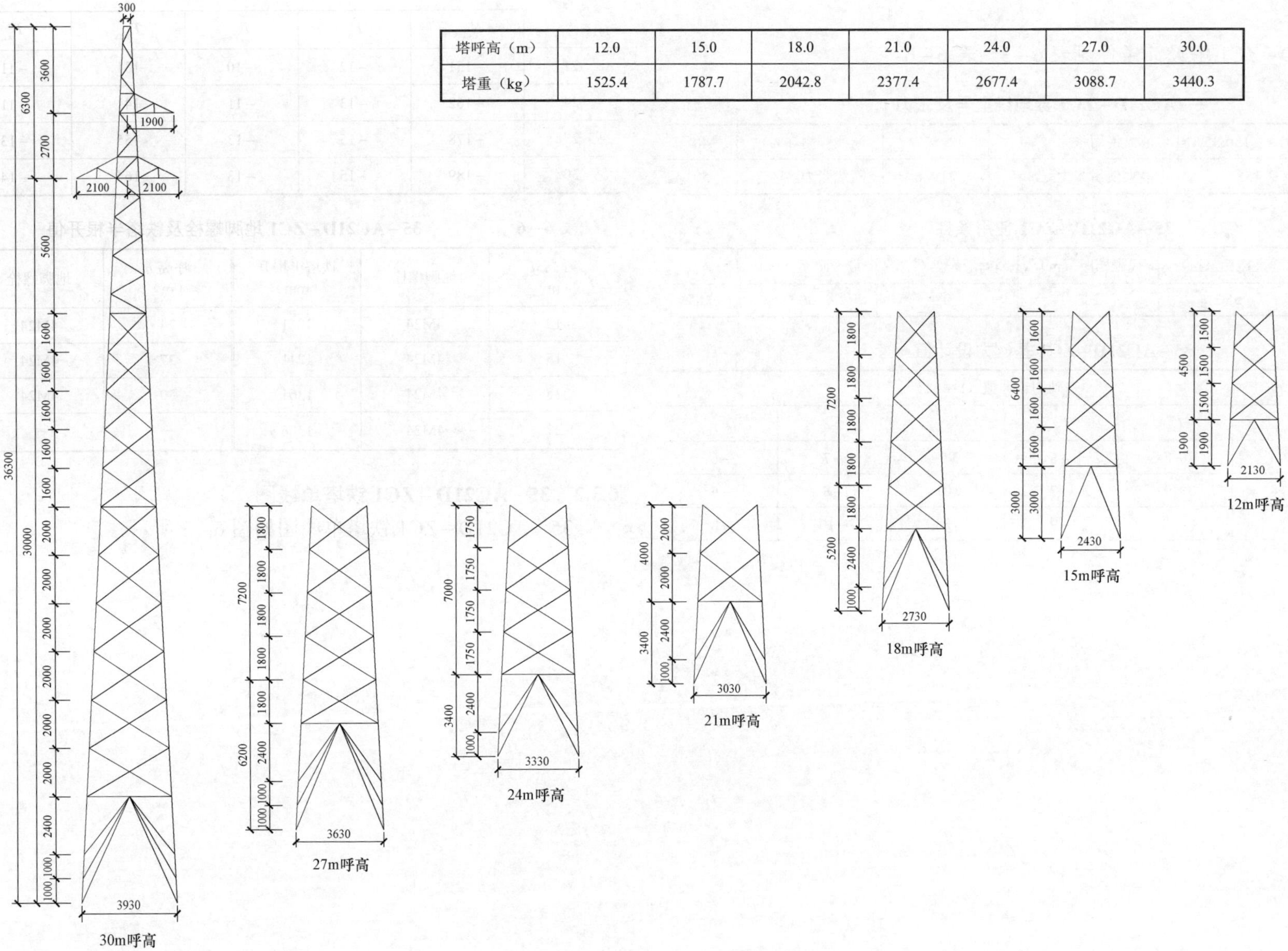

图 6-2　35-AC21D-ZC1 铁塔单线图

6.4 35-AC21D-ZC2 塔

6.4.1 设计条件

35-AC21D-ZC2 塔设计条件见表6-7～表6-10。

表6-7　　　　35-AC21D-ZC2 导地线型号及张力

导线型号	JL/G1A-150/35	最大使用张力（N）	24677	断线张力（%）	40
地线型号	GJ-55	最大使用张力（N）	21926	断线张力（%）	50

表6-8　　　　35-AC21D-ZC2 使用条件

水平档距（m）	垂直档距（m）	代表档距（m）	转角度数（°）	最大呼高（m）	K_v
450	700	200	0	30	0.75

表6-9　　　　35-AC21D-ZC2 基础力设计值

呼高 h （m）	基础力设计值（kN）					
	N_{max}	F_x	F_y	T_{max}	F_x	F_y
12	-126	-10	-7	107	-9	-7
15	-139	-10	-8	120	-9	-7
18	-159	-12	-10	139	-11	-9

续表

呼高 h （m）	基础力设计值（kN）					
	N_{max}	F_x	F_y	T_{max}	F_x	F_y
21	-175	-14	-11	152	-12	-10
24	-187	-14	-12	163	-13	-11
27	-205	-16	-14	179	-15	-13
30	-217	-17	-15	189	-16	-14

表6-10　　　　35-AC21D-ZC2 地脚螺栓及铁塔半根开值

呼高 h （m）	地脚螺栓	铁塔半根开 （mm）	呼高 h （m）	地脚螺栓	铁塔半根开 （mm）
12	4M24	1091	24	4M24	1686
15	4M24	1241	27	4M24	1836
18	4M24	1386	30	4M24	1981
21	4M24	1536	—	—	—

6.4.2 35-AC21D-ZC2 铁塔单线图

35-AC21D-ZC2 铁塔单线图如图6-3所示。

塔呼高（m）	12.0	15.0	18.0	21.0	24.0	27.0	30.0
塔重（kg）	1604.8	1888.1	2121.8	2521.0	2817.0	3165.0	3624.3

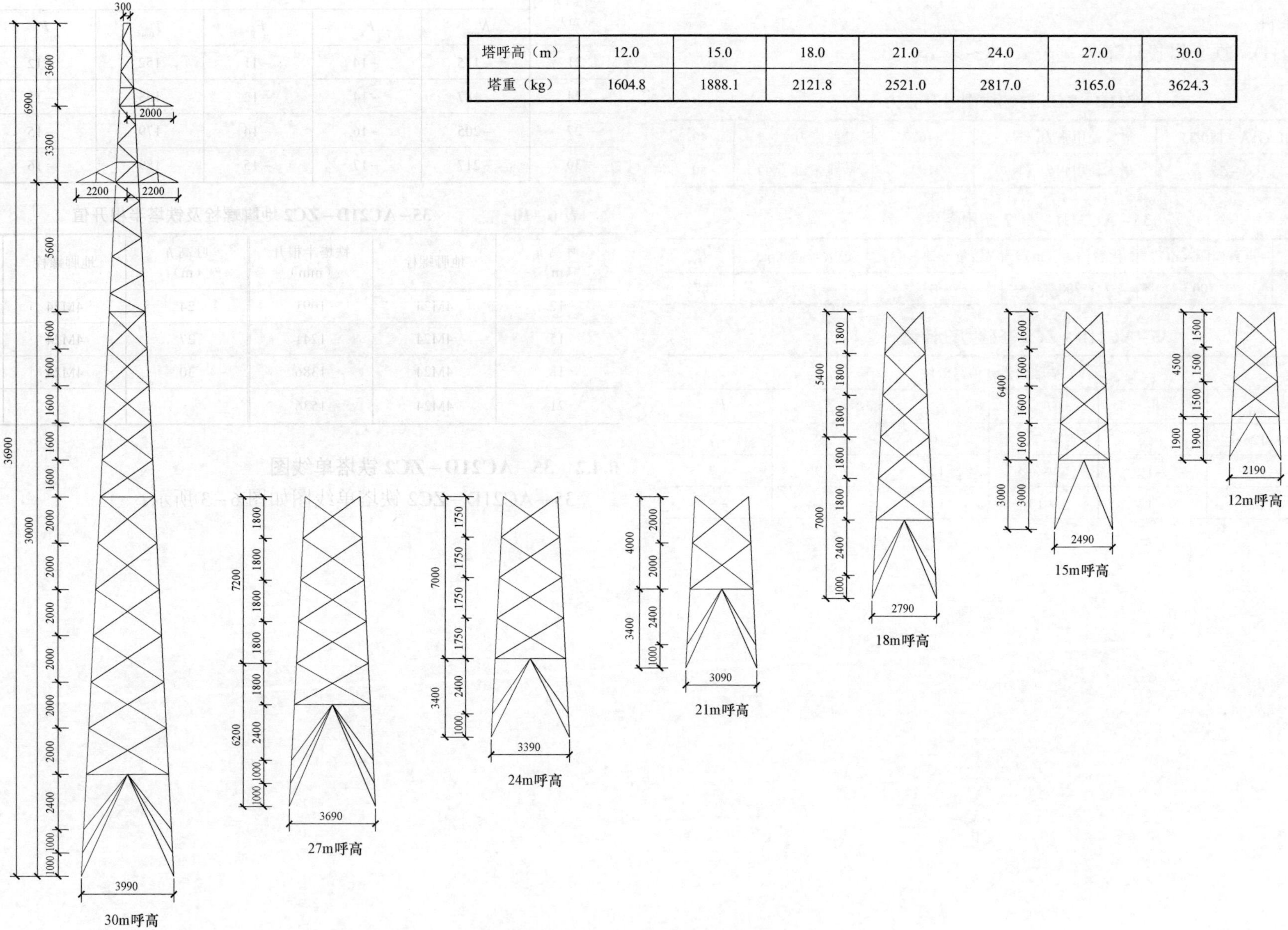

30m呼高

27m呼高

24m呼高

21m呼高

18m呼高

15m呼高

12m呼高

图 6-3　35-AC21D-ZC2 铁塔单线图

6.5 35-AC21D-ZC3塔

6.5.1 设计条件

35-AC21D-ZC3塔设计条件见表6-11~表6-14。

表6-11   35-AC21D-ZC3导地线型号及张力

导线型号	JL/G1A-150/35	最大使用张力（N）	24677	断线张力（%）	40
地线型号	GJ-55	最大使用张力（N）	21926	断线张力（%）	50

表6-12   35-AC21D-ZC3使用条件

水平档距（m）	垂直档距（m）	代表档距（m）	转角度数（°）	最大呼高（m）	K_v
750	1200	200	0	36	0.65

表6-13   35-AC21D-ZC3基础力设计值

呼高 h (m)	基础力设计值（kN）					
	N_{max}	F_x	F_y	T_{max}	F_x	F_y
12	-164	-15	-9	136	-13	-8
15	-191	-18	-11	162	-16	-11
18	-204	-18	-14	174	-16	-13
21	-222	-19	-16	190	-17	-14

续表

呼高 h (m)	基础力设计值（kN）					
	N_{max}	F_x	F_y	T_{max}	F_x	F_y
24	-244	-23	-19	210	-20	-17
27	-259	-24	-20	222	-22	-18
30	-279	-27	-23	241	-24	-21
33	-290	-28	-24	250	-26	-22
36	-303	-29	-24	260	-26	-22

表6-14   35-AC21D-ZC3地脚螺栓及铁塔半根开值

呼高 h (m)	地脚螺栓	铁塔半根开（mm）	呼高 h (m)	地脚螺栓	铁塔半根开（mm）
12	4M24	1291	27	4M30	2111
15	4M24	1456	30	4M30	2276
18	4M24	1621	33	4M30	2441
21	4M30	1781	36	4M30	2606
24	4M30	1946	—	—	—

6.5.2 35-AC21D-ZC3铁塔单线图

35-AC21D-ZC3铁塔单线图如图6-4所示。

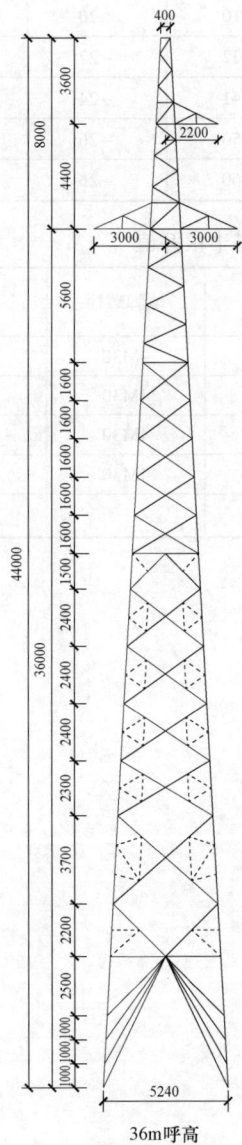

塔呼高（m）	12.0	15.0	18.0	21.0	24.0	27.0	30.0	33.0	36.0
塔重（kg）	2001.6	2271.4	2599.2	3079.5	3556.4	3993.9	4440.7	4994.6	5441.9

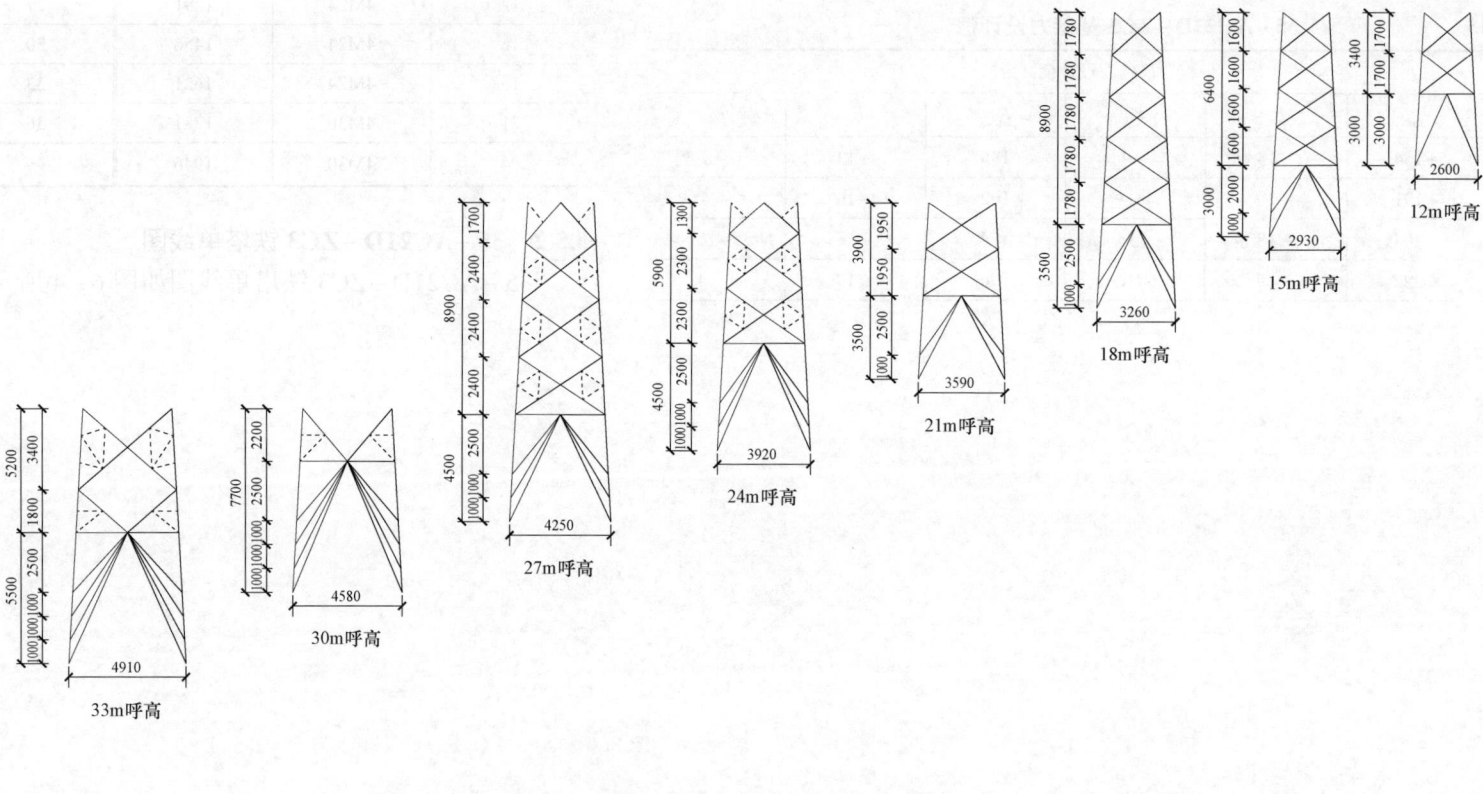

36m呼高

33m呼高

30m呼高

27m呼高

24m呼高

21m呼高

18m呼高

15m呼高

12m呼高

图 6-4　35-AC21D-ZC3 铁塔单线图

6.6 35-AC21D-JC1 塔

6.6.1 设计条件

35-AC21D-JC1 塔设计条件见表6-15～表6-18。

表 6-15   **35-AC21D-JC1 导地线型号及张力**

导线型号	JL/G1A-150/35	最大使用张力（N）	24677	断线张力（%）	70
地线型号	GJ-55	最大使用张力（N）	21926	断线张力（%）	80

表 6-16   **35-AC21D-JC1 使用条件**

水平档距（m）	垂直档距（m）	代表档距（m）	转角度数（°）	最大呼高（m）	K_v
450	650	450/150	0～20	30	—

表 6-17   **35-AC21D-JC1 基础力设计值**

呼高 h （m）	基础力设计值（kN）					
	N_{max}	F_x	F_y	T_{max}	F_x	F_y
9	-258	-23	-29	222	-20	-26
12	-276	-23	-28	238	-20	-26
15	-310	-27	-31	269	-24	-29

续表

呼高 h （m）	基础力设计值（kN）					
	N_{max}	F_x	F_y	T_{max}	F_x	F_y
18	-322	-27	-31	279	-24	-28
21	-342	-30	-32	297	-26	-29
24	-348	-29	-31	301	-25	-28
27	-351	-29	-31	301	-25	-28
30	-363	-30	-32	311	-26	-28

表 6-18   **35-AC21D-JC1 地脚螺栓及铁塔半根开值**

呼高 h （m）	地脚螺栓	铁塔半根开 （mm）	呼高 h （m）	地脚螺栓	铁塔半根开 （mm）
9	4M30	1287	21	4M30	2122
12	4M30	1497	24	4M30	2332
15	4M30	1702	27	4M30	2537
18	4M30	1912	30	4M30	2747

6.6.2 35-AC21D-JC1 铁塔单线图

35-AC21D-JC1 铁塔单线图如图6-5所示。

塔呼高（m）	9.0	12.0	15.0	18.0	21.0	24.0	27.0	30.0
塔重（kg）	2110.2	2479.5	2905.4	3458.6	3873.2	4391.7	4906.1	5489.4

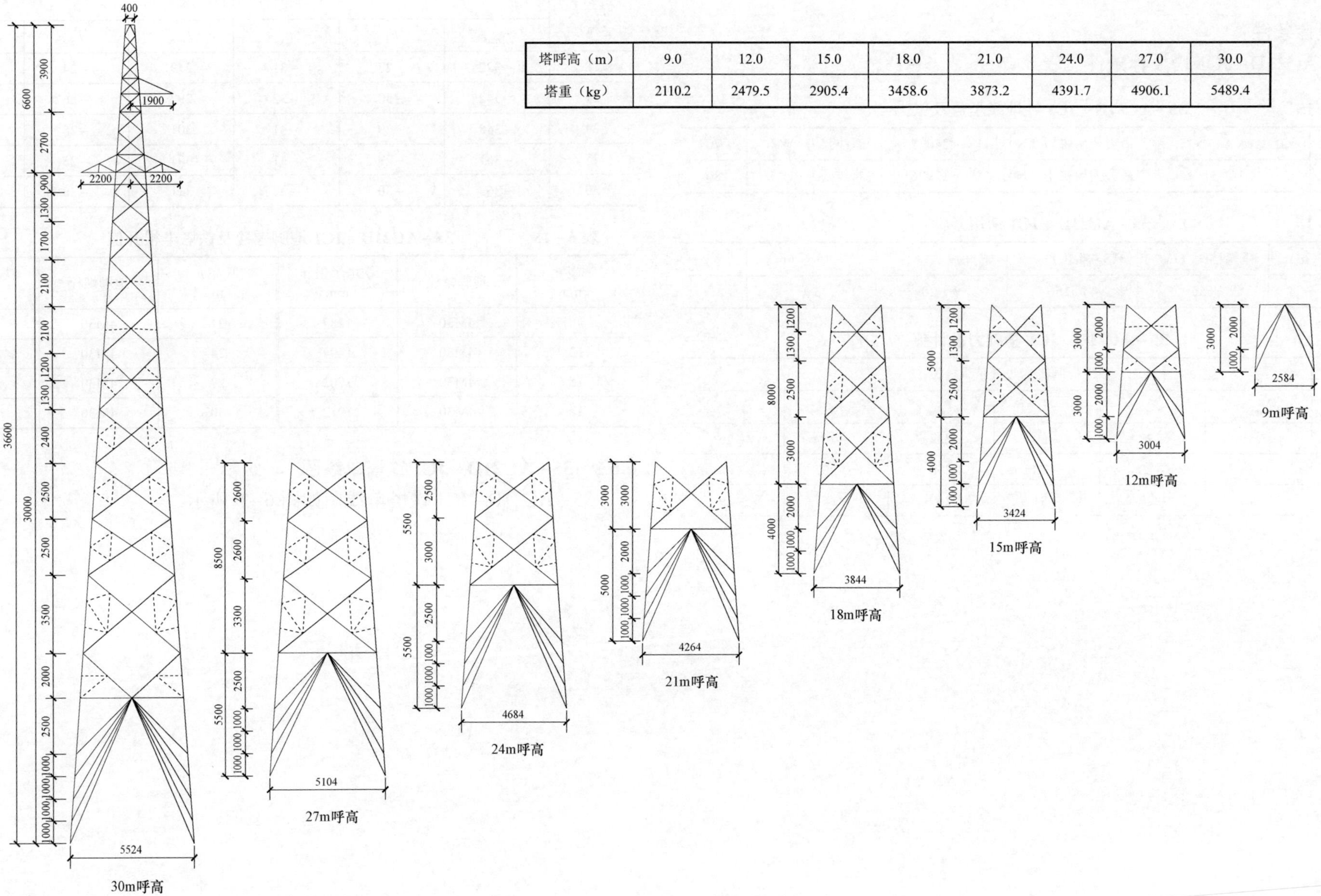

30m呼高

27m呼高

24m呼高

21m呼高

18m呼高

15m呼高

12m呼高

9m呼高

图 6−5　35−AC21D−JC1 铁塔单线图

6.7　35-AC21D-JC2 塔

6.7.1　设计条件

35-AC21D-JC2 塔设计条件见表 6-19～表 6-22。

表 6-19　　　　　35-AC21D-JC2 导地线型号及张力

导线型号	JL/G1A-150/35	最大使用张力（N）	24677	断线张力（%）	70
地线型号	GJ-55	最大使用张力（N）	21926	断线张力（%）	80

表 6-20　　　　　35-AC21D-JC2 使用条件

水平档距（m）	垂直档距（m）	代表档距（m）	转角度数（°）	最大呼高（m）	K_v
450	650	450/150	20～40	30	—

表 6-21　　　　　35-AC21D-JC2 基础力设计值

呼高 h （m）	基础力设计值（kN）					
	N_{max}	F_x	F_y	T_{max}	F_x	F_y
9	-329	-38	-26	298	-35	-25
12	-350	-37	-27	317	-34	-25
15	-391	-41	-32	355	-37	-30

续表

呼高 h （m）	基础力设计值（kN）					
	N_{max}	F_x	F_y	T_{max}	F_x	F_y
18	-405	-40	-32	366	-37	-30
21	-433	-42	-36	392	-39	-33
24	-435	-41	-35	391	-37	-32
27	-444	-41	-35	396	-37	-32
30	-460	-42	-37	410	-38	-33

表 6-22　　　　　35-AC21D-JC2 地脚螺栓及铁塔半根开值

呼高 h （m）	地脚螺栓	铁塔半根开（mm）	呼高 h （m）	地脚螺栓	铁塔半根开（mm）
9	4M30	1282	21	4M36	2117
12	4M30	1492	24	4M36	2322
15	4M36	1697	27	4M36	2532
18	4M36	1907	30	4M36	2742

6.7.2　35-AC21D-JC2 铁塔单线图

35-AC21D-JC2 铁塔单线图如图 6-6 所示。

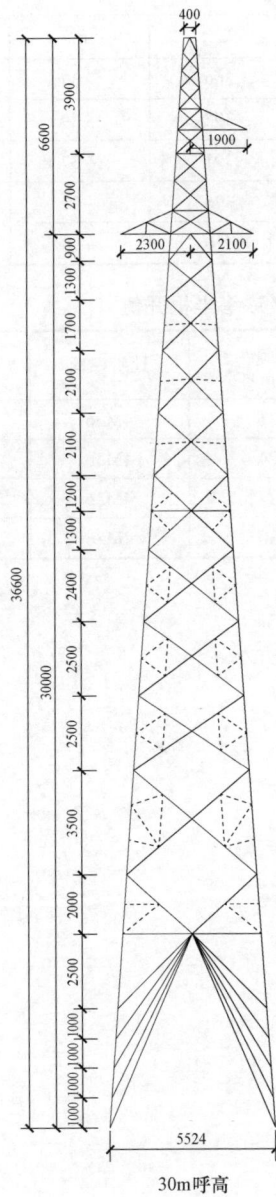

塔呼高（m）	9.0	12.0	15.0	18.0	21.0	24.0	27.0	30.0
塔重（kg）	2316.0	2698.0	3403.7	3836.7	4262.0	4869.4	5434.1	6061.5

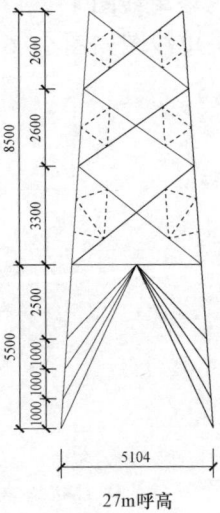

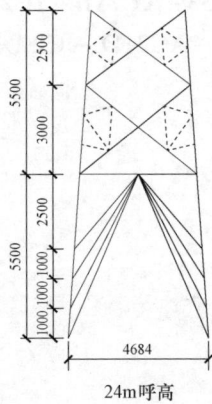

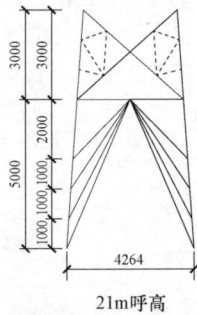

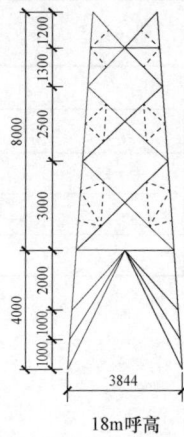

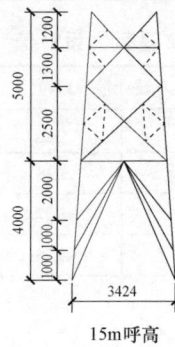

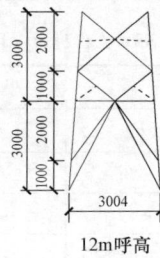

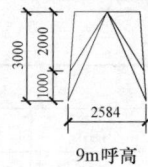

图 6-6 35-AC21D-JC2 铁塔单线图

6.8 35-AC21D-JC3 塔

6.8.1 设计条件

35-AC21D-JC3 塔设计条件见表 6-23～表 6-26。

表 6-23 **35-AC21D-JC3 导地线型号及张力**

导线型号	JL/G1A-150/35	最大使用张力（N）	24677	断线张力（%）	70
地线型号	GJ-55	最大使用张力（N）	21926	断线张力（%）	80

表 6-24 **35-AC21D-JC3 使用条件**

水平档距（m）	垂直档距（m）	代表档距（m）	转角度数（°）	最大呼高（m）	K_v
450	650	450/150	40～60	30	—

表 6-25 **35-AC21D-JC3 基础力设计值**

呼高 h (m)	基础力设计值（kN）					
	N_{max}	F_x	F_y	T_{max}	F_x	F_y
9	−409	−51	−35	376	−47	−33
12	−436	−50	−36	400	−46	−34
15	−487	−54	−43	450	−51	−40

呼高 h (m)	基础力设计值（kN）					
	N_{max}	F_x	F_y	T_{max}	F_x	F_y
18	−498	−53	−42	457	−49	−40
21	−534	−56	−47	490	−52	−44
24	−543	−55	−46	496	−50	−43
27	−551	−54	−46	501	−50	−43
30	−572	−56	−48	519	−51	−45

表 6-26 **35-AC21D-JC3 地脚螺栓及铁塔半根开值**

呼高 h (m)	地脚螺栓	铁塔半根开 (mm)	呼高 h (m)	地脚螺栓	铁塔半根开 (mm)
9	4M36	1355	21	4M36	2250
12	4M36	1580	24	4M36	2475
15	4M36	1800	27	4M36	2700
18	4M36	2025	30	4M36	2925

6.8.2 35-AC21D-JC3 铁塔单线图

35-AC21D-JC3 铁塔单线图如图 6-7 所示。

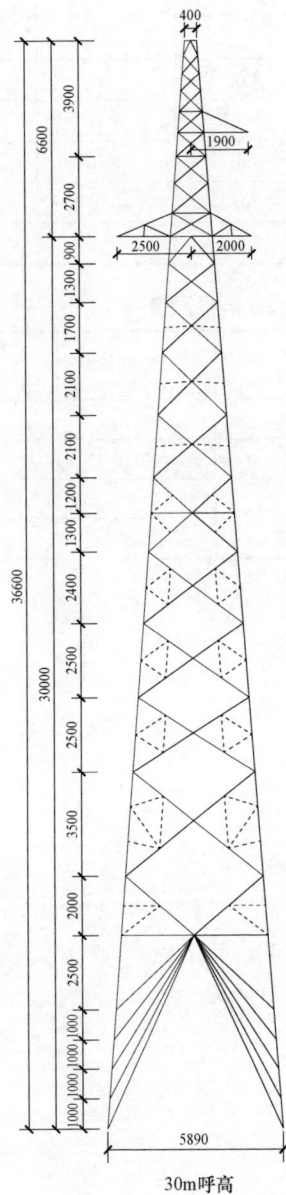

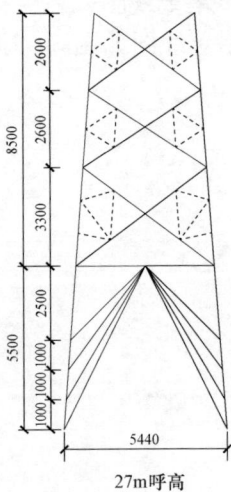

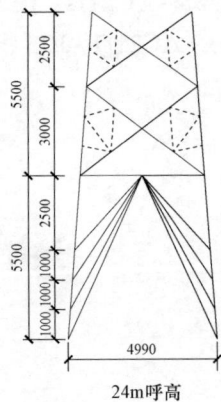

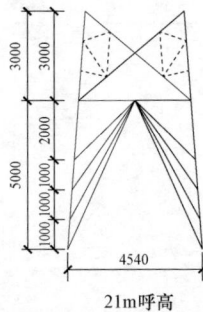

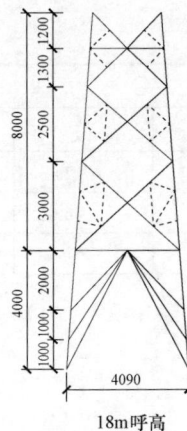

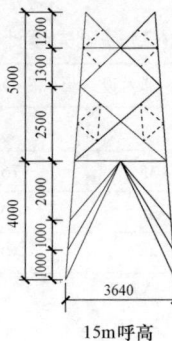

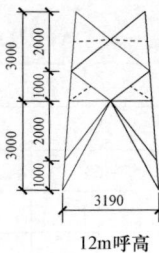

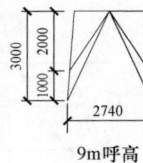

塔呼高（m）	9.0	12.0	15.0	18.0	21.0	24.0	27.0	30.0
塔重（kg）	2632.1	3061.3	3797.3	4341.7	4894.1	5511.1	6108.6	6865.0

图 6-7　35-AC21D-JC3 铁塔单线图

6.9 35-AC21D-JC4 塔

6.9.1 设计条件

35-AC21D-JC4 塔设计条件见表6-27～表6-30。

表6-27　　35-AC21D-JC4 导地线型号及张力

导线型号	JL/G1A-150/35	最大使用张力（N）	24677	断线张力（%）	70
地线型号	GJ-55	最大使用张力（N）	21926	断线张力（%）	80

表6-28　　35-AC21D-JC4 使用条件

水平档距（m）	垂直档距（m）	代表档距（m）	转角度数（°）	最大呼高（m）	K_v
450	650	450/150	60～90 兼 0～90 终端	30	—

表6-29　　35-AC21D-JC4 基础力设计值

呼高 h（m）	基础力设计值（kN）					
	N_{max}	F_x	F_y	T_{max}	F_x	F_y
9	-511	-68	-45	477	-65	-43
12	-543	-66	-46	506	-62	-44
15	-594	-70	-53	554	-67	-50

续表

呼高 h（m）	基础力设计值（kN）					
	N_{max}	F_x	F_y	T_{max}	F_x	F_y
18	-628	-70	-55	584	-66	-52
21	-673	-75	-61	625	-70	-58
24	-683	-73	-61	632	-69	-57
27	-705	-75	-64	651	-70	-60
30	-711	-74	-63	653	-69	-58

表6-30　　35-AC21D-JC4 地脚螺栓及铁塔半根开值

呼高 h（m）	地脚螺栓	铁塔半根开（mm）	呼高 h（m）	地脚螺栓	铁塔半根开（mm）
9	4M36	1438	21	4M42	2398
12	4M42	1678	24	4M42	2638
15	4M42	1918	27	4M42	2878
18	4M42	2158	30	4M42	3113

6.9.2　35-AC21D-JC4 铁塔单线图

35-AC21D-JC4 铁塔单线图如图6-8所示。

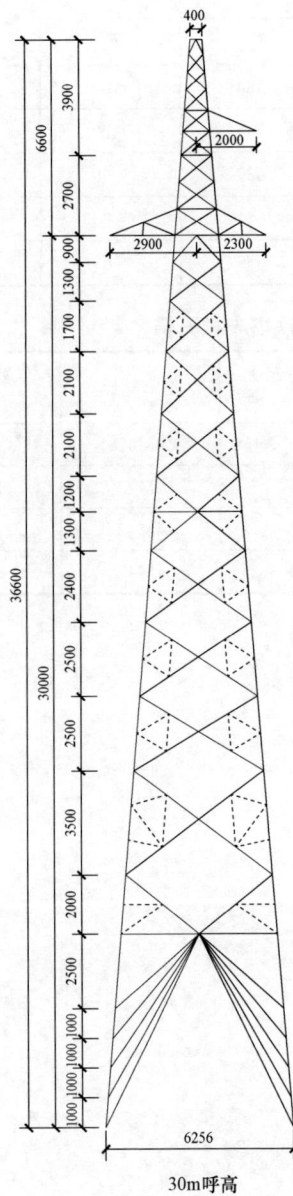

塔呼高（m）	9.0	12.0	15.0	18.0	21.0	24.0	27.0	30.0
塔重（kg）	3071.7	3689.0	4310.3	4957.2	5601.4	6269.7	6920.9	7742.2

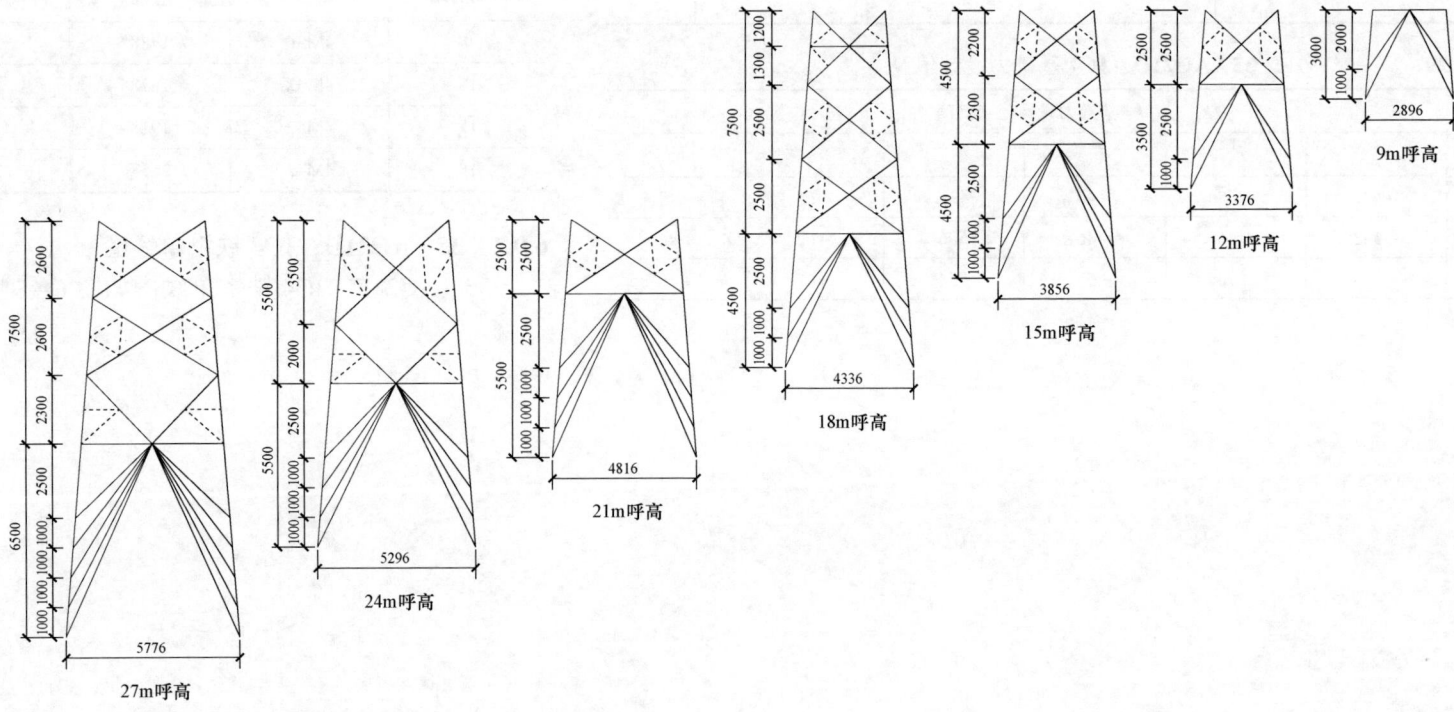

30m呼高

27m呼高

24m呼高

21m呼高

18m呼高

15m呼高

12m呼高

9m呼高

图 6-8　35-AC21D-JC4 铁塔单线图

7 35－AC31D 子模块说明

7.1 模块说明

7.1.1 概述

本系列杆塔为海拔 1000m 以内，设计风速为 27m/s，覆冰厚度为 15mm，导线为 JL/G1A－150/35，地线为 GJ－55 的单回路杆塔。按山地规划设计，杆塔形式为直线塔及耐张塔。35－AC31D 模块共计 7 种杆塔型。

7.1.2 气象条件

35－AC31D 子模块气象条件见表 7－1。

表 7－1　　　　　　　　35－AC31D 子模块气象条件

序号	气象工况	温度 t（℃）	风速 v（m/s）	冰厚 c（mm）
1	最高气温	40	0	0
2	最低气温	－10	0	0
3	覆　冰	－5	10	15
4	基准风速	10	27	0
5	安　装	－5	10	0
6	平均气温	15	0	0
7	雷电过电压	15	10	0
8	内部过电压	15	15	0

7.1.3 导地线型号及参数

35－AC31D 子模块导地线型号及参数见表 7－2。

表 7－2　　　　35－AC31D 子模块导地线型号及参数

项目	导线	地线
型号	JL/G1A－150/35	GJ－55
计算截面面积（mm²）	181.62	56.3
计算外径（mm）	17.50	9.6
计算重量（kg/m）	0.675	0.447
计算拉断力（N）	64940	65780
弹性系数（MPa）	80000	185000
线膨胀系数（1/℃）	17.8×10^{-6}	11.5×10^{-6}

7.2 35－AC31D 子模块杆塔一览图

35－AC31D 子模块杆塔一览图如图 7－1 所示。

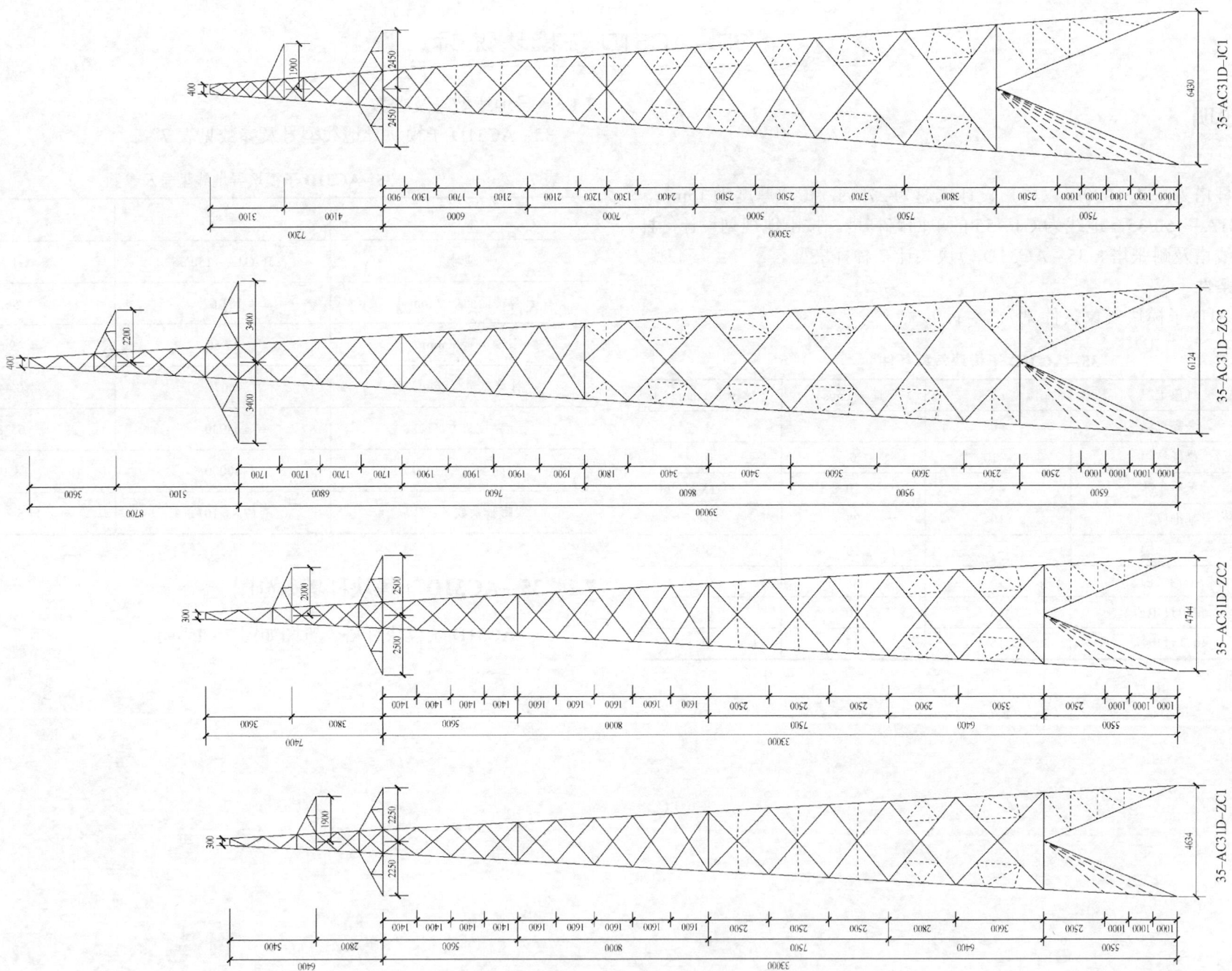

图 7-1 35-AC31D（原 35A2）系列杆塔一览图（一）

序号	塔型名称	标准呼高（m）	水平档距（m）	垂直档距（m）	标准呼高塔重（kg）	转角度数（°）	备注
1	35-AC31D-ZC1	30	320	550	3860.5	0	
2	35-AC31D-ZC2	30	450	700	4180.3	0	
3	35-AC31D-ZC3	36	750	1200	6194.2	0	
4	35-AC31D-JC1	27	450	650	5161.7	0～20	
5	35-AC31D-JC2	27	450	650	5729.4	20～40	
6	35-AC31D-JC3	27	450	650	6327.8	40～60	
7	35-AC31D-JC4	27	450	650	7107.9	60～90	兼0°～90°终端

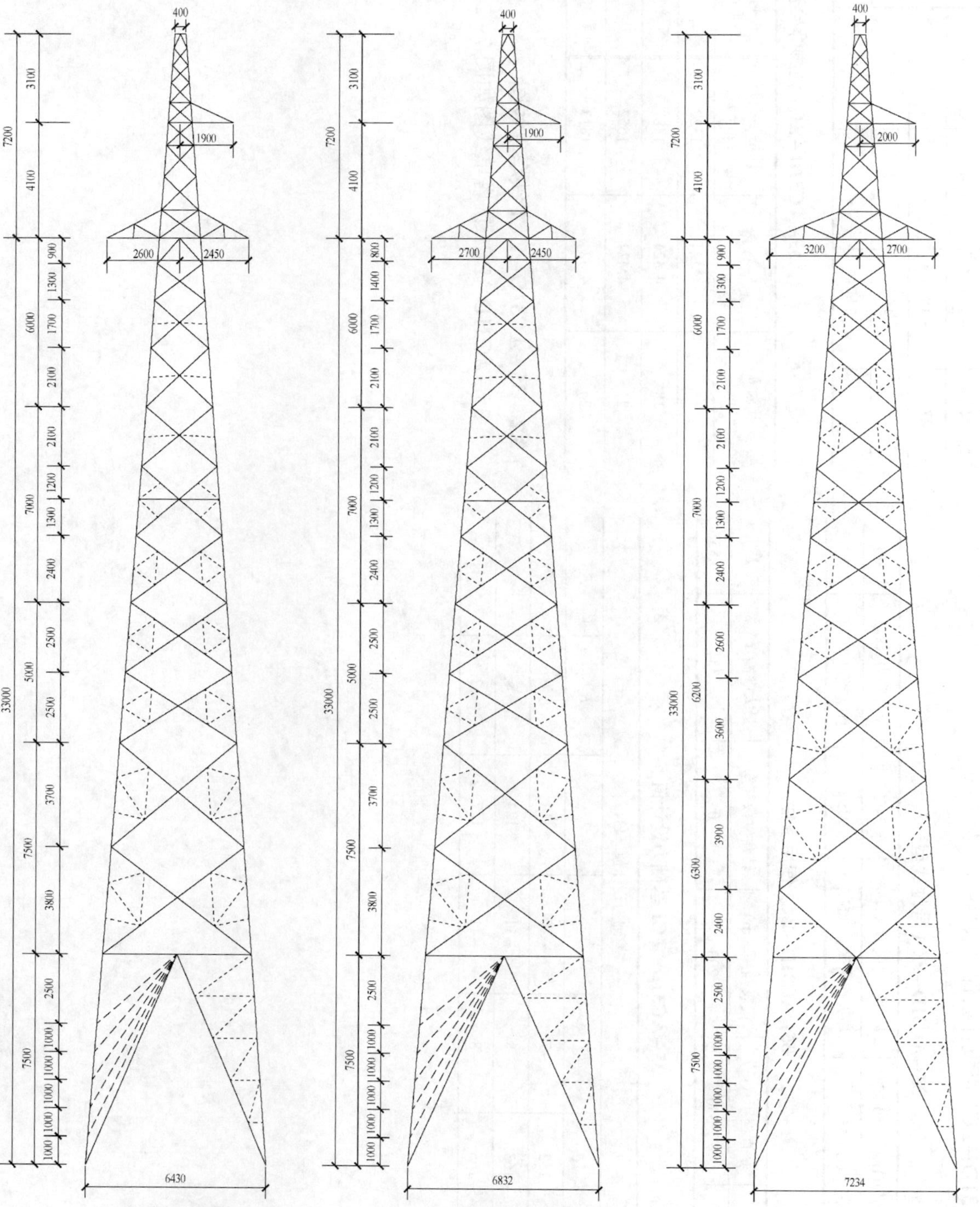

35-AC31D-JC2　　35-AC31D-JC3　　35-AC31D-JC4

图 7-1　35-AC31D（原 35A2）系列杆塔一览图（二）

呼高 h (m)	基础力设计值（kN）					
	N_{max}	F_x	F_y	T_{max}	F_x	F_y
24	−175	−16	−14	152	−14	−13
27	−184	−17	−16	159	−15	−15
30	−195	−19	−18	168	−17	−17
33	−211	−19	−19	181	−18	−16

7.3 35−AC31D−ZC1 塔

7.3.1 设计条件

35−AC31D−ZC1 塔设计条件见表 7−3～表 7−6。

表 7−3　　　　　35−AC31D−ZC1 导地线型号及张力

导线型号	JL/G1A−150/35	最大使用张力（N）	24677	断线张力（%）	40
地线型号	GJ−55	最大使用张力（N）	21926	断线张力（%）	50

表 7−4　　　　　35−AC31D−ZC1 使用条件

水平档距（m）	垂直档距（m）	代表档距（m）	转角度数（°）	最大呼高（m）	K_v
320	550	200	0	33	0.85

表 7−5　　　　　35−AC31D−ZC1 基础力设计值

呼高 h (m)	基础力设计值（kN）					
	N_{max}	F_x	F_y	T_{max}	F_x	F_y
15	−153	−7	−10	114	−7	−6
18	−163	−8	−11	124	−8	−7
21	−166	−8	−11	137	−12	−11

表 7−6　　　　　35−AC31D−ZC1 地脚螺栓及铁塔半根开值

呼高 h (m)	地脚螺栓	铁塔半根开（mm）	呼高 h (m)	地脚螺栓	铁塔半根开（mm）
15	4M24	1327	27	4M24	1982
18	4M24	1487	30	4M24	2147
21	4M24	1652	33	4M24	2312
24	4M24	1817	—	—	—

7.3.2 35−AC31D−ZC1 铁塔单线图

35−AC31D−ZC1 铁塔单线图如图 7−2 所示。

塔呼高（m）	15.0	18.0	21.0	24.0	27.0	30.0	33.0
塔重（kg）	2073.3	2332.0	2735.5	3117.9	3427.0	3860.5	4378.3

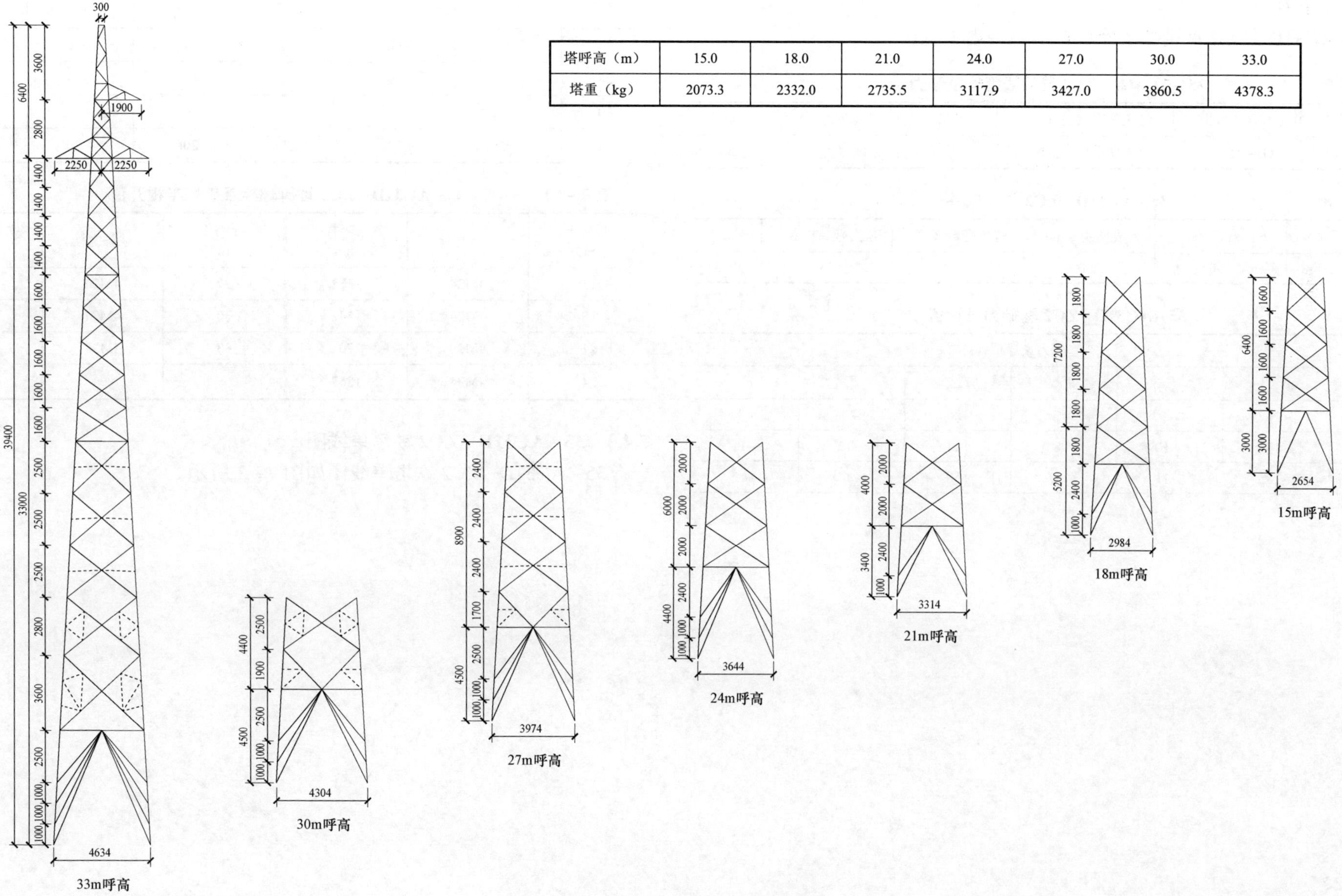

33m呼高

30m呼高

27m呼高

24m呼高

21m呼高

18m呼高

15m呼高

图 7-2 35-AC31D-ZC1 铁塔单图

7.4 35-AC31D-ZC2 塔

7.4.1 设计条件

35-AC31D-ZC2 塔设计条件见表 7-7～表 7-10。

表 7-7   35-AC31D-ZC2 导地线型号及张力

导线型号	JL/G1A-150/35	最大使用张力（N）	24677	断线张力（%）	40
地线型号	GJ-55	最大使用张力（N）	21926	断线张力（%）	50

表 7-8   35-AC31D-ZC2 使用条件

水平档距（m）	垂直档距（m）	代表档距（m）	转角度数（°）	最大呼高（m）	K_v
450	700	200	0	33	0.75

表 7-9   35-AC31D-ZC2 基础力设计值

呼高 h （m）	基础力设计值（kN）					
	N_{max}	F_x	F_y	T_{max}	F_x	F_y
15	-167	-9	-7	126	-9	-7
18	-179	-10	-8	144	-13	-11
21	-185	-11	-10	158	-14	-12

续表

呼高 h （m）	基础力设计值（kN）					
	N_{max}	F_x	F_y	T_{max}	F_x	F_y
24	-201	-18	-11	175	-16	-14
27	-210	-19	-12	182	-17	-16
30	-222	-21	-14	191	-19	-19
33	-239	-22	-15	206	-20	-18

表 7-10   35-AC31D-ZC2 地脚螺栓及铁塔半根开值

呼高 h （m）	地脚螺栓	铁塔半根开（mm）	呼高 h （m）	地脚螺栓	铁塔半根开（mm）
15	4M24	1382	27	4M24	2037
18	4M24	1542	30	4M24	2202
21	4M24	1707	33	4M24	2362
24	4M24	1867	—	—	—

7.4.2 35-AC31D-ZC2 铁塔单线图

35-AC31D-ZC2 铁塔单线图如图 7-3 所示。

塔呼高（m）	15.0	18.0	21.0	24.0	27.0	30.0	33.0
塔重（kg）	2202.6	2475.0	2876.3	3353.7	3690.3	4180.3	4689.8

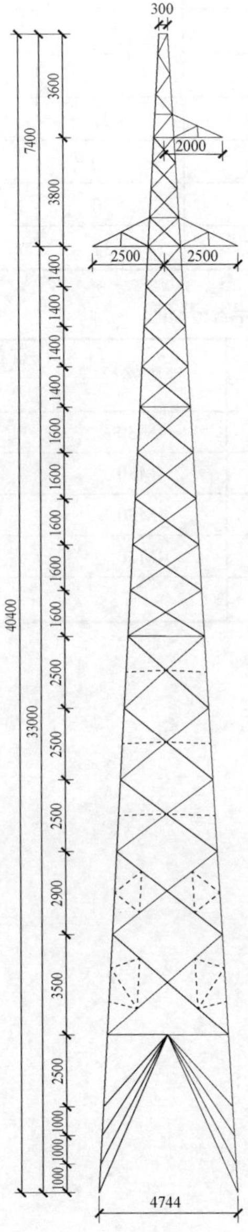

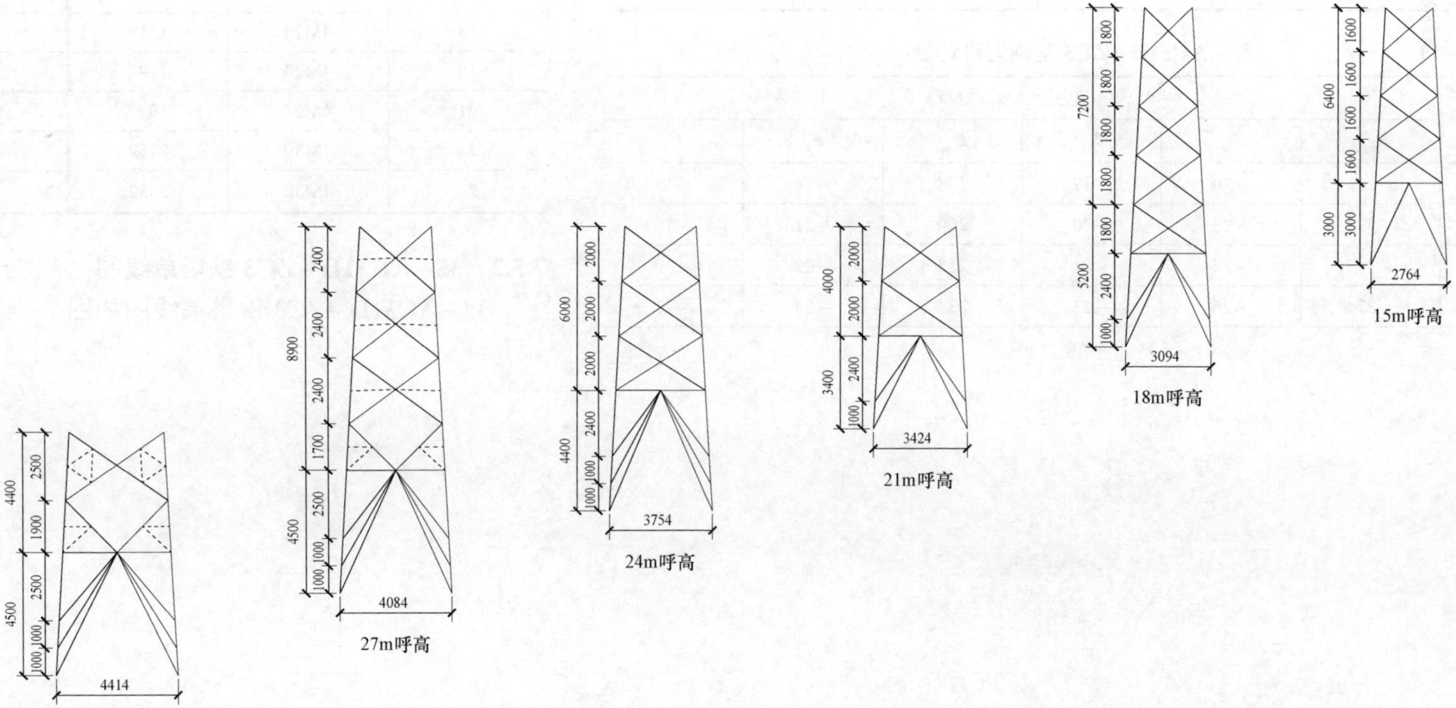

33m呼高

30m呼高

27m呼高

24m呼高

21m呼高

18m呼高

15m呼高

图 7-3　35-AC31D-ZC2 铁塔单线图

7.5 35-AC31D-ZC3 塔

7.5.1 设计条件

35-AC31D-ZC3 塔设计条件见表 7-11～表 7-14。

表 7-11　35-AC31D-ZC3 导地线型号及张力

导线型号	JL/G1A-150/35	最大使用张力（N）	24677	断线张力（%）	40
地线型号	GJ-55	最大使用张力（N）	21926	断线张力（%）	50

表 7-12　35-AC31D-ZC3 使用条件

水平档距（m）	垂直档距（m）	代表档距（m）	转角度数（°）	最大呼高（m）	K_v
750	1200	200	0	39	0.65

表 7-13　35-AC31D-ZC3 基础力设计值

呼高 h (m)	基础力设计值（kN）					
	N_{max}	F_x	F_y	T_{max}	F_x	F_y
15	-211	-20	-17	178	-18	-15
18	-235	-23	-20	200	-21	-18
21	-249	-24	-21	212	-22	-19
24	-274	-26	-23	234	-24	-21

续表

呼高 h (m)	基础力设计值（kN）					
	N_{max}	F_x	F_y	T_{max}	F_x	F_y
27	-296	-29	-26	254	-27	-24
30	-308	-30	-26	264	-27	-24
33	-324	-33	-29	278	-30	-27
36	-335	-33	-29	286	-30	-26
39	-347	-34	-30	295	-31	-27

表 7-14　35-AC31D-ZC3 地脚螺栓及铁塔半根开值

呼高 h (m)	地脚螺栓	铁塔半根开（mm）	呼高 h (m)	地脚螺栓	铁塔半根开（mm）
15	4M24	1617	30	4M30	2512
18	4M24	1797	33	4M30	2687
21	4M24	1972	36	4M30	2867
24	4M30	2152	39	4M30	3047
27	4M30	2332	—	—	—

7.5.2 35-AC31D-ZC3 铁塔单线图

35-AC31D-ZC3 铁塔单线图如图 7-4 所示。

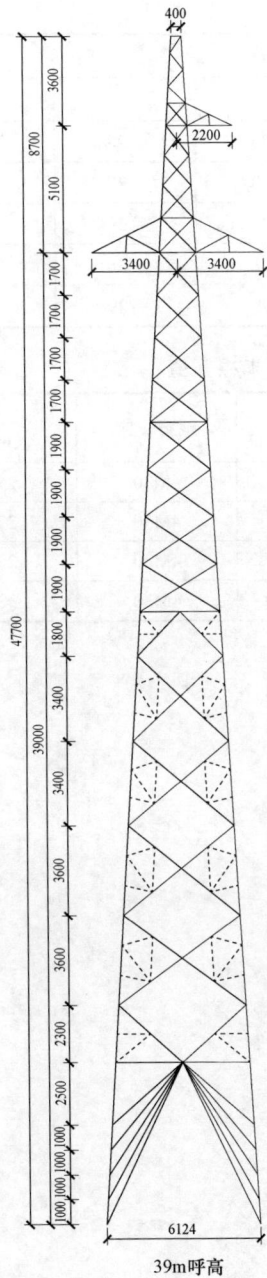

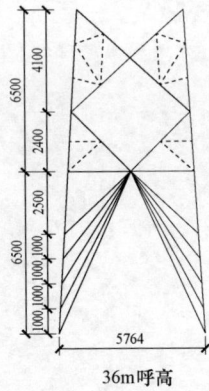

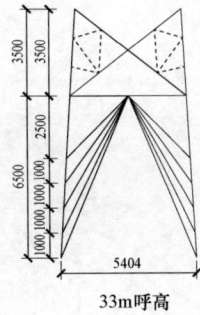

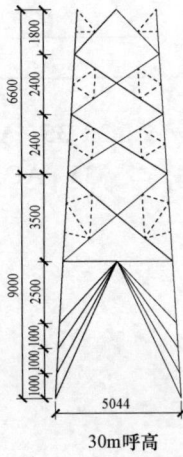

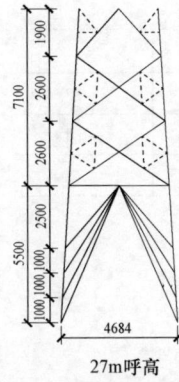

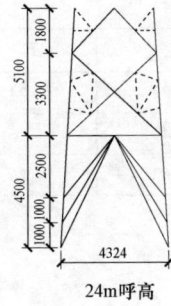

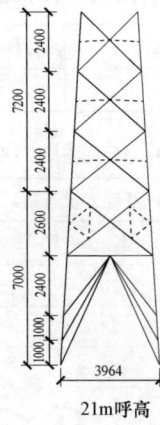

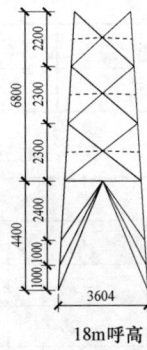

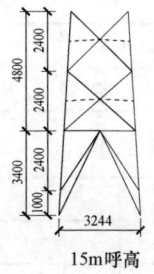

塔呼高（m）	15.0	18.0	21.0	24.0	27.0	30.0	33.0	36.0	39.0
塔重（kg）	2846.1	3240.9	3654.6	4256.3	4723.7	5163.3	5694.2	6194.2	6668.1

39m呼高

36m呼高

33m呼高

30m呼高

27m呼高

24m呼高

21m呼高

18m呼高

15m呼高

图 7－4　35－AC31D－ZC3 铁塔单线图

7.6 35-AC31D-JC1 塔

7.6.1 设计条件

35-AC31D-JC1 塔设计条件见表 7-15～表 7-18。

表 7-15 35-AC31D-JC1 导地线型号及张力

导线型号	JL/G1A-150/35	最大使用张力（N）	24677	断线张力（%）	70
地线型号	GJ-55	最大使用张力（N）	21926	断线张力（%）	80

表 7-16 35-AC31D-JC1 使用条件

水平档距（m）	垂直档距（m）	代表档距（m）	转角度数（°）	最大呼高（m）	K_v
450	650	450/150	0～20	33	—

表 7-17 35-AC31D-JC1 基础力设计值

呼高 h (m)	基础力设计值（kN）					
	N_{max}	F_x	F_y	T_{max}	F_x	F_y
12	−271	−23	−26	232	−24	−22
15	−289	−29	−28	249	−26	−24
18	−305	−29	−28	263	−26	−25

续表

呼高 h (m)	基础力设计值（kN）					
	N_{max}	F_x	F_y	T_{max}	F_x	F_y
21	−320	−31	−30	276	−28	−26
24	−326	−31	−30	280	−27	−26
27	−338	−32	−31	290	−29	−27
30	−342	−32	−31	291	−28	−27
33	−353	−33	−32	299	−29	−28

表 7-18 35-AC31D-JC1 地脚螺栓及铁塔半根开值

呼高 h (m)	地脚螺栓	铁塔半根开 (mm)	呼高 h (m)	地脚螺栓	铁塔半根开 (mm)
12	4M30	1630	24	4M30	2530
15	4M30	1855	27	4M30	2755
18	4M30	2080	30	4M30	2975
21	4M30	2305	33	4M30	3200

7.6.2 35-AC31D-JC1 铁塔单线图

35-AC31D-JC1 铁塔单线图如图 7-5 所示。

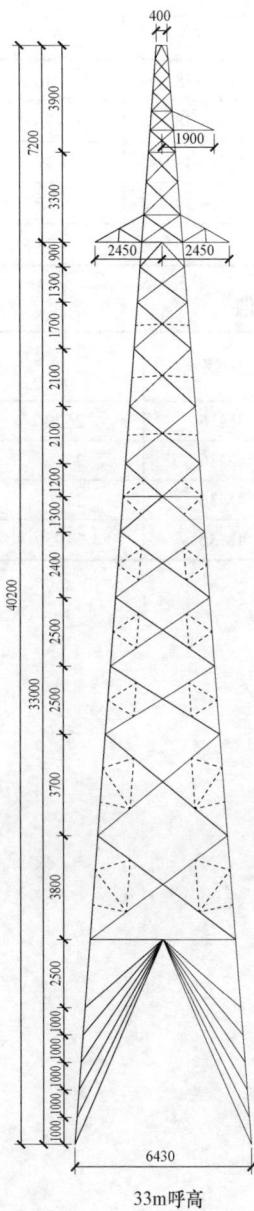

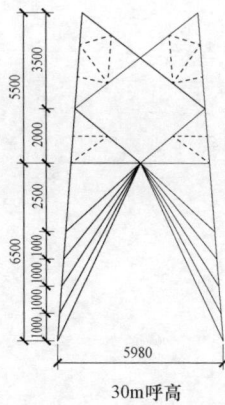

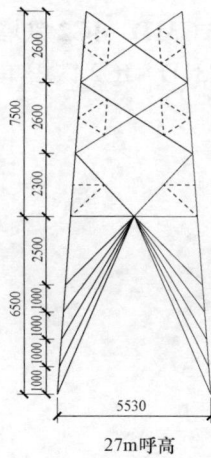

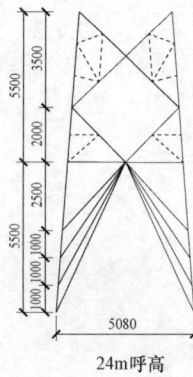

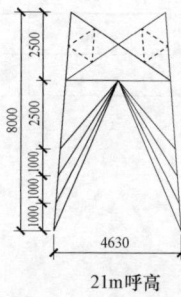

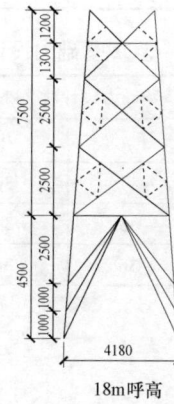

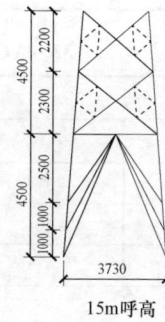

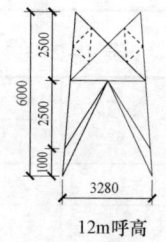

塔呼高（m）	12.0	15.0	18.0	21.0	24.0	27.0	30.0	33.0
塔重（kg）	2725.7	3201.8	3677.5	4130.1	4593.1	5161.7	5742.6	6300.8

图 7-5 35-AC31D-JC1 铁塔单线图

7.7 35-AC31D-JC2 塔

7.7.1 设计条件

35-AC31D-JC2 塔设计条件见表 7-19～表 7-22。

表 7-19 35-AC31D-JC2 导地线型号及张力

导线型号	JL/G1A-150/35	最大使用张力（N）	24677	断线张力（%）	70
地线型号	GJ-55	最大使用张力（N）	21926	断线张力（%）	80

表 7-20 35-AC31D-JC2 使用条件

水平档距（m）	垂直档距（m）	代表档距（m）	转角度数（°）	最大呼高（m）	K_v
450	650	450/150	20～40	33	—

表 7-21 35-AC31D-JC2 基础力设计值

呼高 h (m)	基础力设计值（kN）					
	N_{max}	F_x	F_y	T_{max}	F_x	F_y
12	-355	-37	-32	318	-33	-30
15	-382	-40	-35	343	-36	-33
18	-404	-41	-36	363	-36	-34

续表

呼高 h (m)	基础力设计值（kN）					
	N_{max}	F_x	F_y	T_{max}	F_x	F_y
21	-426	-43	-39	382	-38	-36
24	-435	-43	-38	388	-38	-36
27	-452	-44	-40	402	-39	-37
30	-458	-44	-40	405	-39	-37
33	-473	-45	-42	416	-40	-38

表 7-22 35-AC31D-JC2 地脚螺栓及铁塔半根开值

呼高 h (m)	地脚螺栓	铁塔半根开（mm）	呼高 h (m)	地脚螺栓	铁塔半根开（mm）
12	4M30	1630	24	4M36	2520
15	4M30	1850	27	4M36	2745
18	4M30	2075	30	4M36	2970
21	4M36	2295	33	4M36	3195

7.7.2 35-AC31D-JC2 铁塔单线图

35-AC31D-JC2 铁塔单线图如图 7-6 所示。

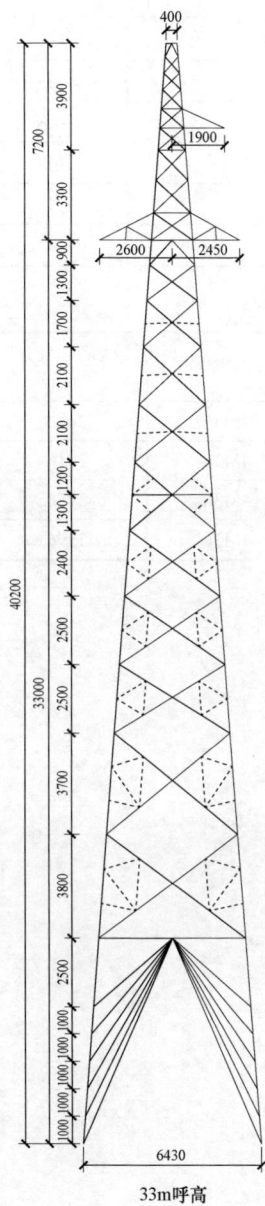

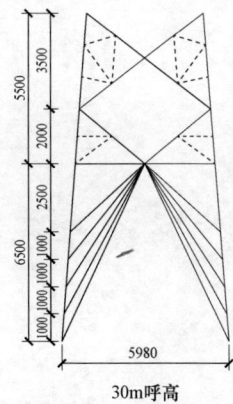

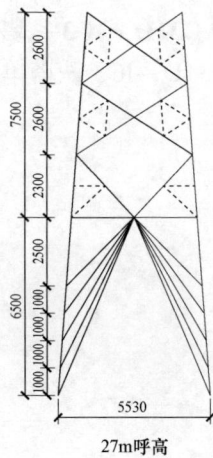

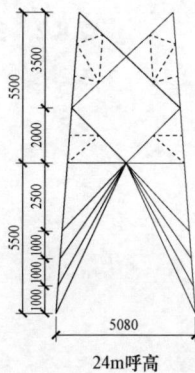

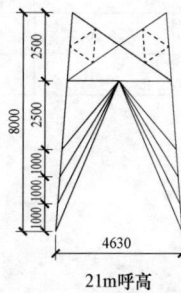

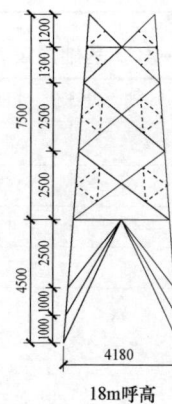

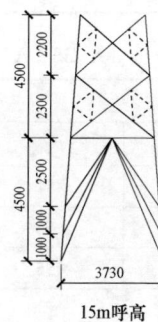

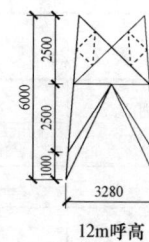

塔呼高（m）	12.0	15.0	18.0	21.0	24.0	27.0	30.0	33.0
塔重（kg）	2898.3	3443.2	4004.0	4579.1	5136.2	5729.4	6294.3	6914.0

33m呼高

30m呼高

27m呼高

24m呼高

21m呼高

18m呼高

15m呼高

12m呼高

图 7-6　35-AC31D-JC2 铁塔单线图

7.8 35-AC31D-JC3 塔

7.8.1 设计条件

35-AC31D-JC3 塔设计条件见表7-23～表7-26。

表7-23 　　　　35-AC31D-JC3 导地线型号及张力

导线型号	JL/G1A-150/35	最大使用张力（N）	24677	断线张力（%）	70
地线型号	GJ-55	最大使用张力（N）	21926	断线张力（%）	80

表7-24 　　　　　35-AC31D-JC3 使用条件

水平档距（m）	垂直档距（m）	代表档距（m）	转角度数（°）	最大呼高（m）	K_v
450	650	450/150	40～60	33	—

表7-25 　　　　　35-AC31D-JC3 基础力设计值

呼高 h（m）	基础力设计值（kN）					
	N_{max}	F_x	F_y	T_{max}	F_x	F_y
12	-429	-51	-36	382	-47	-33
15	-467	-55	-41	418	-50	-38
18	-487	-55	-43	434	-50	-39

呼高 h（m）	基础力设计值（kN）					
	N_{max}	F_x	F_y	T_{max}	F_x	F_y
21	-521	-58	-47	463	-53	-43
24	-532	-57	-47	470	-52	-43
27	-554	-59	-50	489	-53	-45
30	-561	-59	-50	491	-52	-44
33	-581	-61	-52	507	-54	-47

表7-26 　　　　35-AC31D-JC3 地脚螺栓及铁塔半根开值

呼高 h（m）	地脚螺栓	铁塔半根开（mm）	呼高 h（m）	地脚螺栓	铁塔半根开（mm）
12	4M36	1716	24	4M36	2676
15	4M36	1956	27	4M36	2916
18	4M36	2196	30	4M36	3156
21	4M36	2436	33	4M36	3396

7.8.2 35-AC31D-JC3 铁塔单线图

35-AC31D-JC3 铁塔单线图如图7-7所示。

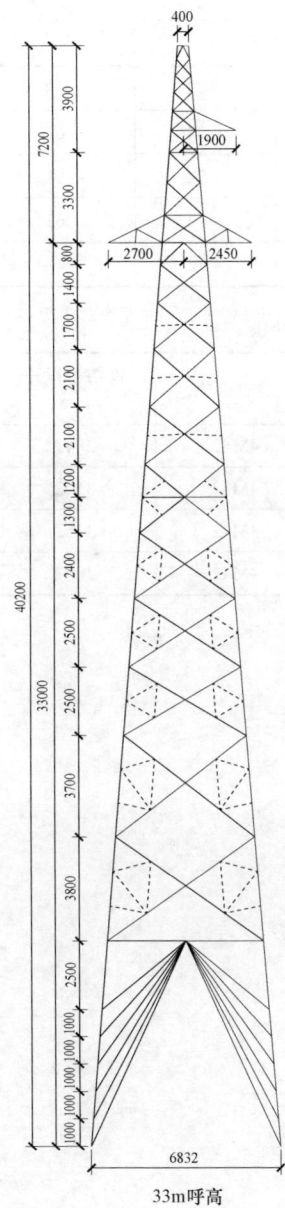

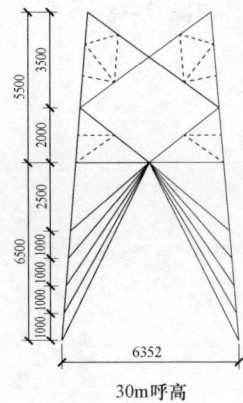

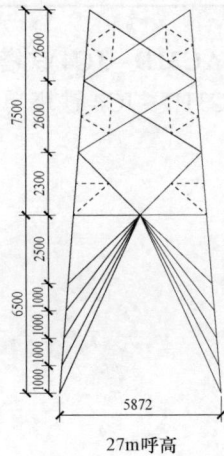

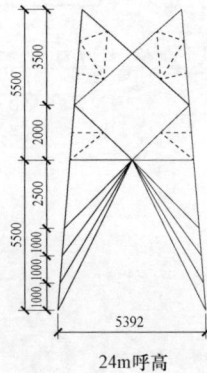

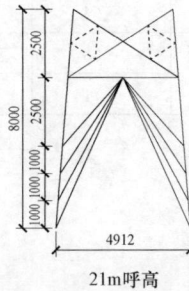

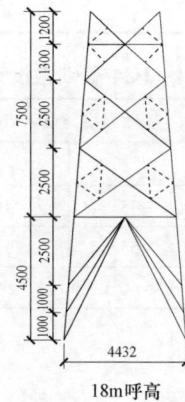

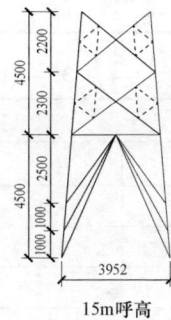

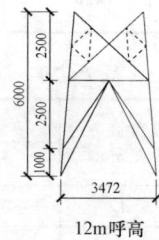

塔呼高（m）	12.0	15.0	18.0	21.0	24.0	27.0	30.0	33.0
塔重（kg）	3208.7	3806.8	4456.3	5051.8	5718.3	6327.8	7006.7	7670.2

33m呼高

30m呼高

27m呼高

24m呼高

21m呼高

18m呼高

15m呼高

12m呼高

图 7-7　35-AC31D-JC3 铁塔单线图

7.9 35-AC31D-JC4 塔

7.9.1 设计条件

35-AC31D-JC4 塔设计条件见表 7-27~表 7-30。

表 7-27   35-AC31D-JC4 导地线型号及张力

导线型号	JL/G1A-150/35	最大使用张力（N）	24677	断线张力（%）	70
地线型号	GJ-55	最大使用张力（N）	21926	断线张力（%）	80

表 7-28   35-AC31D-JC4 使用条件

水平档距（m）	垂直档距（m）	代表档距（m）	转角度数（°）	最大呼高（m）	K_v
450	650	450/150	60~90 兼 0~90 终端	33	—

表 7-29   35-AC31D-JC4 基础力设计值

呼高 h (m)	基础力设计值（kN）					
	N_{max}	F_x	F_y	T_{max}	F_x	F_y
12	-537	-69	-48	488	-64	-44
15	-586	-73	-55	533	-68	-51
18	-624	-77	-60	568	-71	-56

续表

呼高 h (m)	基础力设计值（kN）					
	N_{max}	F_x	F_y	T_{max}	F_x	F_y
21	-660	-78	-63	598	-72	-58
24	-692	-80	-67	627	-74	-62
27	-699	-79	-67	630	-72	-61
30	-719	-81	-69	644	-74	-63
33	-722	-79	-68	643	-72	-61

表 7-30   35-AC31D-JC4 地脚螺栓及铁塔半根开值

呼高 h (m)	地脚螺栓	铁塔半根开 (mm)	呼高 h (m)	地脚螺栓	铁塔半根开 (mm)
12	4M42	1827	24	4M42	2847
15	4M42	2082	27	4M42	3102
18	4M42	2337	30	4M42	3352
21	4M42	2592	33	4M42	3607

7.9.2 35-AC31D-JC4 铁塔单线图

35-AC31D-JC4 铁塔单线图如图 7-8 所示。

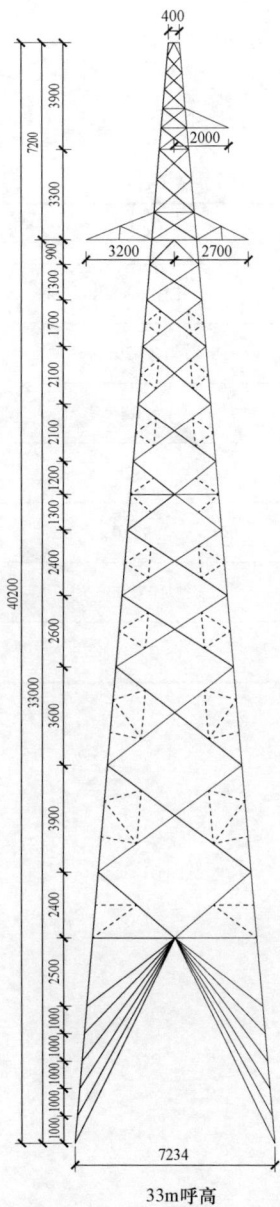

塔呼高（m）	12.0	15.0	18.0	21.0	24.0	27.0	30.0	33.0
塔重（kg）	3783.5	4449.0	4925.3	5778.1	6547.3	7107.9	7964.5	8712.4

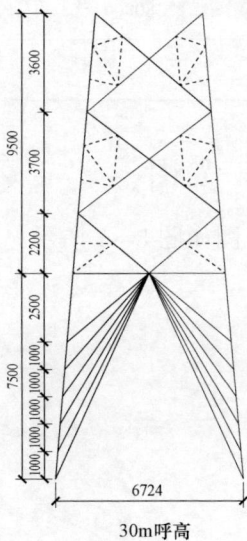

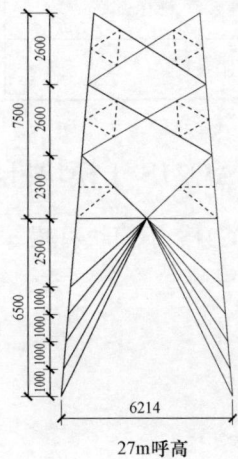

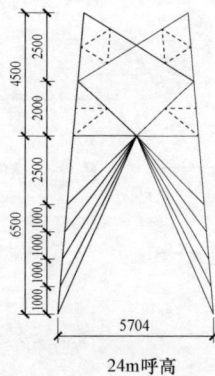

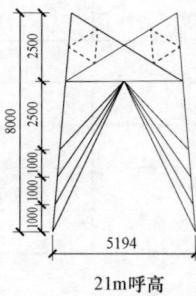

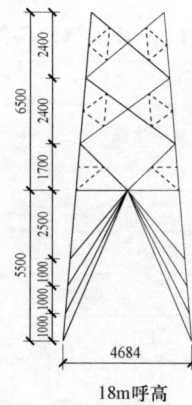

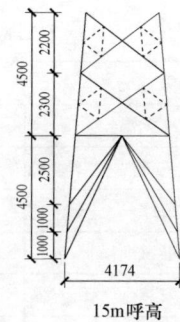

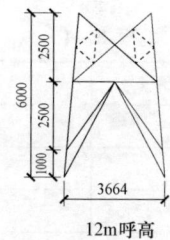

图 7-8　35-AC31D-JC4 铁塔单线图

8　35－AC21S 子模块说明

8.1　模块说明

8.1.1　概述

本系列杆塔为海拔 1000m 以内，设计风速为 27m/s，覆冰厚度为 10mm，导线为 JL/G1A－150/35，地线为 JLB20A－80 的双回路杆塔。按山地规划设计，杆塔形式为直线塔及耐张塔。35－AC21S 模块共计 7 种杆塔型。

8.1.2　气象条件

35－AC21S 子模块气象条件见表 8－1。

表 8－1　　　　　　　　　35－AC21S 子模块气象条件

序号	气象工况	温度 t（℃）	风速 v（m/s）	冰厚 c（mm）
1	最高气温	40	0	0
2	最低气温	－10	0	0
3	覆冰	－5	10	10
4	基准风速	10	27	0
5	安装	－5	10	0
6	平均气温	15	0	0
7	雷电过电压	15	10	0
8	内部过电压	15	15	0

8.1.3　导地线型号及参数

35－AC21S 子模块导地线型号及参数见表 8－2。

表 8－2　　　　　　　35－AC21S 子模块导地线型号及参数

项目	导线	地线
型号	JL/G1A－150/35	JLB20A－80
计算截面面积（mm²）	181.62	79.39
计算外径（mm）	17.50	11.4
计算重量（kg/m）	0.675	0.528
计算拉断力（N）	64940	89310
弹性系数（MPa）	80000	147200
线膨胀系数（1/℃）	17.8×10^{-6}	13.0×10^{-6}

8.2　35－AC21S 子模块杆塔一览图

35－AC21S 子模块杆塔一览图如图 8－1 所示。

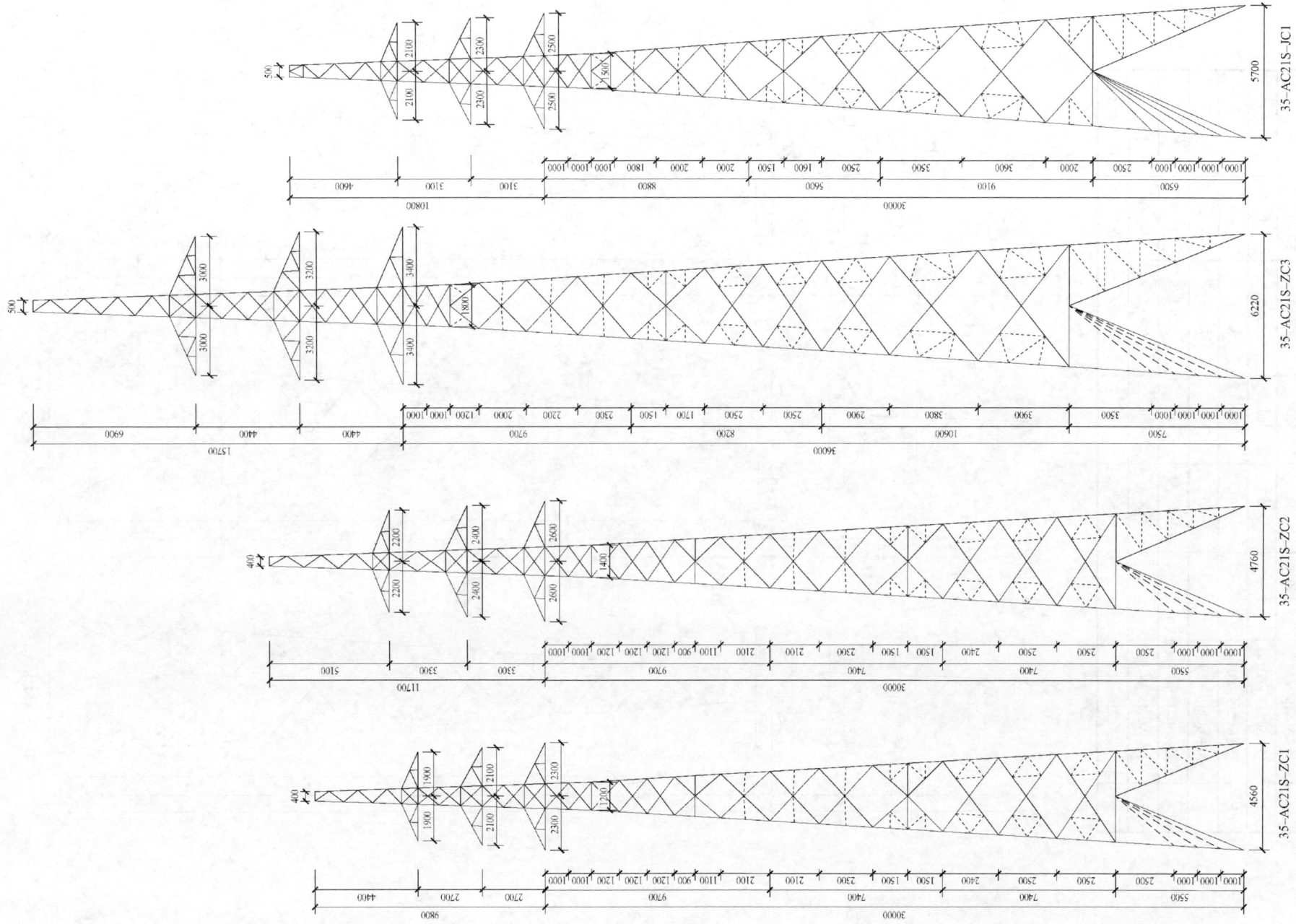

图 8-1 35-AC21S（原 35A3）系列杆塔一览图（一）

序号	塔型名称	标准呼高 (m)	水平档距 (m)	垂直档距 (m)	标准呼高塔重 (kg)	转角度数 (°)	备注
1	35-AC21S-ZC1	30	320	550	4767.0	0	
2	35-AC21S-ZC2	30	450	700	5356.9	0	
3	35-AC21S-ZC3	36	750	1200	8267.0	0	
4	35-AC21S-JC1	27	450	650	7386.9	0~20	
5	35-AC21S-JC2	27	450	650	8020.2	20~40	
6	35-AC21S-JC3	27	450	650	9280.1	40~60	
7	35-AC21S-JC4	27	450	650	11645.1	60~90	兼0°~90°终端

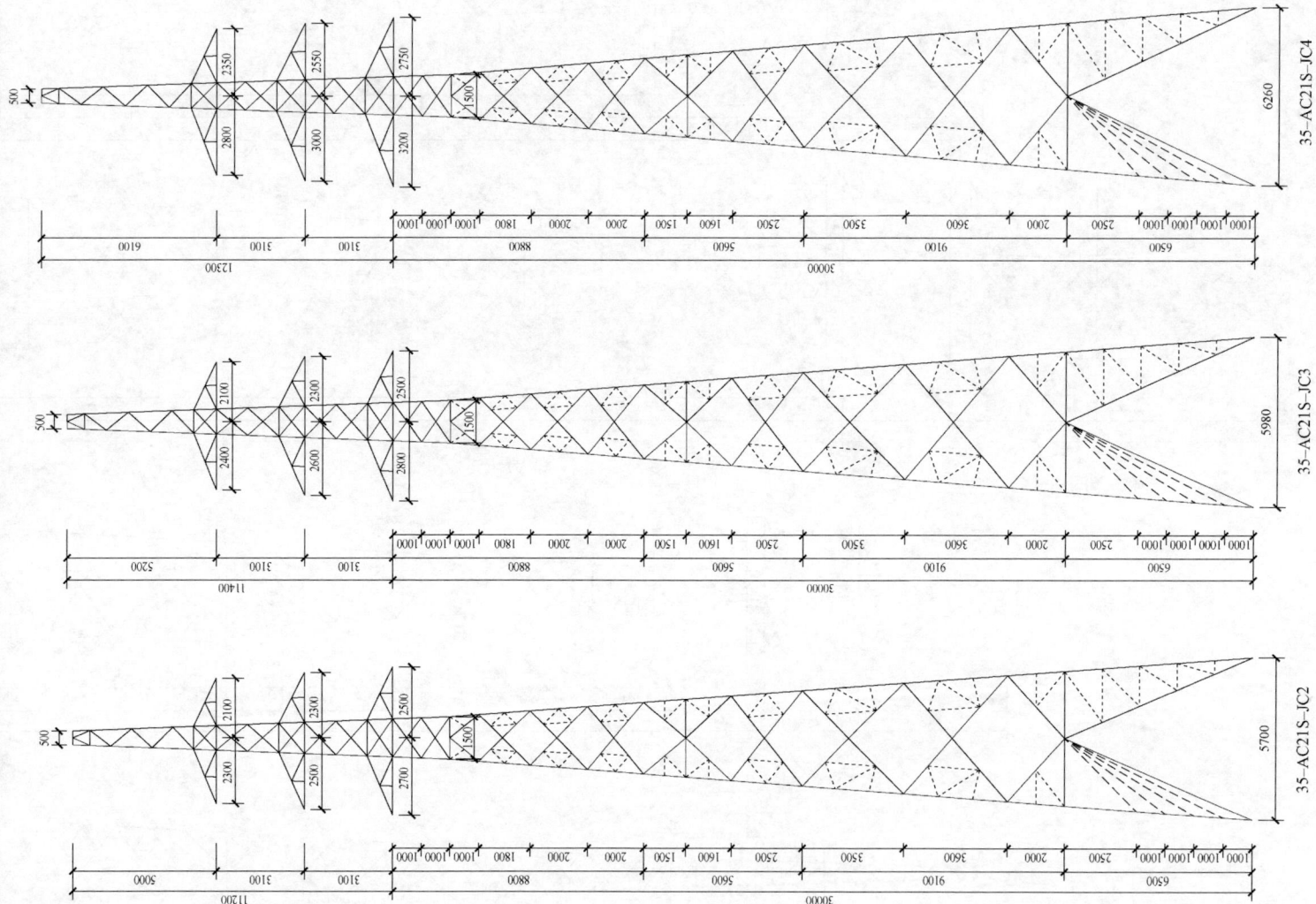

图 8-1 35-AC21S（原 35A3）系列杆塔一览图（二）

8.3　35-AC21S-ZC1 塔

8.3.1　设计条件

35-AC21S-ZC1 塔设计条件见表 8-3～表 8-6。

表 8-3　　　　　　　35-AC21S-ZC1 导地线型号及张力

导线型号	JL/G1A-150/35	最大使用张力（N）	24677	断线张力（%）	40
地线型号	JLB20A-80	最大使用张力（N）	25517	断线张力（%）	50

表 8-4　　　　　　　35-AC21S-ZC1 使用条件

水平档距（m）	垂直档距（m）	代表档距（m）	转角度数（°）	最大呼高（m）	K_v
320	550	200	0	30	0.85

表 8-5　　　　　　　35-AC21S-ZC1 基础力设计值

呼高 h（m）	基础力设计值（kN）					
	N_{max}	F_x	F_y	T_{max}	F_x	F_y
12	-174	-14	-11	150	-12	-11
15	-199	-17	-14	173	-15	-13
18	-208	-17	-15	181	-15	-14

呼高 h（m）	基础力设计值（kN）					
	N_{max}	F_x	F_y	T_{max}	F_x	F_y
21	-226	-20	-17	197	-18	-16
24	-242	-21	-19	211	-19	-17
27	-253	-22	-20	219	-20	-18
30	-269	-24	-22	234	-22	-20

表 8-6　　　　35-AC21S-ZC1 地脚螺栓及铁塔半根开值

呼高 h（m）	地脚螺栓	铁塔半根开（mm）	呼高 h（m）	地脚螺栓	铁塔半根开（mm）
12	4M24	1195	24	4M24	1910
15	4M24	1375	27	4M24	2090
18	4M24	1555	30	4M24	2270
21	4M24	1735	—	—	—

8.3.2　35-AC21S-ZC1 铁塔单线图

35-AC21S-SZC1 铁塔单线图如图 8-2 所示。

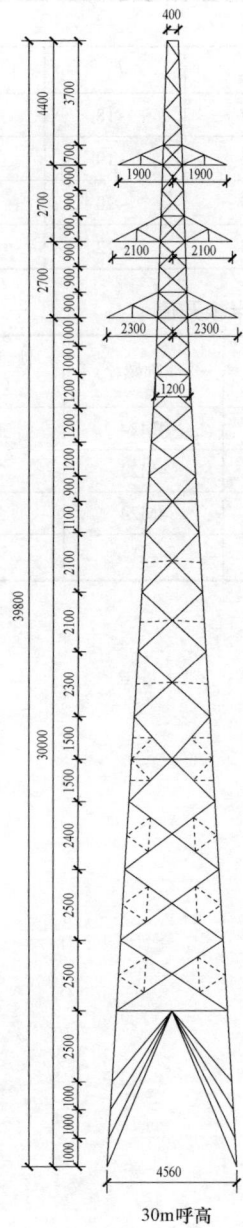

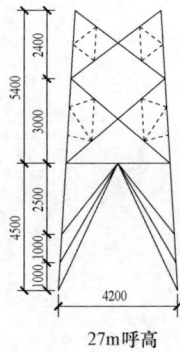

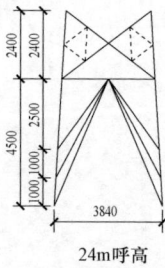

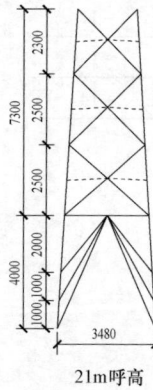

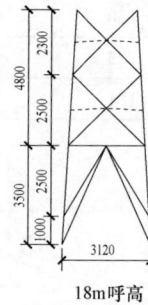

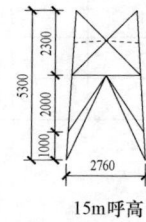

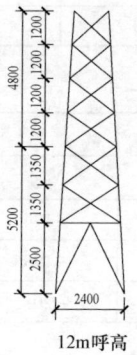

塔呼高（m）	12.0	15.0	18.0	21.0	24.0	27.0	30.0
塔重（kg）	2239.5	2625.5	2972.7	3341.1	3873.9	4304.6	4767.0

30m呼高

27m呼高

24m呼高

21m呼高

18m呼高

15m呼高

12m呼高

图 8-2 35-AC21S-ZC1 铁塔单线图

呼高 h （m）	基础力设计值（kN）					
	N_{max}	F_x	F_y	T_{max}	F_x	F_y
21	−276	−25	−21	242	−22	−20
24	−293	−26	−22	256	−23	−21
27	−305	−27	−23	266	−24	−22
30	−324	−29	−26	282	−26	−24

8.4 35−AC21S−ZC2 塔

8.4.1 设计条件

35−AC21S−ZC2 塔设计条件见表 8−7～表 8−10。

表 8−7 **35−AC21S−ZC2 导地线型号及张力**

导线型号	JL/G1A−150/35	最大使用张力（N）	24677	断线张力（%）	40
地线型号	JLB20A−80	最大使用张力（N）	25517	断线张力（%）	50

表 8−8 **35−AC21S−ZC2 使用条件**

水平档距（m）	垂直档距（m）	代表档距（m）	转角度数（°）	最大呼高（m）	K_v
450	700	200	0	30	0.75

表 8−9 **35−AC21S−ZC2 基础力设计值**

呼高 h （m）	基础力设计值（kN）					
	N_{max}	F_x	F_y	T_{max}	F_x	F_y
12	−213	−17	−14	184	−15	−13
15	−230	−19	−15	200	−16	−14
18	−255	−21	−18	222	−19	−17

表 8−10 **35−AC21S−ZC2 地脚螺栓及铁塔半根开值**

呼高 h （m）	地脚螺栓	铁塔半根开 （mm）	呼高 h （m）	地脚螺栓	铁塔半根开 （mm）
12	4M24	1300	24	4M30	2015
15	4M24	1480	27	4M30	2195
18	4M30	1655	30	4M30	2370
21	4M30	1835	—	—	—

8.4.2 35−AC21S−ZC2 铁塔单线图

35−AC21S−ZC2 铁塔单线图如图 8−3 所示。

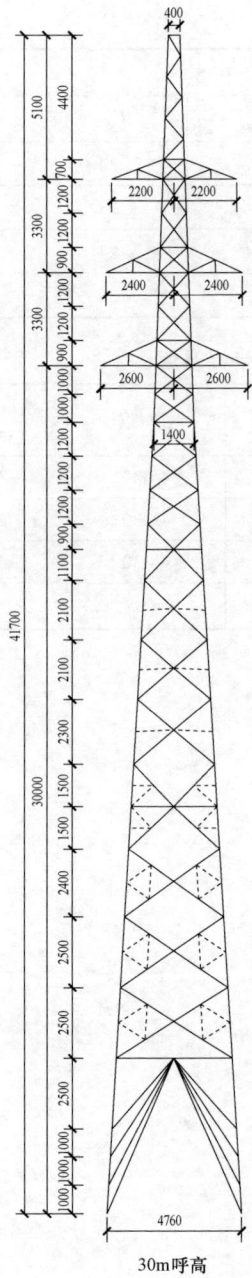

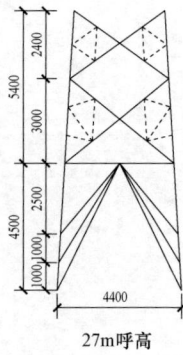

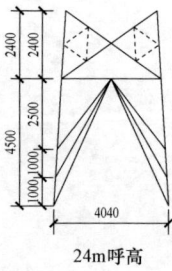

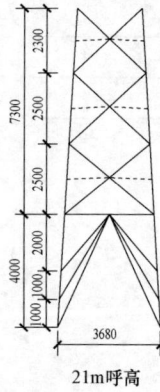

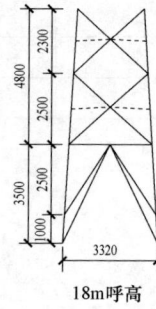

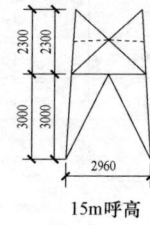

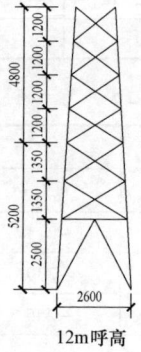

塔呼高（m）	12.0	15.0	18.0	21.0	24.0	27.0	30.0
塔重（kg）	2490.8	2924.7	3373.1	3772.1	4325.7	4786.4	5356.9

30m呼高

27m呼高

24m呼高

21m呼高

18m呼高

15m呼高

12m呼高

图 8－3 35－AC21S－ZC2 铁塔单线图

8.5 35-AC21S-ZC3 塔

8.5.1 设计条件

35-AC21S-ZC3 塔设计条件见表 8-11～表 8-14。

表 8-11　　　35-AC21S-ZC3 导地线型号及张力

导线型号	JL/G1A-150/35	最大使用张力（N）	24677	断线张力（%）	40
地线型号	JLB20A-80	最大使用张力（N）	25517	断线张力（%）	50

表 8-12　　　35-AC21S-ZC3 使用条件

水平档距（m）	垂直档距（m）	代表档距（m）	转角度数（°）	最大呼高（m）	K_v
750	1200	200	0	36	0.65

表 8-13　　　35-AC21S-ZC3 基础力设计值

呼高 h (m)	基础力设计值（kN）					
	N_{max}	F_x	F_y	T_{max}	F_x	F_y
12	-322	-28	-23	277	-24	-21
15	-357	-32	-27	310	-28	-25
18	-382	-36	-30	334	-32	-28
21	-399	-37	-32	347	-33	-29

呼高 h (m)	基础力设计值（kN）					
	N_{max}	F_x	F_y	T_{max}	F_x	F_y
24	-436	-42	-37	381	-37	-34
27	-444	-43	-37	386	-38	-34
30	-467	-46	-40	406	-40	-38
33	-479	-46	-41	415	-41	-37
36	-491	-46	-41	424	-40	-37

表 8-14　　　35-AC21S-ZC3 地脚螺栓及铁塔半根开值

呼高 h (m)	地脚螺栓	铁塔半根开 (mm)	呼高 h (m)	地脚螺栓	铁塔半根开 (mm)
12	4M30	1555	27	4M36	2520
15	4M30	1745	30	4M36	2715
18	4M30	1935	33	4M36	2910
21	4M30	2130	36	4M36	3105
24	4M30	2325	—	—	—

8.5.2 35-AC21S-ZC3 铁塔单线图

35-AC21S-ZC3 铁塔单线图如图 8-4 所示。

塔呼高（m）	12.0	15.0	18.0	21.0	24.0	27.0	30.0	33.0	36.0
塔重（kg）	3714.4	4192.7	4736.0	5211.7	5872.1	6564.3	7208.8	7697.1	8267.0

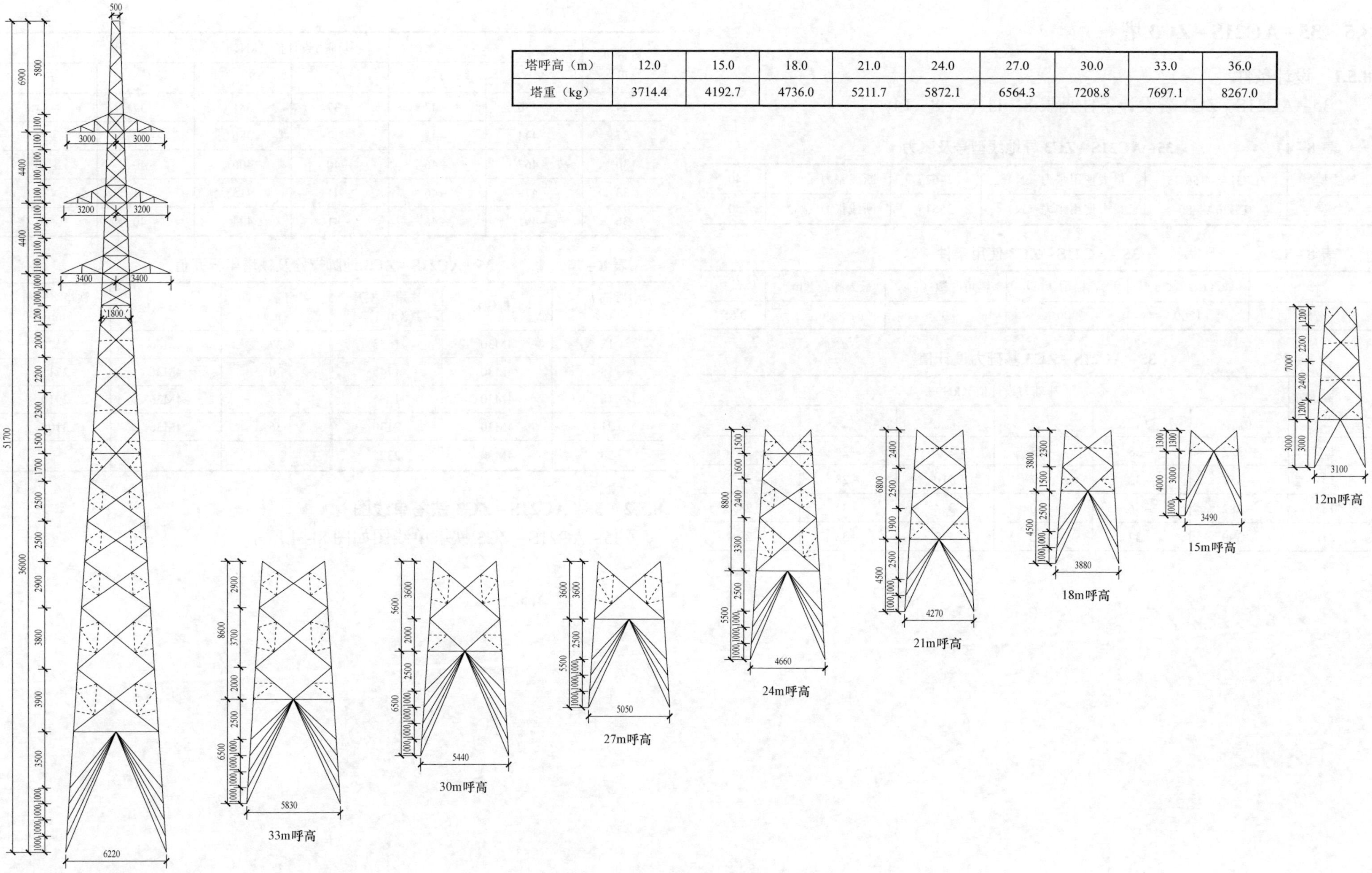

36m呼高

33m呼高

30m呼高

27m呼高

24m呼高

21m呼高

18m呼高

15m呼高

12m呼高

图 8-4 35-AC21S-ZC3 铁塔单线图

8.6 35-AC21S-JC1塔

8.6.1 设计条件

35-AC21S-JC1塔设计条件见表8-15~表8-18。

表8-15　　　　　　35-AC21S-JC1 导地线型号及张力

导线型号	JL/G1A-150/35	最大使用张力（N）	24677	断线张力（%）	70
地线型号	JLB20A-80	最大使用张力（N）	25517	断线张力（%）	80

表8-16　　　　　　35-AC21S-JC1 使用条件

水平档距（m）	垂直档距（m）	代表档距（m）	转角度数（°）	最大呼高（m）	K_v
450	650	450/150	0~20	30	—

表8-17　　　　　　35-AC21S-JC1 基础力设计值（kN）

呼高 h （m）	基础力设计值（kN）					
	N_{max}	F_x	F_y	T_{max}	F_x	F_y
9	-516	-42	-45	449	-34	-43
12	-568	-48	-49	497	-39	-47
15	-605	-52	-53	530	-43	-50

呼高 h （m）	基础力设计值（kN）					
	N_{max}	F_x	F_y	T_{max}	F_x	F_y
18	-609	-51	-52	532	-42	-48
21	-624	-52	-52	544	-44	-48
24	-650	-55	-55	567	-46	-50
27	-653	-55	-54	567	-46	-49
30	-671	-57	-56	582	-47	-50

表8-18　　　　　35-AC21S-JC1 地脚螺栓及铁塔半根开值

呼高 h （m）	地脚螺栓	铁塔半根开 （mm）	呼高 h （m）	地脚螺栓	铁塔半根开 （mm）
9	4M36	1280	21	4M42	2175
12	4M36	1500	24	4M42	2400
15	4M36	1725	27	4M42	2625
18	4M36	1950	30	4M42	2850

8.6.2 35-AC21S-JC1 铁塔单线图

35-AC21S-JC1 铁塔单线图如图8-5所示。

第3篇　35kV 输电线路角钢塔通用设计·53·

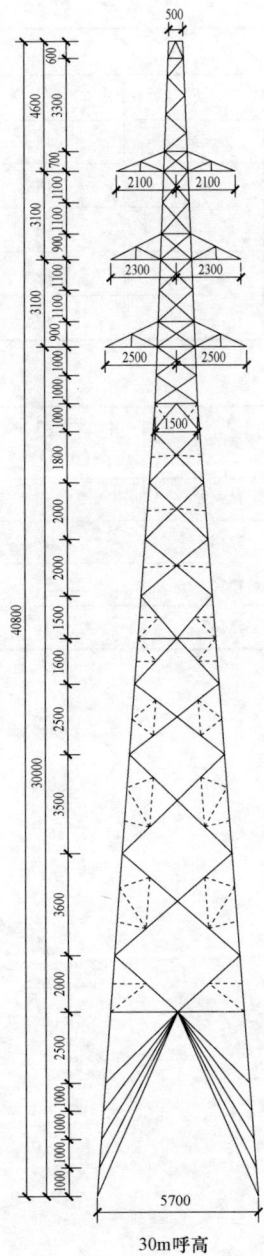

塔呼高（m）	9.0	12.0	15.0	18.0	21.0	24.0	27.0	30.0
塔重（kg）	3867.1	4441.7	4989.2	5582.3	6231.4	6866.9	7386.9	8010.1

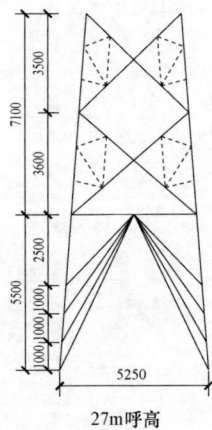

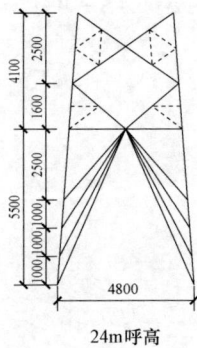

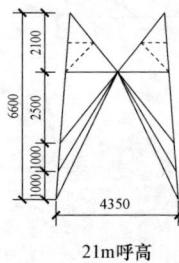

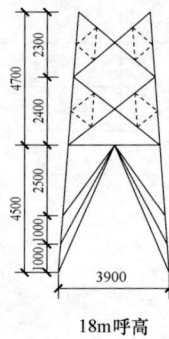

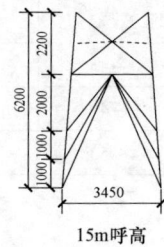

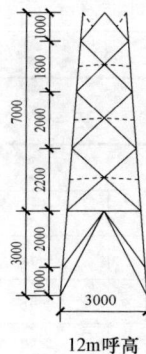

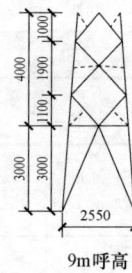

30m呼高

27m呼高

24m呼高

21m呼高

18m呼高

15m呼高

12m呼高

9m呼高

图 8－5　35－AC21S－JC1 铁塔单线图

8.7　35-AC21S-JC2 塔

8.7.1　设计条件

35-AC21S-JC2 塔设计条件见表 8-19～表 8-22。

表 8-19　35-AC21S-JC2 导地线型号及张力

导线型号	JL/G1A-150/35	最大使用张力（N）	24677	断线张力（%）	70
地线型号	JLB20A-80	最大使用张力（N）	25517	断线张力（%）	80

表 8-20　35-AC21S-JC2 使用条件

水平档距（m）	垂直档距（m）	代表档距（m）	转角度数（°）	最大呼高（m）	K_v
450	650	450/150	20～40	30	—

表 8-21　35-AC21S-JC2 基础力设计值

呼高 h (m)	基础力设计值（kN）					
	N_{max}	F_x	F_y	T_{max}	F_x	F_y
9	-623	-58	-46	568	-52	-43
12	-686	-63	-53	628	-58	-50
15	-731	-67	-58	670	-61	-55

续表

呼高 h (m)	基础力设计值（kN）					
	N_{max}	F_x	F_y	T_{max}	F_x	F_y
18	-731	-65	-57	666	-59	-53
21	-753	-66	-59	683	-60	-55
24	-785	-69	-63	713	-63	-58
27	-789	-68	-62	712	-62	-57
30	-809	-70	-64	728	-63	-59

表 8-22　35-AC21S-JC2 地脚螺栓及铁塔半根开值

呼高 h (m)	地脚螺栓	铁塔半根开（mm）	呼高 h (m)	地脚螺栓	铁塔半根开（mm）
9	4M42	1275	21	4M42	2170
12	4M42	1500	24	4M42	2395
15	4M42	1725	27	4M42	2620
18	4M42	1945	30	4M42	2845

8.7.2　35-AC21S-JC2 铁塔单线图

35-AC21S-JC2 铁塔单线图如图 8-6 所示。

塔呼高（m）	9.0	12.0	15.0	18.0	21.0	24.0	27.0	30.0
塔重（kg）	4310.0	4819.2	5374.7	6080.9	6737.7	7431.7	8020.2	8950.4

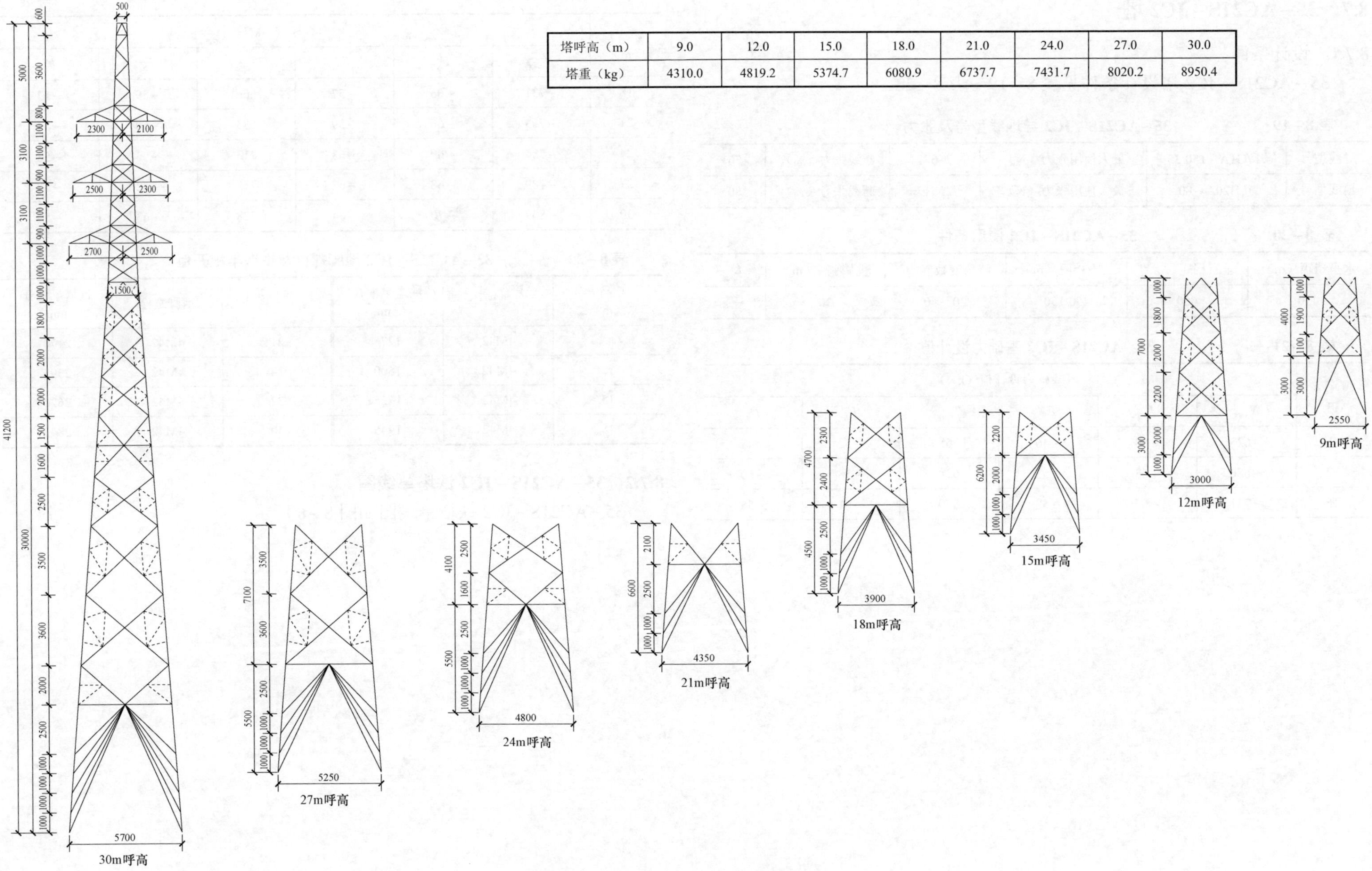

图 8-6 35-AC21S-JC2 铁塔单线图

8.8 35-AC21S-JC3 塔

8.8.1 设计条件

35-AC21S-JC3 塔设计条件见表 8-23~表 8-26。

表 8-23　　　　35-AC21S-JC3 导地线型号及张力

导线型号	JL/G1A-150/35	最大使用张力（N）	24677	断线张力（%）	70
地线型号	JLB20A-80	最大使用张力（N）	25517	断线张力（%）	80

表 8-24　　　　35-AC21S-JC3 使用条件

水平档距（m）	垂直档距（m）	代表档距（m）	转角度数（°）	最大呼高（m）	K_v
450	650	450/150	40~60	30	—

表 8-25　　　　35-AC21S-JC3 基础力设计值

呼高 h（m）	基础力设计值（kN）					
	N_{max}	F_x	F_y	T_{max}	F_x	F_y
9	-812	-78	-64	756	-72	-61
12	-890	-85	-73	829	-79	-70
15	-945	-90	-79	881	-83	-76

呼高 h（m）	基础力设计值（kN）					
	N_{max}	F_x	F_y	T_{max}	F_x	F_y
18	-948	-88	-78	880	-81	-74
21	-968	-89	-81	895	-82	-76
24	-998	-91	-84	922	-84	-79
27	-1003	-91	-84	920	-83	-78
30	-1037	-94	-87	950	-86	-81

表 8-26　　　　35-AC21S-JC3 地脚螺栓及铁塔半根开值

呼高 h（m）	地脚螺栓	铁塔半根开（mm）	呼高 h（m）	地脚螺栓	铁塔半根开（mm）
9	4M48	1310	21	4M48	2270
12	4M48	1550	24	4M48	2505
15	4M48	1790	27	4M48	2745
18	4M48	2030	30	4M48	2985

8.8.2 35-AC21S-JC3 铁塔单线图

35-AC21S-JC3 铁塔单线图如图 8-7 所示。

塔呼高（m）	9.0	12.0	15.0	18.0	21.0	24.0	27.0	30.0
塔重（kg）	4855.9	5574.7	6225.5	6933.4	7634.3	8527.6	9280.1	10194.1

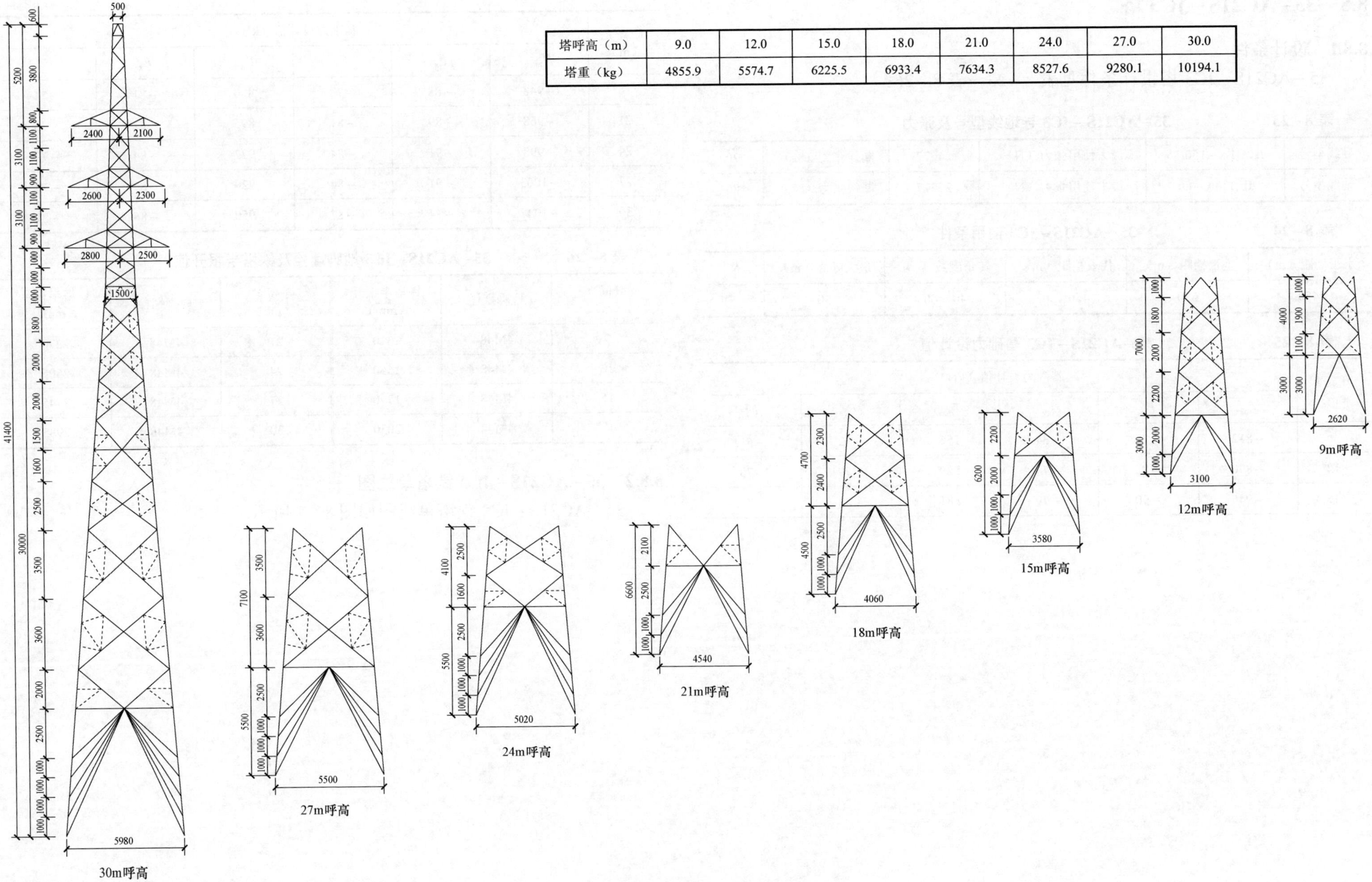

30m呼高

27m呼高

24m呼高

21m呼高

18m呼高

15m呼高

12m呼高

9m呼高

图 8-7　35-AC21S-JC3 铁塔单线图

8.9 35-AC21S-JC4 塔

8.9.1 设计条件

35-AC21S-JC4 塔设计条件见表 8-27～表 8-30。

表 8-27 　　　　　　**35-AC21S-JC4 导地线型号及张力**

导线型号	JL/G1A-150/35	最大使用张力（N）	24677	断线张力（%）	70
地线型号	JLB20A-80	最大使用张力（N）	25517	断线张力（%）	80

表 8-28 　　　　　　**35-AC21S-JC4 使用条件**

水平档距（m）	垂直档距（m）	代表档距（m）	转角度数（°）	最大呼高（m）	K_v
450	650	450/150	60～90 兼 0～90 终端	30	—

表 8-29 　　　　　　**35-AC21S-JC4 基础力设计值**

呼高 h (m)	基础力设计值（kN）					
	N_{max}	F_x	F_y	T_{max}	F_x	F_y
9	-1068	-109	-85	1013	-82	-103
12	-1161	-113	-101	1096	-107	-96
15	-1228	-119	-109	1156	-112	-103

续表

呼高 h (m)	基础力设计值（kN）					
	N_{max}	F_x	F_y	T_{max}	F_x	F_y
18	-1225	-117	-107	1149	-110	-101
21	-1246	-118	-110	1164	-110	-103
24	-1297	-123	-115	1211	-115	-108
27	-1339	-126	-120	1247	-118	-112
30	-1333	-125	-119	1236	-116	-110

表 8-30 　　　　　　**35-AC21S-JC4 地脚螺栓及铁塔半根开值**

呼高 h (m)	地脚螺栓	铁塔半根开（mm）	呼高 h (m)	地脚螺栓	铁塔半根开（mm）
9	4M56	1345	21	4M56	2365
12	4M56	1600	24	4M56	2620
15	4M56	1855	27	4M56	2875
18	4M56	2110	30	4M56	3130

8.9.2 35-AC21S-JC4 铁塔单线图

35-AC21S-JC4 铁塔单线图如图 8-8 所示。

塔呼高（m）	9.0	12.0	15.0	18.0	21.0	24.0	27.0	30.0
塔重（kg）	6241.7	6874.3	7977.5	8819.1	9784.3	10713.7	11645.1	12523.0

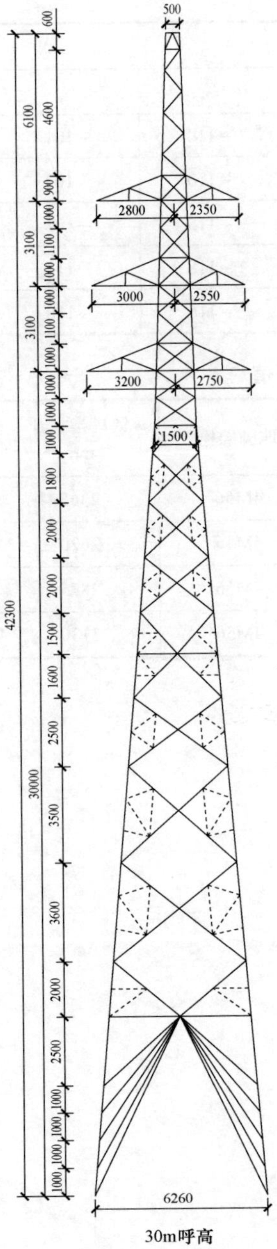

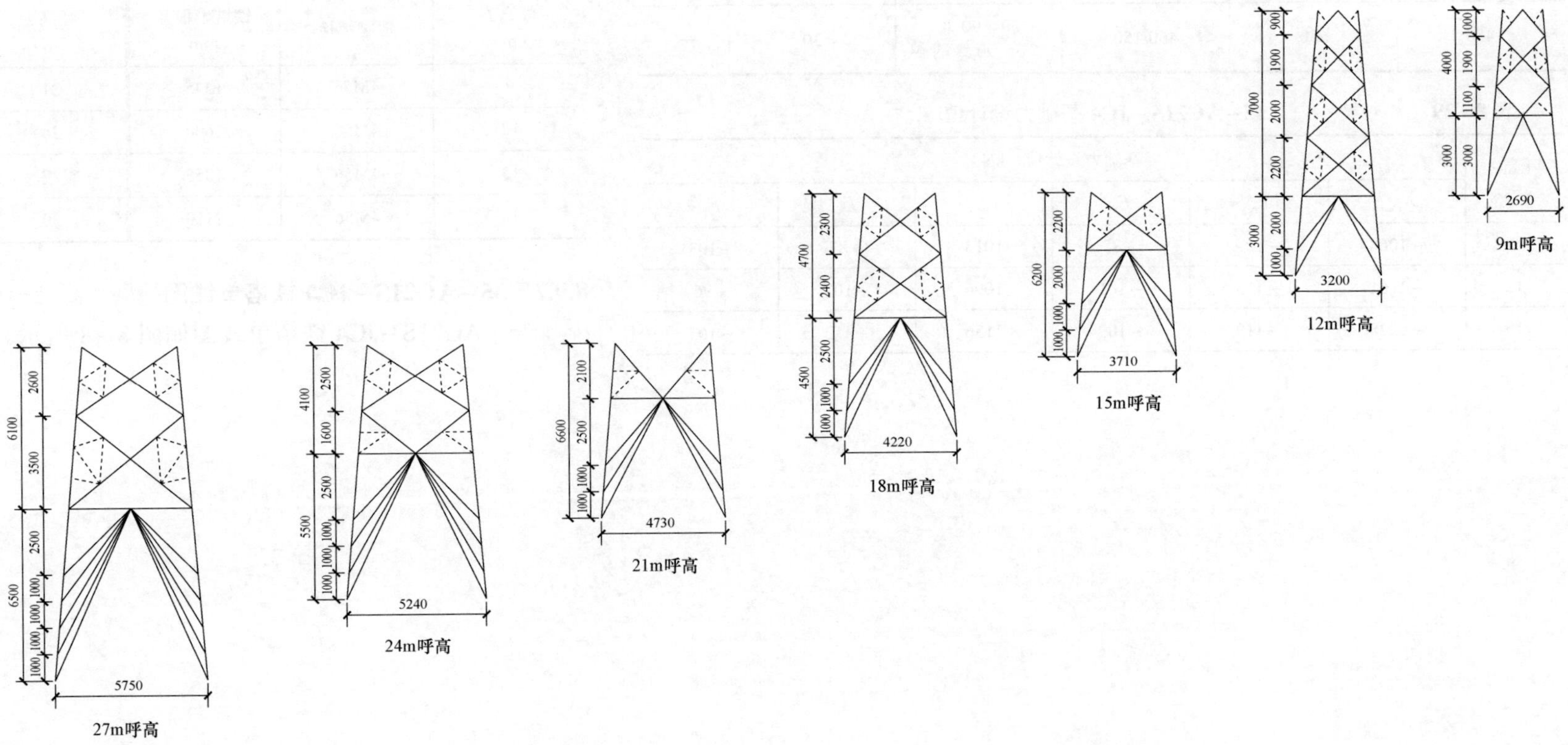

图8-8 35-AC21S-JC4铁塔单线图

9　35-AC31S 子模块说明

9.1　模块说明

9.1.1　概述

本系列杆塔为海拔 1000m 以内，设计风速为 27m/s，覆冰厚度为 15mm，导线为 JL/G1A-150/35，地线为 JLB20A-80 的双回路杆塔。按山地规划设计，杆塔形式为直线塔及耐张塔。35-AC31S 模块共计 7 种杆塔型。

9.1.2　气象条件

35-AC31S 子模块气象条件见表 9-1。

表 9-1　　　　　　　　　　35-AC31S 子模块气象条件

序号	气象工况	温度 t（℃）	风速 v（m/s）	冰厚 c（mm）
1	最高气温	40	0	0
2	最低气温	-10	0	0
3	覆冰	-5	10	15
4	基准风速	10	27	0
5	安装	-5	10	0
6	平均气温	15	0	0
7	雷电过电压	15	10	0
8	内部过电压	15	15	0

9.1.3　导地线型号及参数

35-AC31S 子模块导地线型号及参数见表 9-2。

表 9-2　　　　　　35-AC31S 子模块导地线型号及参数

项目	导线	地线
型号	JL/G1A-150/35	JLB20A-80
计算截面面积（mm²）	181.62	79.39
计算外径（mm）	17.50	11.4
计算重量（kg/m）	0.675	0.528
计算拉断力（N）	64940	89310
弹性系数（MPa）	80000	147200
线膨胀系数（1/℃）	17.8×10^{-6}	13.0×10^{-6}

9.2　35-AC31S 子模块杆塔一览图

35-AC31S 子模块杆塔一览图如图 9-1 所示。

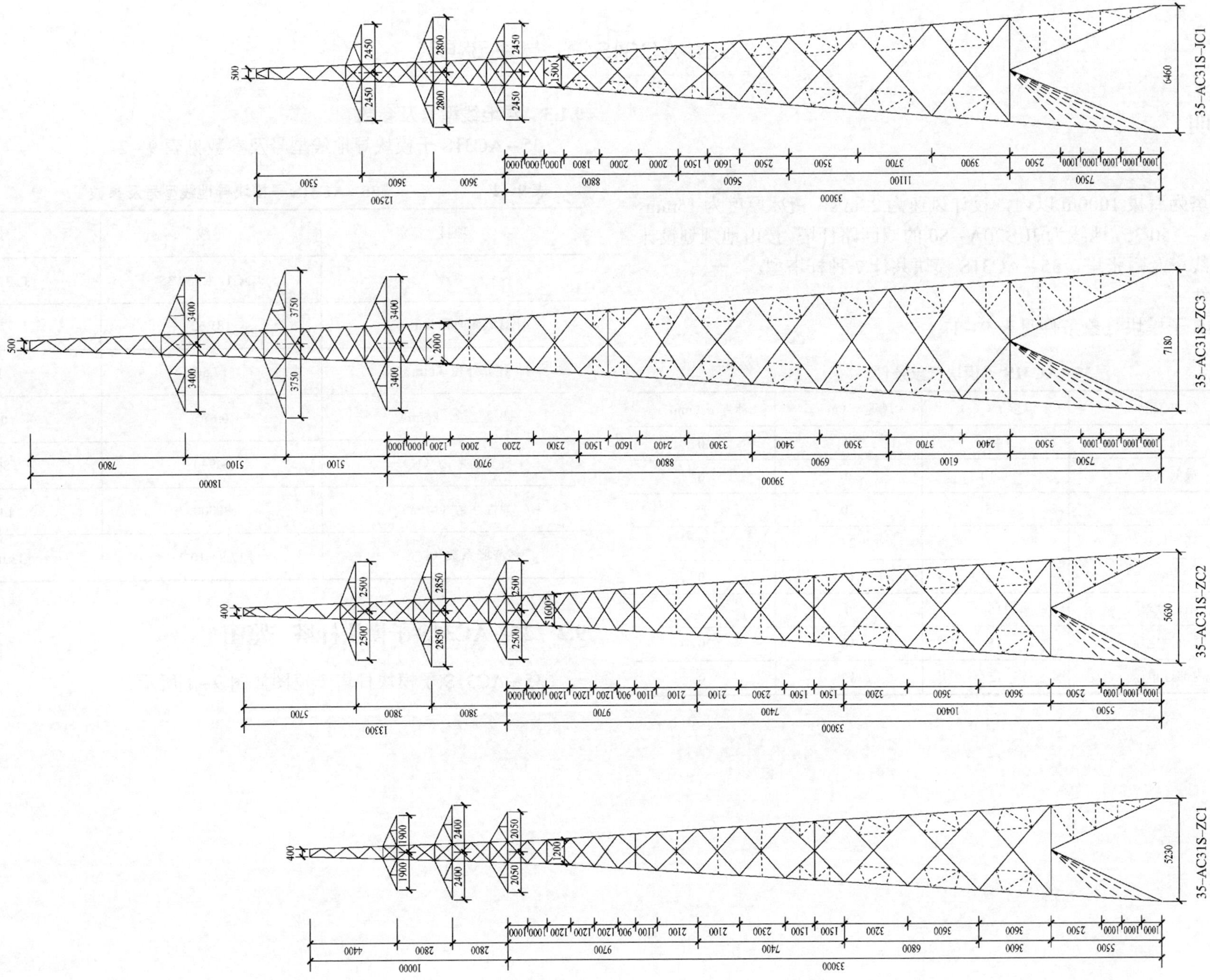

图 9-1　35-AC31S（原 35A4）系列杆塔一览图（一）

序号	塔型名称	标准呼高 (m)	水平档距 (m)	垂直档距 (m)	标准呼高塔重 (kg)	转角度数 (°)	备注
1	35-AC31S-ZC1	30	320	550	5491.3	0	
2	35-AC31S-ZC2	30	450	700	6552.5	0	
3	35-AC31S-ZC3	36	750	1200	9592.8	0	
4	35-AC31S-JC1	27	450	650	7885.3	0~20	
5	35-AC31S-JC2	27	450	650	8963.9	20~40	
6	35-AC31S-JC3	27	450	650	10112.5	40~60	
7	35-AC31S-JC4	27	450	650	12433.9	60~90	兼 0°~90° 终端

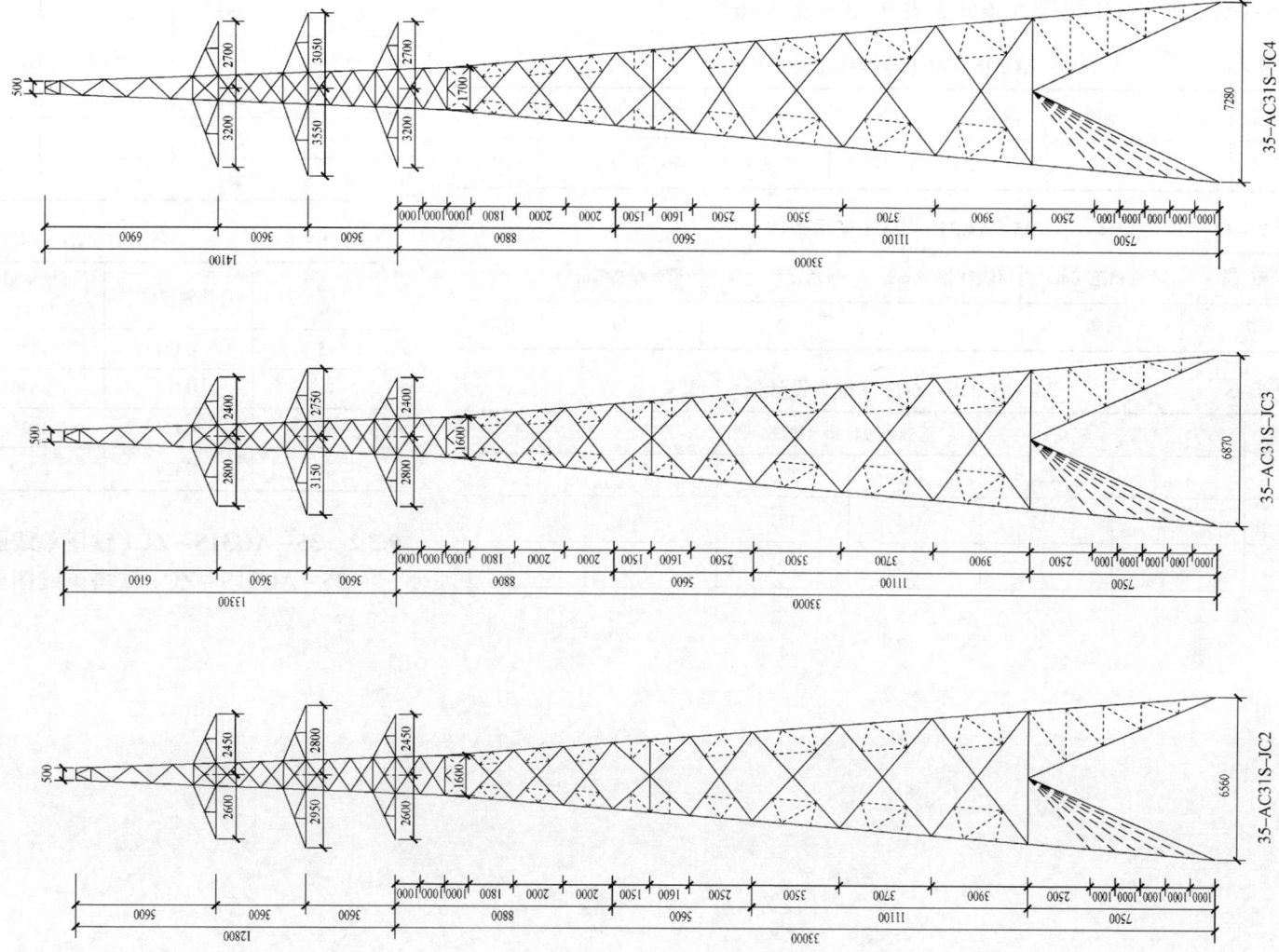

图 9-1　35-AC31S（原 35A4）系列杆塔一览图（二）

9.3　35-AC31S-ZC1 塔

9.3.1　设计条件

35-AC31S-ZC1 塔设计条件见表9-3～表9-6。

表9-3　35-AC31S-ZC1 导地线型号及张力

导线型号	JL/G1A-150/35	最大使用张力（N）	24677	断线张力（%）	40
地线型号	JLB20A-80	最大使用张力（N）	25517	断线张力（%）	50

表9-4　35-AC31S-ZC1 使用条件

水平档距（m）	垂直档距（m）	代表档距（m）	转角度数（°）	最大呼高（m）	K_v
320	550	200	0	33	0.85

表9-5　35-AC31S-ZC1 基础力设计值

呼高 h (m)	基础力设计值（kN）					
	N_{max}	F_x	F_y	T_{max}	F_x	F_y
15	-251	-18	-14	191	-16	-8
18	-266	-19	-15	205	-17	-9
21	-277	-20	-16	215	-19	-10
24	-279	-20	-17	214	-18	-11
27	-277	-20	-17	217	-21	-19
30	-286	-20	-17	231	-23	-21
33	-283	-21	-20	235	-24	-22

表9-6　35-AC31S-ZC1 地脚螺栓及铁塔半根开值

呼高 h (m)	地脚螺栓	铁塔半根开 (mm)	呼高 h (m)	地脚螺栓	铁塔半根开 (mm)
15	4M24	1445	27	4M24	2225
18	4M24	1640	30	4M24	2420
21	4M24	1835	33	4M24	2615
24	4M24	2030	—	—	—

9.3.2　35-AC31S-ZC1 铁塔单线图

35-AC31S-ZC1 铁塔单线图如图9-2所示。

塔呼高（m）	15.0	18.0	21.0	24.0	27.0	30.0	33.0
塔重（kg）	3308.2	3667.9	4072.8	4571.7	5020.3	5491.3	5983.1

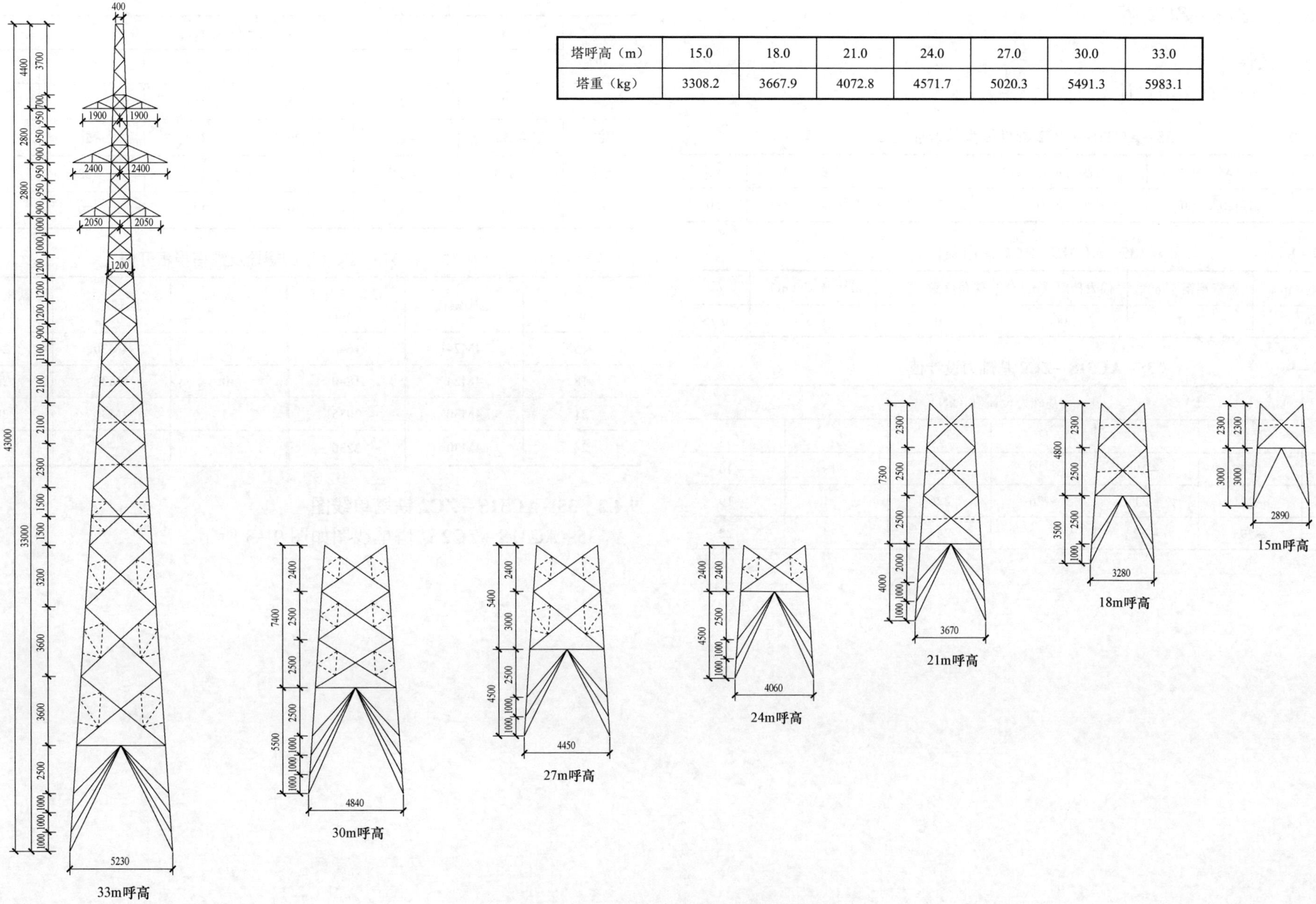

33m呼高

30m呼高

27m呼高

24m呼高

21m呼高

18m呼高

15m呼高

图9-2　35-AC31S-ZC1 铁塔单线图

9.4　35-AC31S-ZC2 塔

9.4.1　设计条件

35-AC31S-ZC2 塔设计条件见表 9-7～表 9-10。

表 9-7　35-AC31S-ZC2 导地线型号及张力

导线型号	JL/G1A-150/35	最大使用张力（N）	24677	断线张力（%）	40
地线型号	JLB20A-80	最大使用张力（N）	25517	断线张力（%）	50

表 9-8　35-AC31S-ZC2 使用条件

水平档距（m）	垂直档距（m）	代表档距（m）	转角度数（°）	最大呼高（m）	K_v
450	700	200	0	33	0.75

表 9-9　35-AC31S-ZC2 基础力设计值

呼高 h（m）	基础力设计值（kN）					
	N_{max}	F_x	F_y	T_{max}	F_x	F_y
15	-265	-19	-19	204	-18	-16
18	-281	-21	-20	226	-21	-19
21	-293	-22	-22	244	-24	-22

呼高 h（m）	基础力设计值（kN）					
	N_{max}	F_x	F_y	T_{max}	F_x	F_y
24	-299	-28	-25	259	-25	-23
27	-311	-29	-26	268	-26	-24
30	-330	-32	-29	285	-28	-26
33	-339	-33	-29	292	-29	-27

表 9-10　35-AC31S-ZC2 地脚螺栓及铁塔半根开值

呼高 h（m）	地脚螺栓	铁塔半根开（mm）	呼高 h（m）	地脚螺栓	铁塔半根开（mm）
15	4M24	1645	27	4M30	2420
18	4M24	1840	30	4M30	2615
21	4M30	2035	33	4M30	2810
24	4M30	2230	—	—	—

9.4.2　35-AC31S-ZC2 铁塔单线图

35-AC31S-ZC2 铁塔单线图如图 9-3 所示。

·66· 国网福建省电力有限公司输变电工程通用设计　35kV 输电线路杆塔分册（2024 年版）

塔呼高（m）	15.0	18.0	21.0	24.0	27.0	30.0	33.0
塔重（kg）	3965.7	4360.9	4894.2	5413.5	5950.3	6552.5	6952.7

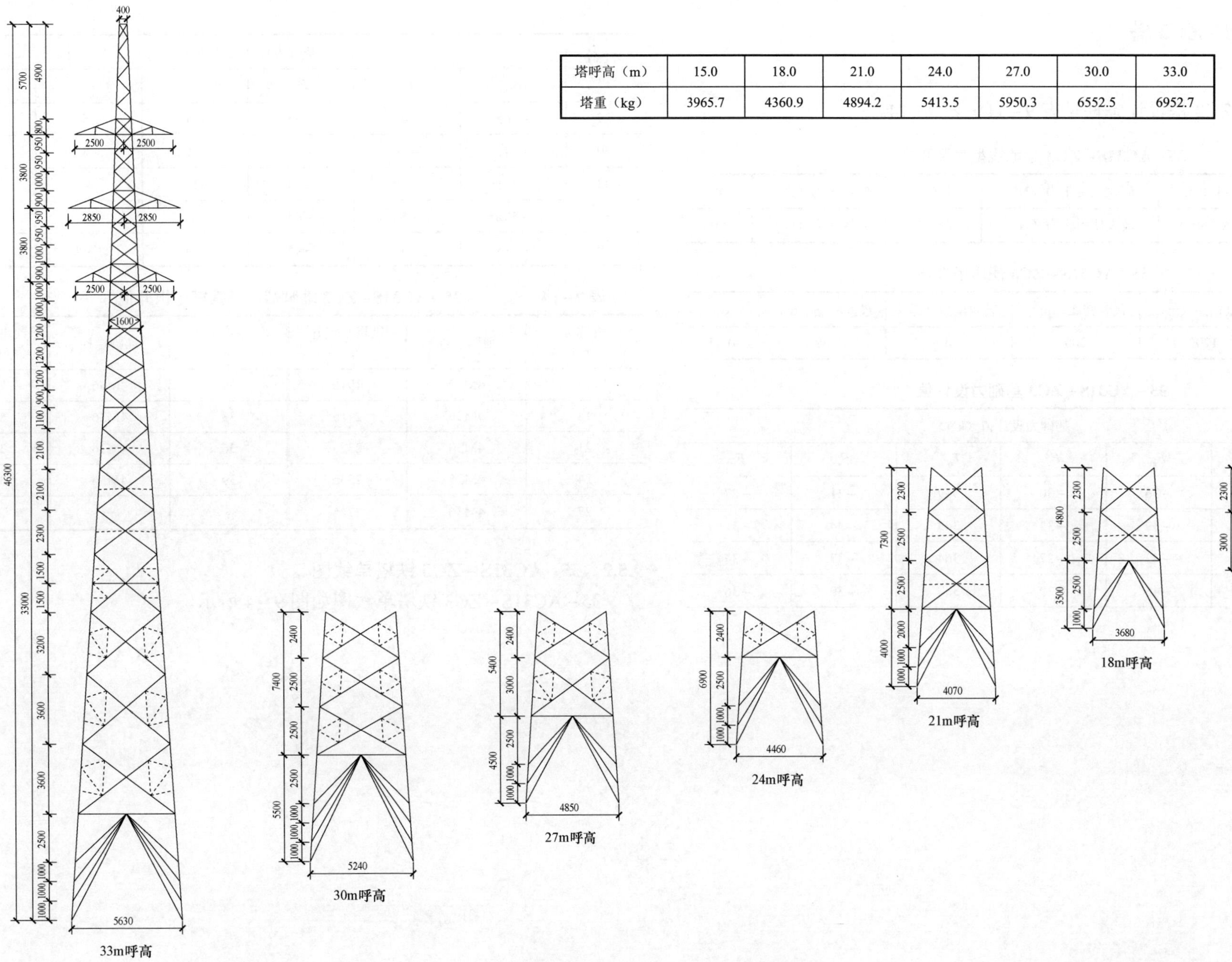

图 9-3 35-AC31S-ZC2 铁塔单线图

9.5 35-AC31S-ZC3塔

9.5.1 设计条件

35-AC31S-ZC3塔设计条件见表9-11～表9-14。

表9-11　　　　　　35-AC31S-ZC3导地线型号及张力

导线型号	JL/G1A-150/35	最大使用张力（N）	24677	断线张力（%）	40
地线型号	JLB20A-80	最大使用张力（N）	25517	断线张力（%）	50

表9-12　　　　　　35-AC31S-ZC3使用条件

水平档距（m）	垂直档距（m）	代表档距（m）	转角度数（°）	最大呼高（m）	K_v
750	1200	200	0	39	0.65

表9-13　　　　　　35-AC31S-ZC3基础力设计值

呼高 h (m)	基础力设计值（kN）					
	N_{max}	F_x	F_y	T_{max}	F_x	F_y
15	-371	-36	-30	319	-31	-27
18	-398	-39	-34	343	-34	-31
21	-421	-42	-37	364	-37	-34
24	-442	-45	-39	380	-39	-36

呼高 h (m)	基础力设计值（kN）					
	N_{max}	F_x	F_y	T_{max}	F_x	F_y
27	-465	-48	-43	401	-42	-39
30	-477	-49	-43	410	-43	-40
33	-491	-49	-44	419	-43	-40
36	-502	-50	-44	427	-43	-40
39	-513	-51	-45	434	-44	-40

表9-14　　　　35-AC31S-ZC3地脚螺栓及铁塔半根开值

呼高 h (m)	地脚螺栓	铁塔半根开（mm）	呼高 h (m)	地脚螺栓	铁塔半根开（mm）
15	4M30	1910	30	4M36	2955
18	4M30	2115	33	4M36	3165
21	4M30	2325	36	4M36	3375
24	4M36	2535	39	4M36	3585
27	4M36	2745	—	—	—

9.5.2 35-AC31S-ZC3铁塔单线图

35-AC31S-ZC3铁塔单线图如图9-4所示。

塔呼高（m）	15.0	18.0	21.0	24.0	27.0	30.0	33.0	36.0	39.0
塔重（kg）	5257.70	5825.30	6441.80	7224.10	7762.30	8376.20	8988.80	9592.80	10304.00

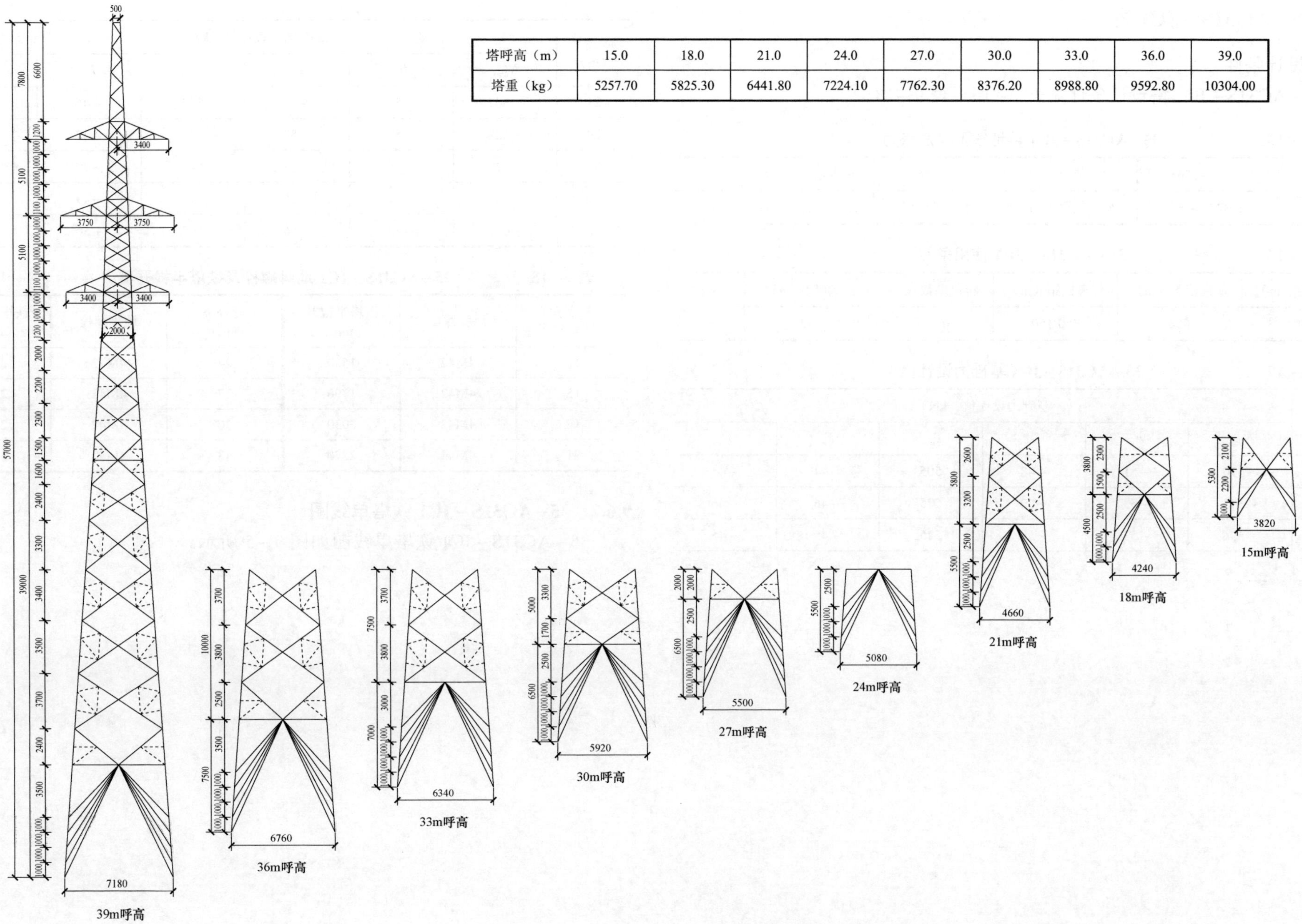

15m呼高

18m呼高

21m呼高

24m呼高

27m呼高

30m呼高

33m呼高

36m呼高

39m呼高

图9-4　35-AC31S-ZC3铁塔单线图

9.6 35-AC31S-JC1 塔

9.6.1 设计条件

35-AC31S-JC1 塔设计条件见表 9-15～表 9-18。

表 9-15　35-AC31S-JC1 导地线型号及张力

导线型号	JL/G1A-150/35	最大使用张力（N）	24677	断线张力（%）	70
地线型号	JLB20A-80	最大使用张力（N）	25517	断线张力（%）	80

表 9-16　35-AC31S-JC1 使用条件

水平档距（m）	垂直档距（m）	代表档距（m）	转角度数（°）	最大呼高（m）	K_v
450	650	450/150	0～20	33	—

表 9-17　35-AC31S-JC1 基础力设计值

呼高 h （m）	基础力设计值（kN）					
	N_{max}	F_x	F_y	T_{max}	F_x	F_y
12	−570	−51	−48	505	−44	−44
15	−593	−53	−50	525	−46	−46
18	−596	−53	−50	525	−45	−45

续表

呼高 h （m）	基础力设计值（kN）					
	N_{max}	F_x	F_y	T_{max}	F_x	F_y
21	−607	−53	−51	532	−46	−46
24	−624	−55	−53	547	−47	−48
27	−627	−55	−53	546	−47	−47
30	−640	−57	−55	557	−49	−49
33	−651	−58	−56	567	−50	−50

表 9-18　35-AC31S-JC1 地脚螺栓及铁塔半根开值

呼高 h （m）	地脚螺栓	铁塔半根开 （mm）	呼高 h （m）	地脚螺栓	铁塔半根开 （mm）
12	4M42	1550	24	4M42	2510
15	4M42	1790	27	4M42	2750
18	4M42	2030	30	4M42	2990
21	4M42	2270	33	4M42	3230

9.6.2　35-AC31S-JC1 铁塔单线图

35-AC31S-JC1 铁塔单线图如图 9-5 所示。

塔呼高（m）	12.0	15.0	18.0	21.0	24.0	27.0	30.0	33.0
塔重（kg）	4943.0	5480.8	6048.0	6652.4	7271.7	7885.3	8473.2	9038.9

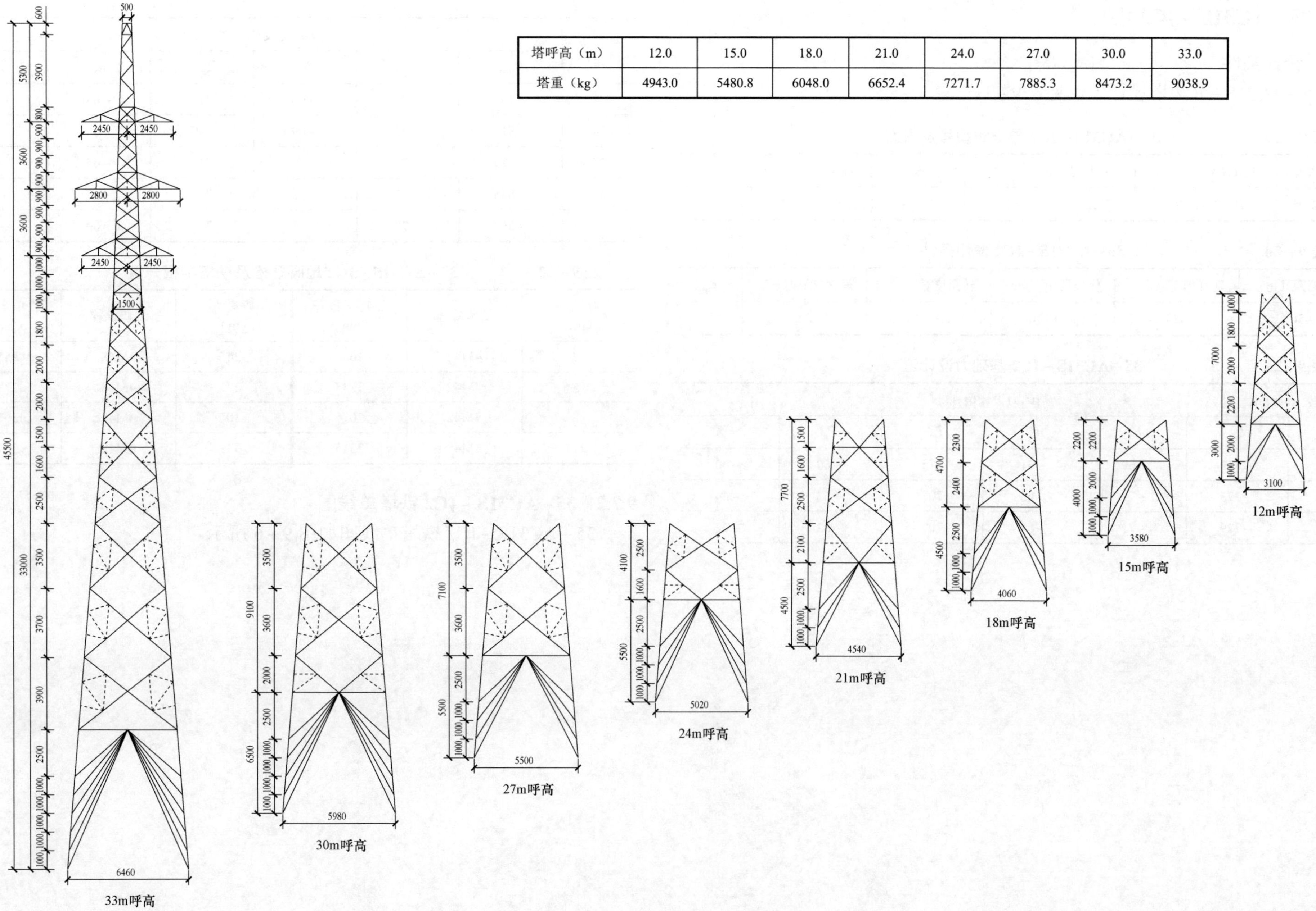

图 9-5　35-AC31S-JC1 铁塔单线图

9.7 35－AC31S－JC2 塔

9.7.1 设计条件

35－AC31S－JC2 塔设计条件见表9－19～表9－22。

表9－19　　　　35－AC31S－JC2 导地线型号及张力

导线型号	JL/G1A－150/35	最大使用张力（N）	24677	断线张力（%）	70
地线型号	JLB20A－80	最大使用张力（N）	25517	断线张力（%）	80

表9－20　　　　35－AC31S－JC2 使用条件

水平档距（m）	垂直档距（m）	代表档距（m）	转角度数（°）	最大呼高（m）	K_v
450	650	450/150	20～40	33	—

表9－21　　　　35－AC31S－JC2 基础力设计值

呼高 h（m）	基础力设计值（kN）					
	N_{max}	F_x	F_y	T_{max}	F_x	F_y
12	－739	－69	－61	675	－60	－60
15	－773	－72	－65	707	－63	－64
18	－779	－71	－65	709	－62	－62

呼高 h（m）	基础力设计值（kN）					
	N_{max}	F_x	F_y	T_{max}	F_x	F_y
21	－790	－72	－66	714	－63	－63
24	－818	－74	－69	740	－65	－66
27	－825	－74	－69	741	－65	－65
30	－845	－77	－72	757	－67	－68
33	－863	－78	－74	771	－69	－70

表9－22　　　　35－AC31S－JC2 地脚螺栓及铁塔半根开值

呼高 h（m）	地脚螺栓	铁塔半根开（mm）	呼高 h（m）	地脚螺栓	铁塔半根开（mm）
12	4M42	1600	24	4M48	2555
15	4M42	1835	27	4M48	2795
18	4M42	2075	30	4M48	3035
21	4M48	2315	33	4M48	3275

9.7.2 35－AC31S－JC2 铁塔单线图

35－AC31S－JC2 铁塔单线图如图9－6所示。

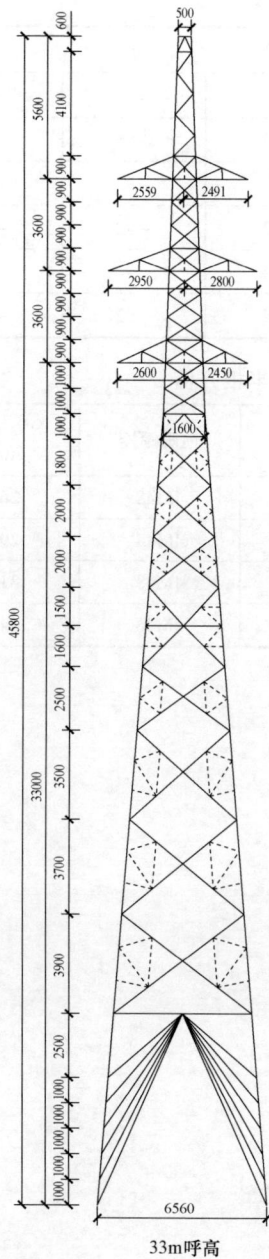

塔呼高（m）	12.0	15.0	18.0	21.0	24.0	27.0	30.0	33.0
塔重（kg）	5337.5	6000.4	6625.1	7320.9	8193.5	8963.9	9643.7	10359.3

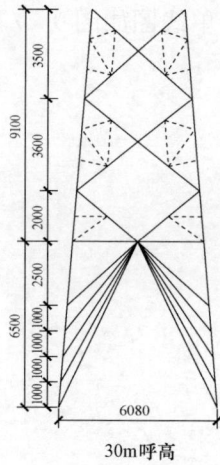

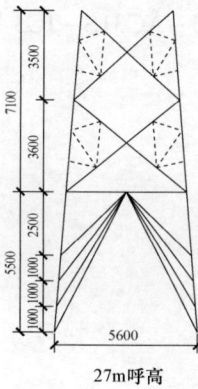

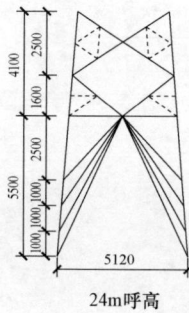

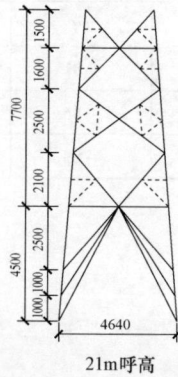

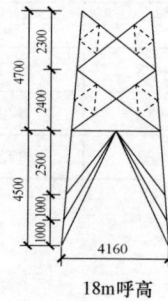

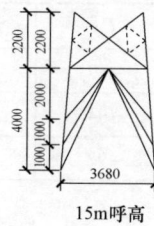

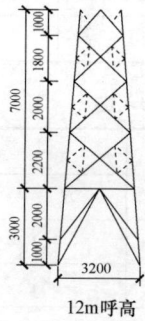

33m呼高

30m呼高

27m呼高

24m呼高

21m呼高

18m呼高

15m呼高

12m呼高

图 9-6 35-AC31S-JC2 铁塔单线图

9.8 35-AC31S-JC3 塔

9.8.1 设计条件

35-AC31S-JC3 塔设计条件见表 9-23~表 9-26。

表 9-23　　　35-AC31S-JC3 导地线型号及张力

导线型号	JL/G1A-150/35	最大使用张力（N）	24677	断线张力（%）	70
地线型号	JLB20A-80	最大使用张力（N）	25517	断线张力（%）	80

表 9-24　　　35-AC31S-JC3 使用条件

水平档距（m）	垂直档距（m）	代表档距（m）	转角度数（°）	最大呼高（m）	K_v
450	650	450/150	40~60	33	—

表 9-25　　　35-AC31S-JC3 基础力设计值

呼高 h (m)	基础力设计值（kN）					
	N_{max}	F_x	F_y	T_{max}	F_x	F_y
12	-912	-89	-78	832	-81	-72
15	-964	-94	-84	879	-86	-77
18	-962	-92	-83	872	-83	-76

呼高 h (m)	基础力设计值（kN）					
	N_{max}	F_x	F_y	T_{max}	F_x	F_y
21	-987	-94	-86	892	-85	-78
24	-1011	-96	-89	909	-87	-81
27	-1051	-102	-96	943	-92	-87
30	-1048	-100	-94	934	-90	-85
33	-1073	-103	-98	954	-92	-88

表 9-26　　　35-AC31S-JC3 地脚螺栓及铁塔半根开值

呼高 h (m)	地脚螺栓	铁塔半根开（mm）	呼高 h (m)	地脚螺栓	铁塔半根开（mm）
12	4M48	1650	24	4M48	2665
15	4M48	1905	27	4M48	2920
18	4M48	2160	30	4M48	3175
21	4M48	2410	33	4M48	3430

9.8.2 35-AC31S-JC3 铁塔单线图

35-AC31S-JC3 铁塔单线图如图 9-7 所示。

塔呼高（m）	12.0	15.0	18.0	21.0	24.0	27.0	30.0	33.0
塔重（kg）	6004.6	6739.5	7456.5	8266.7	9242.3	10112.5	10851.6	11633.6

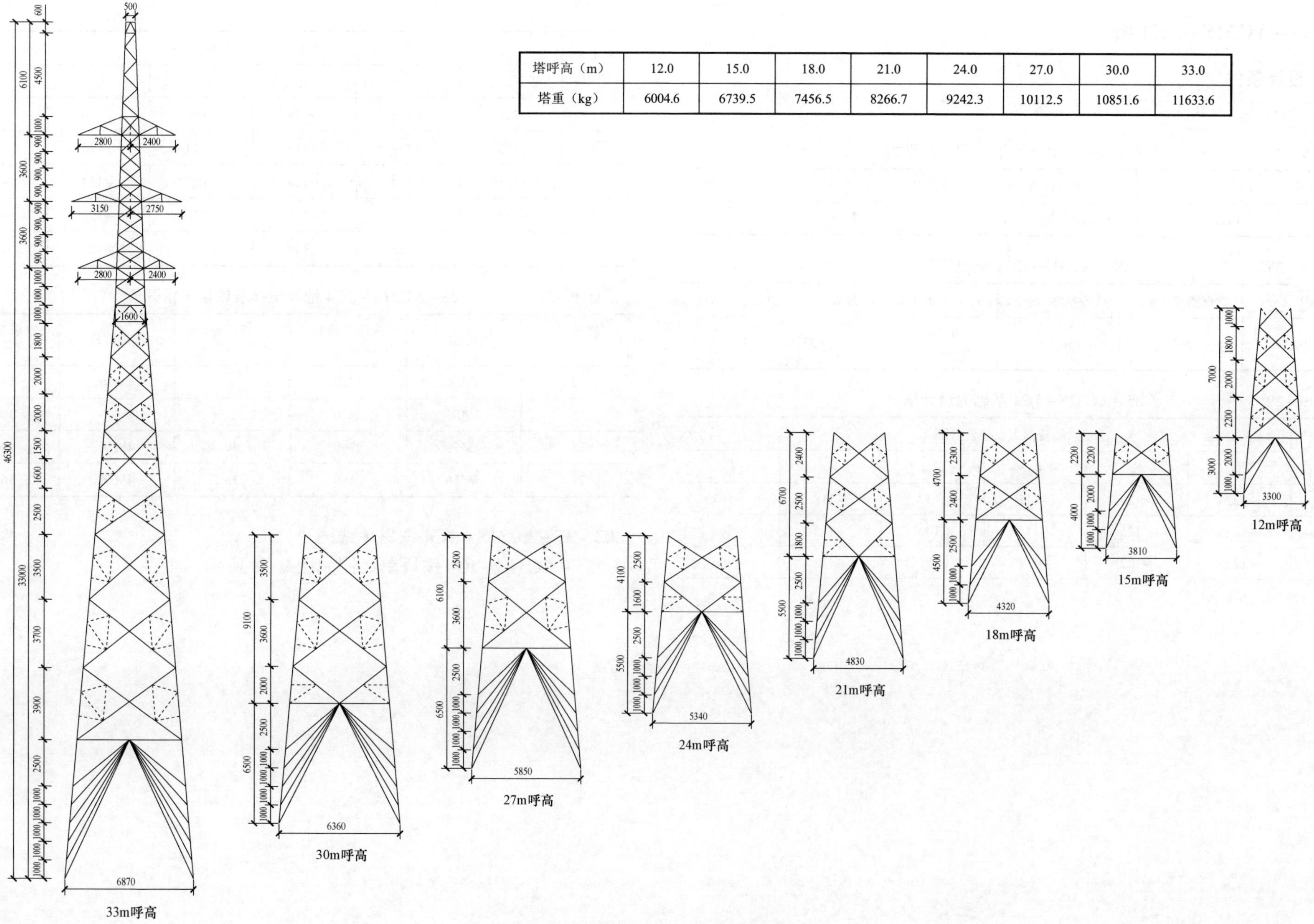

33m呼高

30m呼高

27m呼高

24m呼高

21m呼高

18m呼高

15m呼高

12m呼高

图 9-7　35-AC31S-JC3 铁塔单线图

9.9 35－AC31S－JC4 塔

9.9.1 设计条件

35－AC31S－JC4 塔设计条件见表 9－27～表 9－30。

表 9－27　　　　35－AC31S－JC4 导地线型号及张力

导线型号	JL/G1A－150/35	最大使用张力（N）	24677	断线张力（%）	70
地线型号	JLB20A－80	最大使用张力（N）	25517	断线张力（%）	80

表 9－28　　　　35－AC31S－JC4 使用条件

水平档距（m）	垂直档距（m）	代表档距（m）	转角度数（°）	最大呼高（m）	K_v
450	650	450/150	60～90 兼 0～90 终端	33	—

表 9－29　　　　35－AC31S－JC4 基础力设计值

呼高 h (m)	基础力设计值（kN）					
	N_{max}	F_x	F_y	T_{max}	F_x	F_y
12	−1224	−127	−115	1137	−118	−107
15	−1225	−125	−114	1130	−115	−106
18	−1223	−122	−113	1121	−113	−104
21	−1265	−126	−118	1159	−116	−108
24	−1333	−134	−126	1220	−123	−116
27	−1319	−134	−128	1198	−122	−117
30	−1349	−136	−130	1222	−123	−119
33	−1345	−135	−130	1211	−122	−118

表 9－30　　　　35－AC31S－JC4 地脚螺栓及铁塔半根开值

呼高 h (m)	地脚螺栓	铁塔半根开（mm）	呼高 h (m)	地脚螺栓	铁塔半根开（mm）
12	4M56	1750	24	4M56	2830
15	4M56	2020	27	4M56	3095
18	4M56	2290	30	4M56	3365
21	4M56	2560	33	4M56	3635

9.9.2　35－AC31S－JC4 铁塔单线图

35－AC31S－JC4 铁塔单线图如图 9－8 所示。

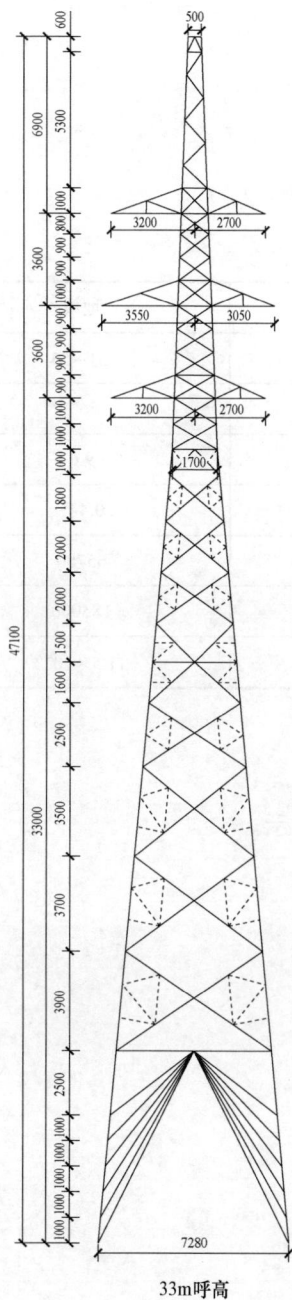

塔呼高（m）	12.0	15.0	18.0	21.0	24.0	27.0	30.0	33.0
塔重（kg）	7602.0	8431.4	9392.6	10164.9	11193.4	12433.9	13272.4	14233.7

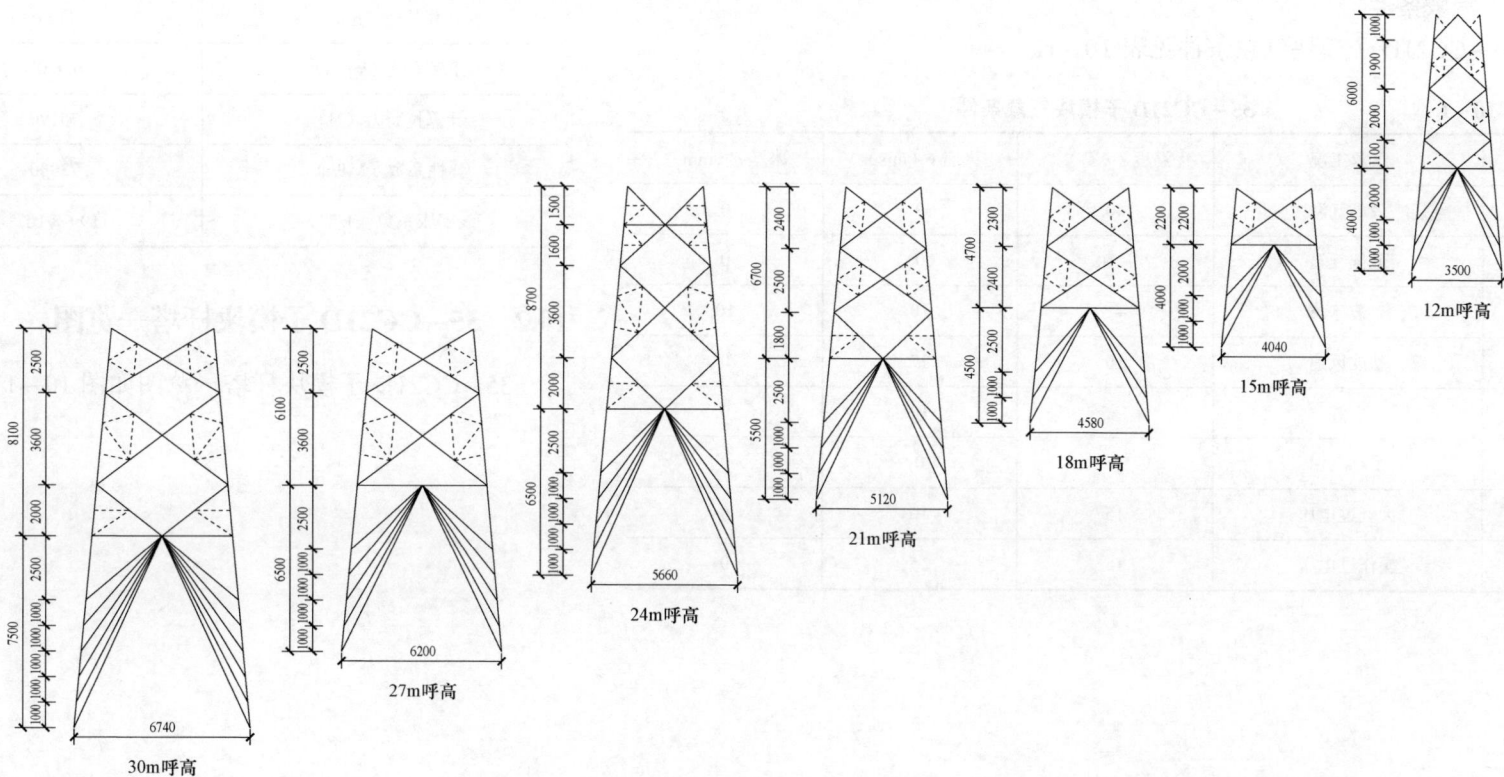

图 9-8　35-AC31S-JC4 铁塔单线图

10.1　模块说明

10.1.1　概述

本系列杆塔为海拔 1000m 以内，设计风速为 27m/s，覆冰厚度为 10mm，导线为 JL/G1A-240/30，地线为 GJ-55 的单回路杆塔。按山地规划设计，杆塔形式为直线塔及耐张塔。35-CC21D 杆塔形式为直线塔及耐张塔，共计 7 种杆塔型。

10.1.2　气象条件

35-CC21D 子模块气象条件见表 10-1。

表 10-1　　　　　　　35-CC21D 子模块气象条件

序号	气象工况	温度 t（℃）	风速 v（m/s）	冰厚 c（mm）
1	最高气温	40	0	0
2	最低气温	-10	0	0
3	覆冰	-5	10	10
4	基准风速	10	27	0
5	安装	-5	10	0
6	平均气温	15	0	0
7	大气过电压	15	10	0
8	操作过电压	15	15	0

10.1.3　导地线型号及参数

35-CC21D 子模块导地线型号及参数见表 10-2。

表 10-2　　　　　　35-CC21D 子模块导地线型号及参数

项目	导线	地线
型号	JL/G1A-240/30	GJ-55
计算截面面积（mm²）	275.96	56.3
计算外径（mm）	21.60	9.6
计算重量（kg/m）	0.9207	0.447
计算拉断力（N）	75190	65780
弹性系数（MPa）	73000	185000
线膨胀系数（1/℃）	19.6×10^{-6}	11.5×10^{-6}

10.2　35-CC21D 子模块杆塔一览图

35-CC21D 子模块杆塔一览图如图 10-1 所示。

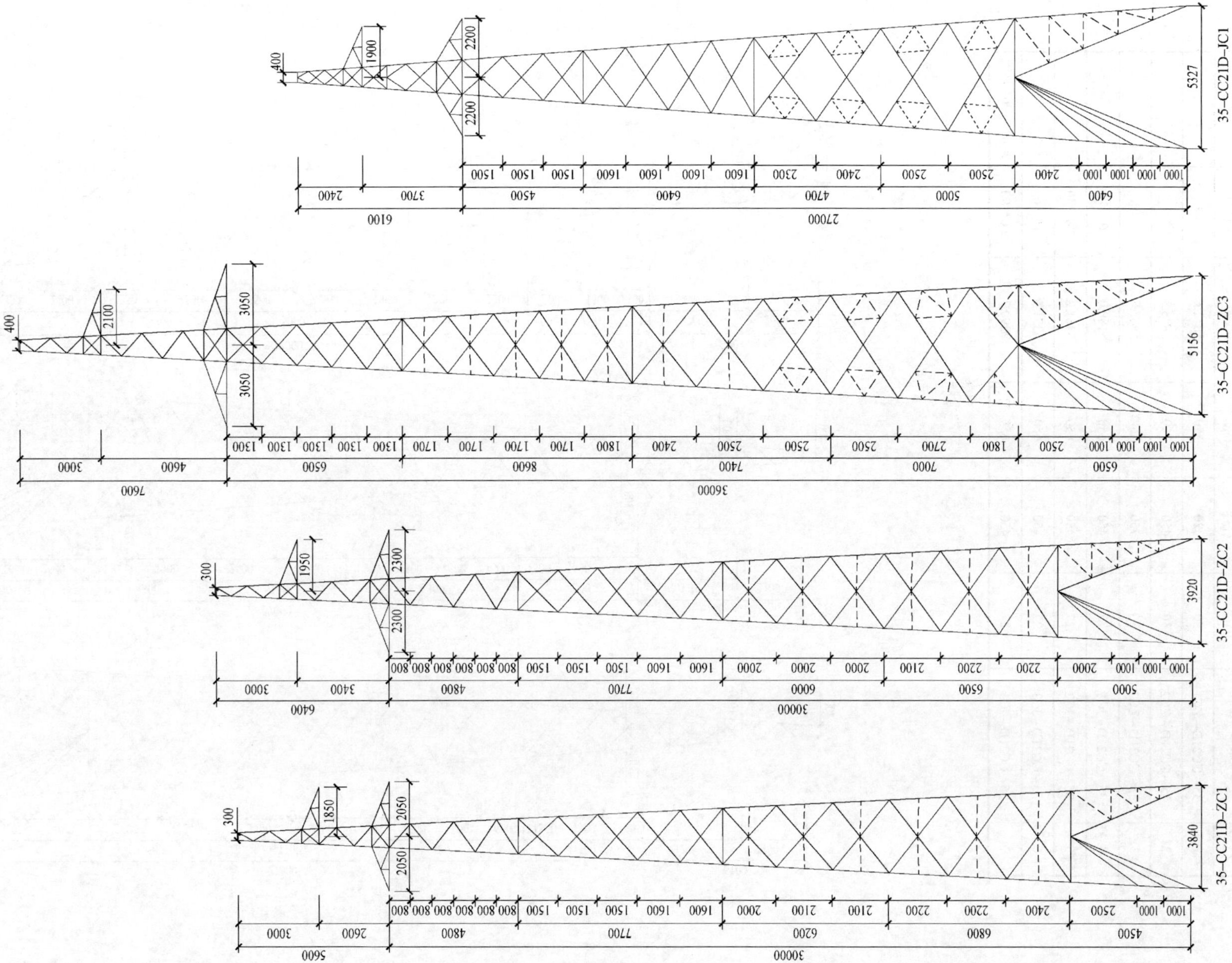

图 10—1 35—CC21D（原 35B1）子模块杆塔一览图（一）

序号	塔型名称	标准呼高 (m)	水平档距 (m)	垂直档距 (m)	标准呼高塔重 (kg)	转角度数 (°)	备注
1	35-CC21D-ZC1	30	320	550	3612.6	0	
2	35-CC21D-ZC2	30	450	700	3878.3	0	
3	35-CC21D-ZC3	36	750	1200	5857.8	0	
4	35-CC21D-JC1	27	450	650	5180.0	0~20	
5	35-CC21D-JC2	27	450	650	5481.2	20~40	
6	35-CC21D-JC3	27	450	650	6331.4	40~60	
7	35-CC21D-JC4	27	450	650	7290.7	60~90	兼 0°~90° 终端

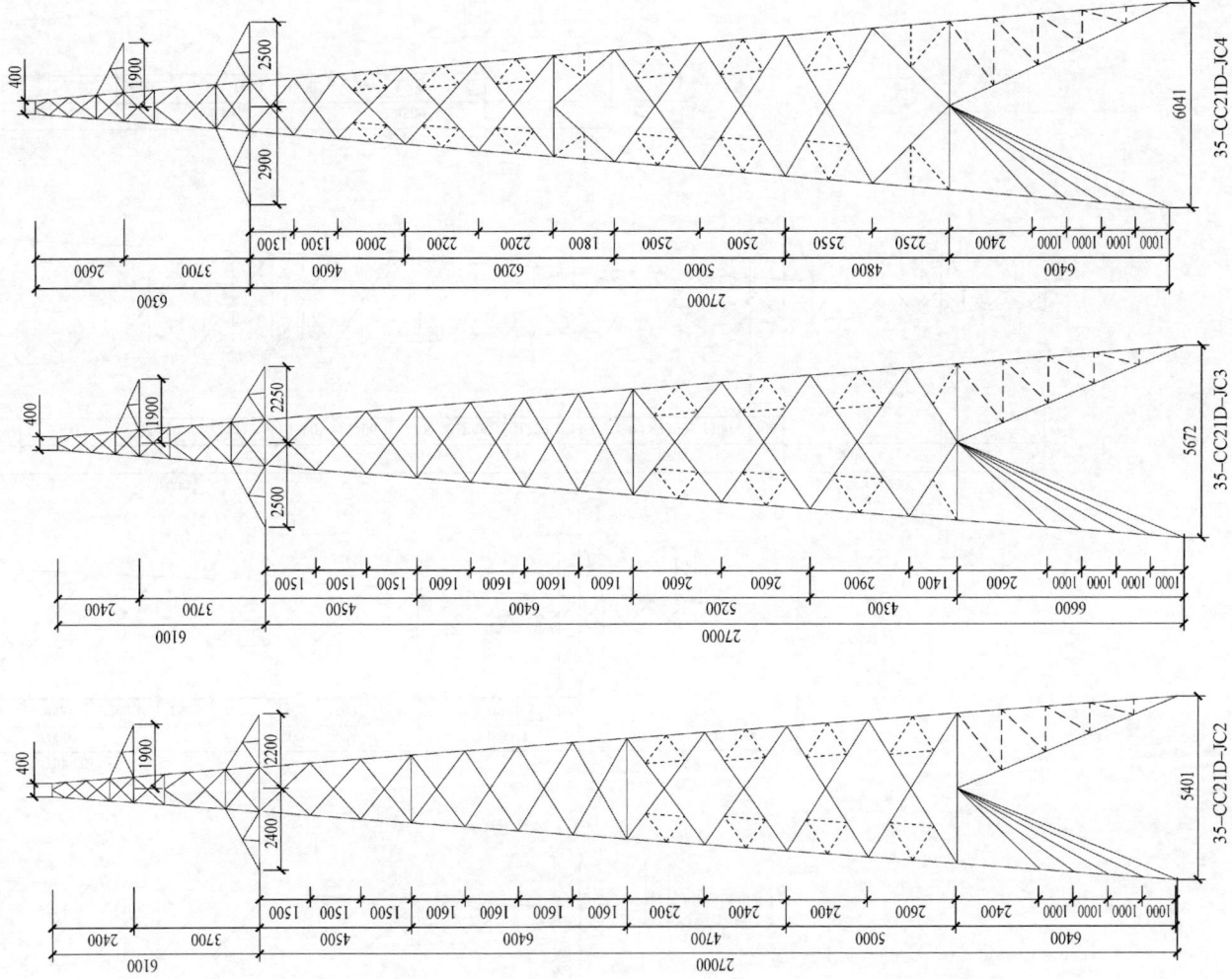

图 10-1 35-CC21D（原 35B1）子模块杆塔一览图（二）

10.3 35-CC21D-ZC1 塔

10.3.1 设计条件

35-CC21D-ZC1 塔设计条件见表 10-3～表 10-6。

表 10-3 **35-CC21D-ZC1 导地线型号及张力**

导线型号	JL/G1A-240/30	最大使用张力（N）	28572	断线张力（%）	50
地线型号	GJ-55	最大使用张力（N）	21926	断线张力（%）	50

表 10-4 **35-CC21D-ZC1 使用条件**

水平档距（m）	垂直档距（m）	代表档距（m）	转角度数（°）	最大呼高（m）	K_v
320	550	200	0	30	0.85

表 10-5 **35-CC21D-ZC1 基础力设计值**

呼高 h (m)	基础力设计值（kN）					
	N_{max}	F_x	F_y	T_{max}	F_x	F_y
12	-113	9	7	95	8	6
15	-125	9	7	106	8	7
18	-146	12	11	125	11	10

续表

呼高 h (m)	基础力设计值（kN）					
	N_{max}	F_x	F_y	T_{max}	F_x	F_y
21	-157	14	15	135	12	14
24	-173	15	14	150	13	13
27	-183	15	13	158	14	12
30	-193	16	14	166	14	13

表 10-6 **35-CC21D-ZC1 地脚螺栓及铁塔半根开值**

呼高 h (m)	地脚螺栓	铁塔半根开 (mm)	呼高 h (m)	地脚螺栓	铁塔半根开 (mm)
12	4M24	1030	24	4M24	1627
15	4M24	1177	27	4M24	1775
18	4M24	1327	30	4M24	1920
21	4M24	1477	—	—	—

10.3.2 35-CC21D-ZC1 铁塔单线图

35-CC21D-ZC1 铁塔单线图如图 10-2 所示。

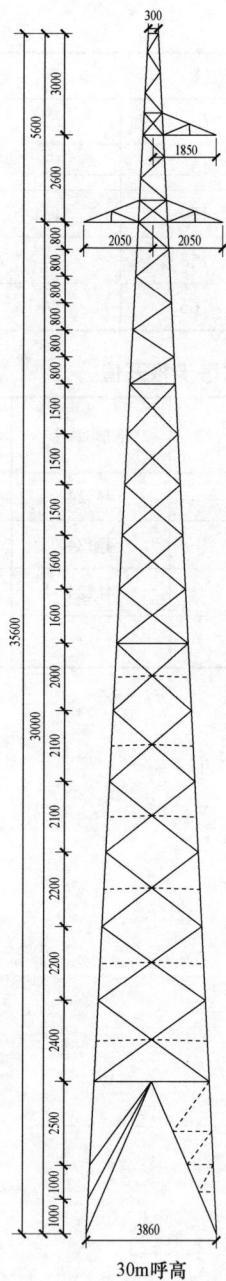

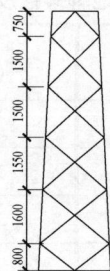

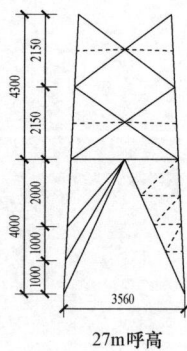

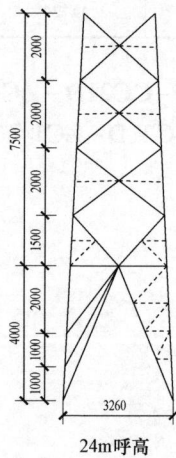

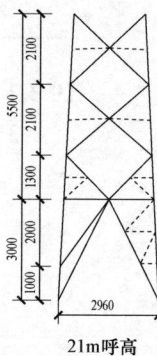

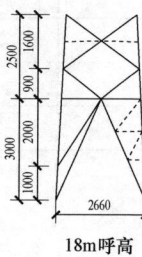

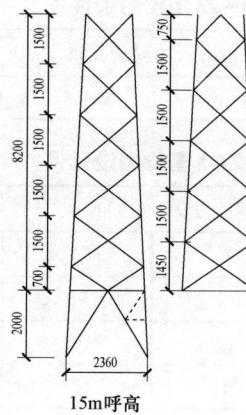

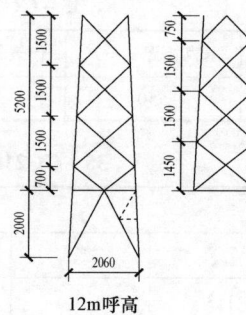

塔呼高（m）	12.0	15.0	18.0	21.0	24.0	27.0	30.0
塔重（kg）	1722.5	1970.5	2337.0	2646.0	2925.0	3278.1	3612.6

30m呼高

27m呼高

24m呼高

21m呼高

18m呼高

15m呼高

12m呼高

图 10-2　35-CC21D-ZC1 铁塔单线图

10.4 35-CC21D-ZC2 塔

10.4.1 设计条件

35-CC21D-ZC2 塔设计条件见表 10-7～表 10-10。

表 10-7　　　　35-CC21D-ZC2 导地线型号及张力

导线型号	JL/G1A-240/30	最大使用张力（N）	28572	断线张力（%）	50
地线型号	GJ-55	最大使用张力（N）	21926	断线张力（%）	50

表 10-8　　　　35-CC21D-ZC2 使用条件

水平档距（m）	垂直档距（m）	代表档距（m）	转角度数（°）	最大呼高（m）	K_v
450	700	200	0	30	0.75

表 10-9　　　　35-CC21D-ZC2 基础力设计值

呼高 h (m)	基础力设计值（kN）					
	N_{max}	F_x	F_y	T_{max}	F_x	F_y
12	-122	9	7	100	8	6
15	-135	10	8	112	9	7
18	-154	13	12	130	11	11

呼高 h (m)	基础力设计值（kN）					
	N_{max}	F_x	F_y	T_{max}	F_x	F_y
21	-166	13	11	140	12	10
24	-182	16	15	155	14	14
27	-192	16	14	164	15	13
30	-207	18	16	177	17	15

表 10-10　　　　35-CC21D-ZC2 地脚螺栓及铁塔半根开值

呼高 h (m)	地脚螺栓	铁塔半根开（mm）	呼高 h (m)	地脚螺栓	铁塔半根开（mm）
12	4M24	1067	24	4M24	1660
15	4M24	1215	27	4M24	1810
18	4M24	1365	30	4M24	1960
21	4M24	1515	—	—	—

10.4.2 35-CC21D-ZC2 铁塔单线图

35-CC21D-ZC2 铁塔单线图如图 10-3 所示。

塔呼高（m）	12.0	15.0	18.0	21.0	24.0	27.0	30.0
塔重（kg）	1828.8	2030.5	2422.3	2713.5	3071.9	3433.2	3878.3

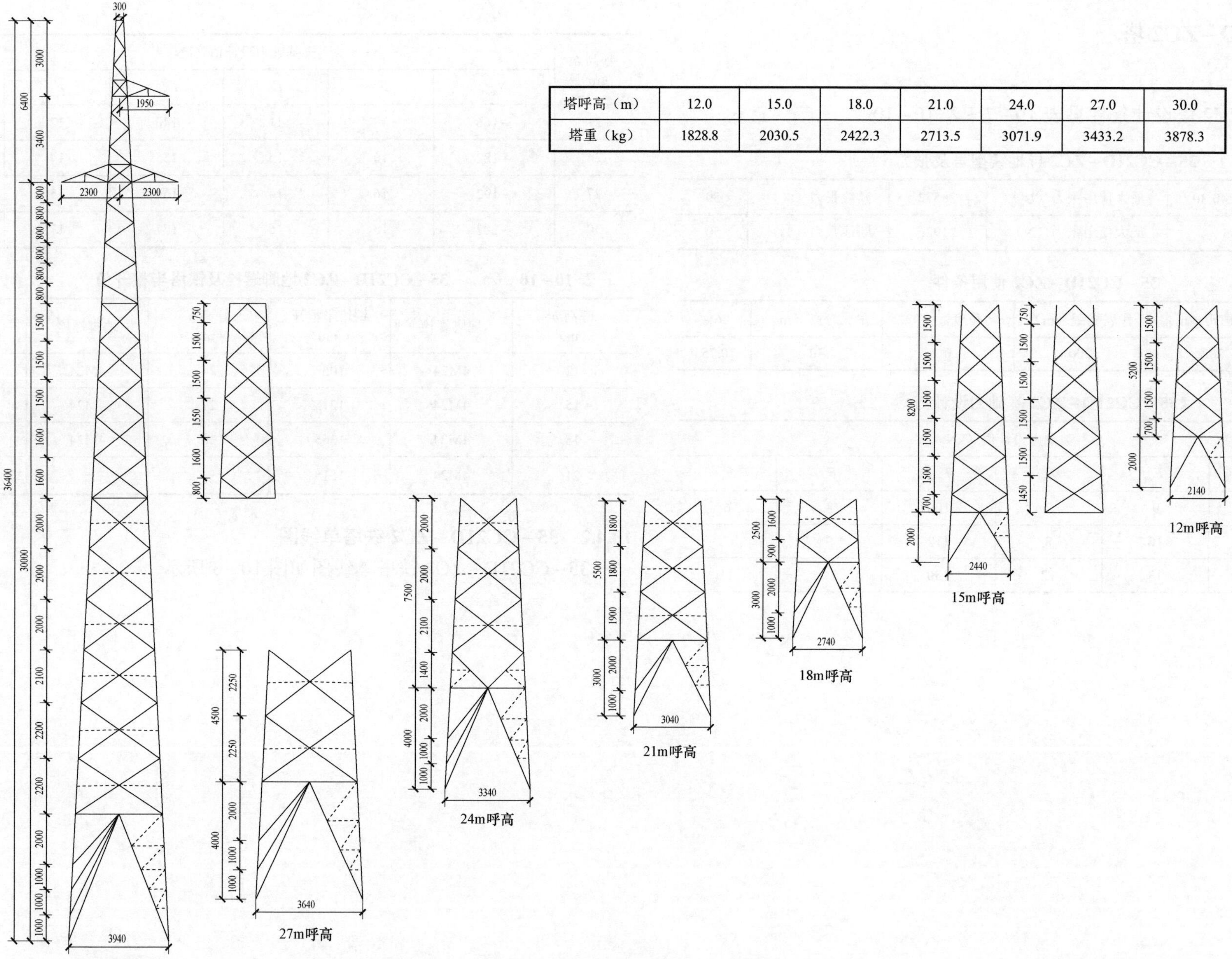

30m呼高

27m呼高

24m呼高

21m呼高

18m呼高

15m呼高

12m呼高

图 10-3　35-CC21D-ZC2 铁塔单线图

10.5 35-CC21D-ZC3 塔

10.5.1 设计条件

35-CC21D-ZC3 塔设计条件见表 10-11～表 10-14。

表 10-11　　35-CC21D-ZC3 导地线型号及张力

导线型号	JL/G1A-240/30	最大使用张力（N）	28572	断线张力（%）	50
地线型号	GJ-55	最大使用张力（N）	21926	断线张力（%）	50

表 10-12　　35-CC21D-ZC3 使用条件

水平档距（m）	垂直档距（m）	代表档距（m）	转角度数（°）	最大呼高（m）	K_v
750	1200	200	0	36	0.65

表 10-13　　35-CC21D-ZC3 基础力设计值

呼高 h (m)	基础力设计值（kN）					
	N_{max}	F_x	F_y	T_{max}	F_x	F_y
12	-208	20	14	175	18	14
15	-223	21	13	189	18	13
18	-246	24	16	210	21	15
21	-257	24	16	220	21	16

呼高 h (m)	基础力设计值（kN）					
	N_{max}	F_x	F_y	T_{max}	F_x	F_y
24	-278	25	21	238	23	20
27	-300	28	24	259	26	23
30	-312	29	25	268	26	23
33	-326	30	25	278	27	23
36	-343	32	29	294	29	27

表 10-14　　35-CC21D-ZC3 地脚螺栓及铁塔半根开值

呼高 h (m)	地脚螺栓	铁塔半根开（mm）	呼高 h (m)	地脚螺栓	铁塔半根开（mm）
12	4M24	1268	27	4M30	2088
15	4M24	1433	30	4M30	2253
18	4M24	1598	33	4M30	2418
21	4M24	1763	36	4M30	2578
24	4M30	1923	—	—	—

10.5.2　35-CC21D-ZC3 铁塔单线图

35-CC21D-ZC3 铁塔单线图如图 10-4 所示。

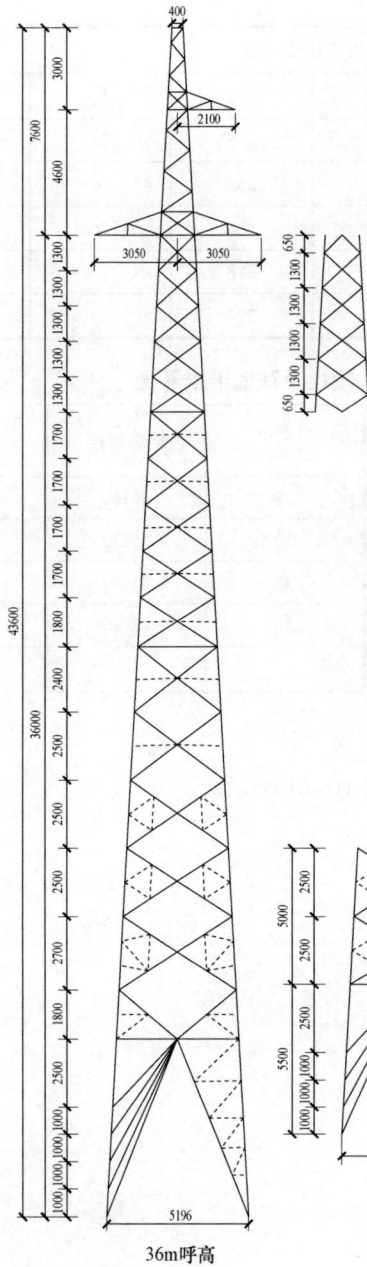

塔呼高（m）	12.0	15.0	18.0	21.0	24.0	27.0	30.0	33.0	36.0
塔重（kg）	2203.7	2503.9	2872.6	3287.3	3832.9	4270.1	4835.2	5340.2	5857.8

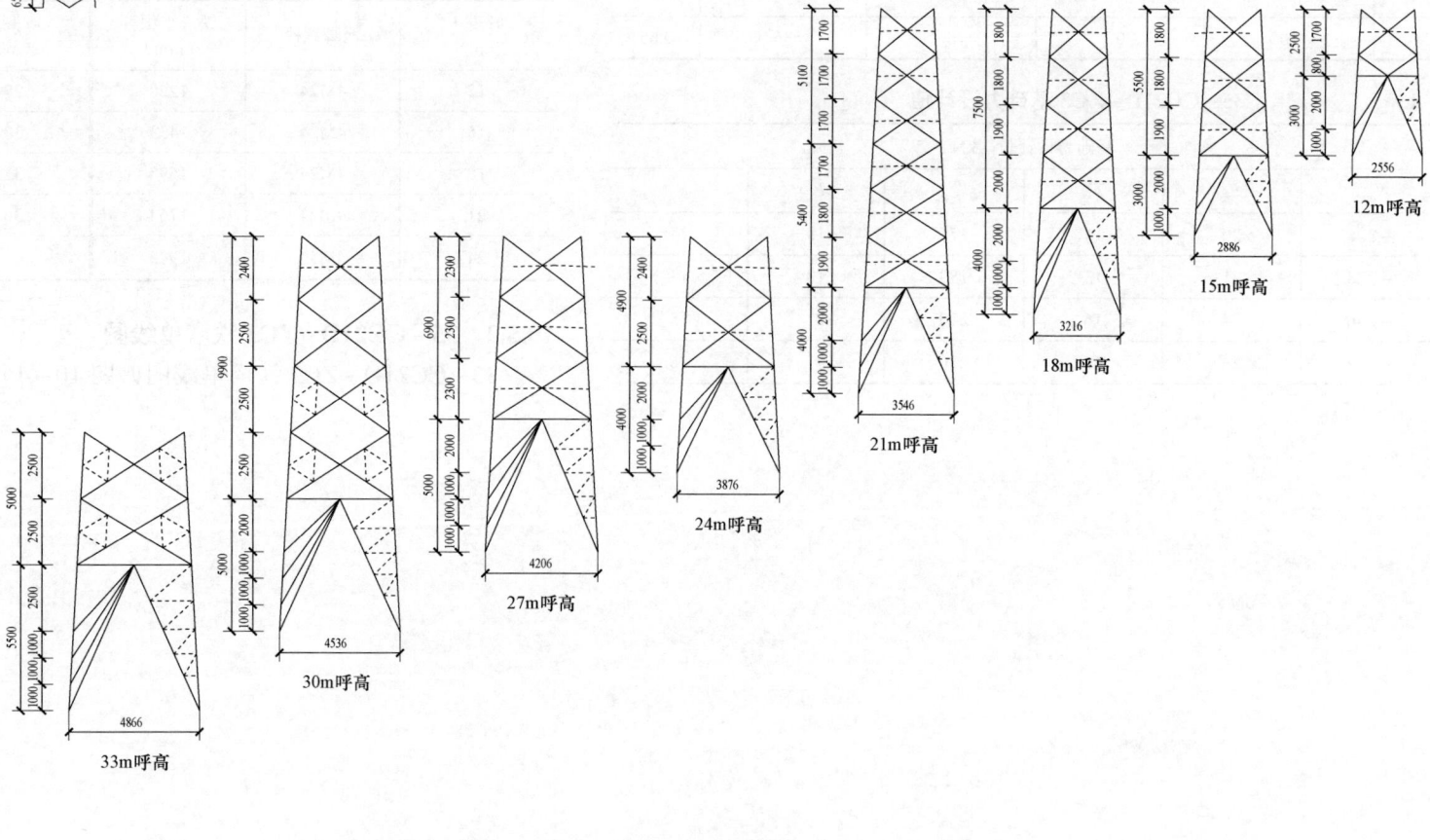

36m呼高

33m呼高

30m呼高

27m呼高

24m呼高

21m呼高

18m呼高

15m呼高

12m呼高

图 10-4　35-CC21D-ZC3 铁塔单线图

10.6 35-CC21D-JC1 塔

10.6.1 设计条件

35-CC21D-JC1 塔设计条件见表 10-15～表 10-18。

表 10-15   **35-CC21D-JC1 导地线型号及张力**

导线型号	JL/G1A-240/30	最大使用张力（N）	28572	断线张力（%）	70
地线型号	GJ-55	最大使用张力（N）	21926	断线张力（%）	80

表 10-16   **35-CC21D-JC1 使用条件**

水平档距（m）	垂直档距（m）	代表档距（m）	转角度数（°）	最大呼高（m）	K_v
450	650	450/150	0～20	30	—

表 10-17   **35-CC21D-JC1 基础力设计值**

呼高 h （m）	基础力设计值（kN）					
	N_{max}	F_x	F_y	T_{max}	F_x	F_y
9	−281	−27	−31	238	−21	−31
12	−304	−31	−32	261	−24	−31
15	−334	−34	−35	287	−27	−33

续表

呼高 h （m）	基础力设计值（kN）					
	N_{max}	F_x	F_y	T_{max}	F_x	F_y
18	−345	−32	−34	296	−26	−32
21	−369	−35	−36	317	−28	−34
24	−378	−34	−35	324	−28	−33
27	−394	−36	−37	338	−30	−34
30	−397	−36	−36	339	−29	−33

表 10-18   **35-CC21D-JC1 地脚螺栓及铁塔半根开值**

呼高 h （m）	地脚螺栓	铁塔半根开（mm）	呼高 h （m）	地脚螺栓	铁塔半根开（mm）
9	4M30	1323.5	21	4M30	2213.5
12	4M30	1548.5	24	4M30	2438.5
15	4M30	1768.5	27	4M30	2663.5
18	4M30	1993.5	30	4M30	2888.5

10.6.2 35-CC21D-JC1 铁塔单线图

35-CC21D-JC1 铁塔单线图如图 10-5 所示。

塔呼高（m）	9.0	12.0	15.0	18.0	21.0	24.0	27.0	30.0
塔重（kg）	2203.0	2572.0	3047.0	3573.1	4058.6	4617.1	5180.0	5613.4

30m呼高

27m呼高

24m呼高

21m呼高

18m呼高

15m呼高

12m呼高

9m呼高

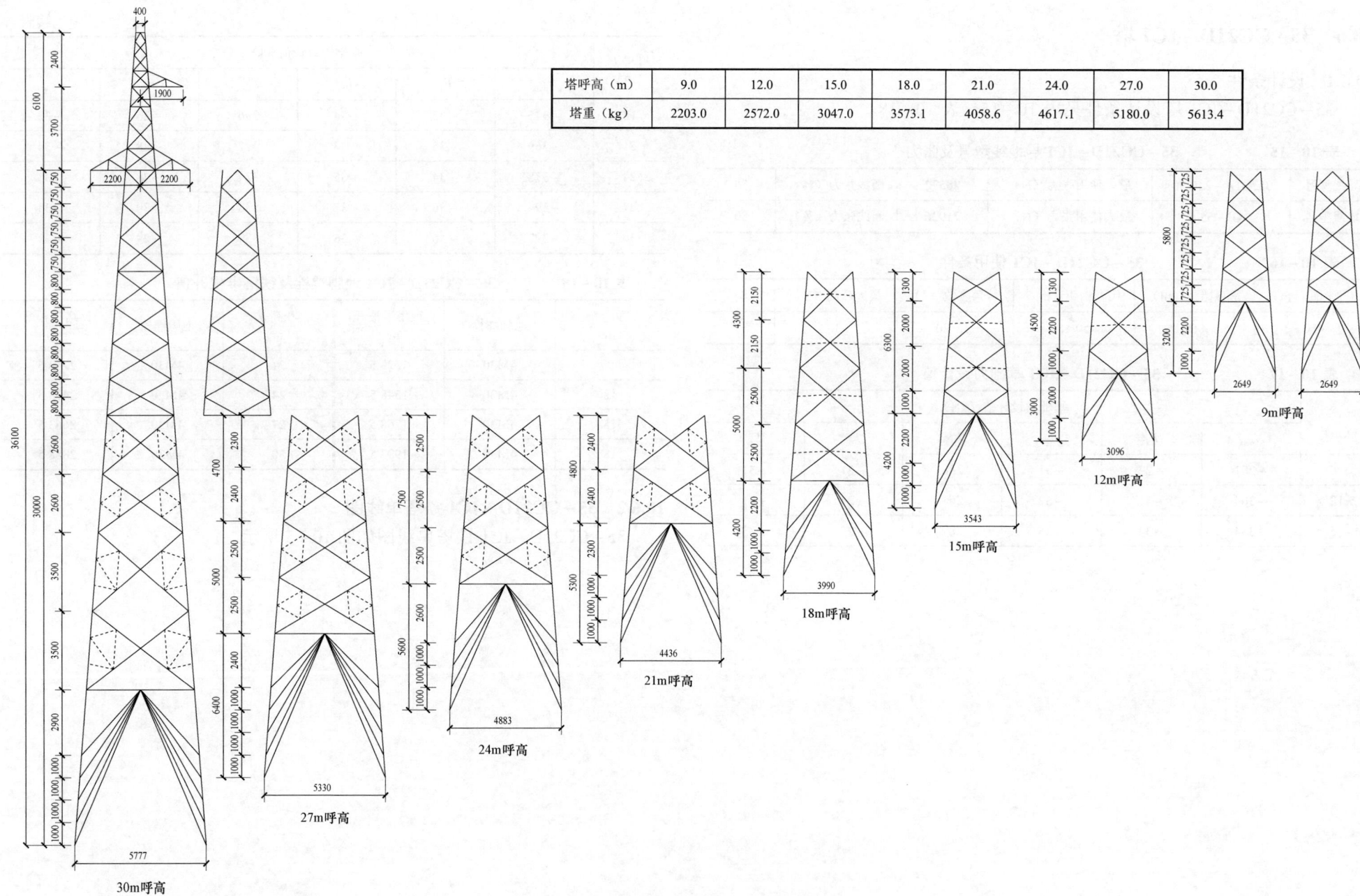

图 10-5　35-CC21D-JC1 铁塔单线图

10.7　35-CC21D-JC2 塔

10.7.1　设计条件

35-CC21D-JC2 塔设计条件见表 10-19～表 10-22。

表 10-19　　　　　35-CC21D-JC2 导地线型号及张力

导线型号	JL/G1A-240/30	最大使用张力（N）	28572	断线张力（%）	70
地线型号	GJ-55	最大使用张力（N）	21926	断线张力（%）	80

表 10-20　　　　　　35-CC21D-JC2 使用条件

水平档距（m）	垂直档距（m）	代表档距（m）	转角度数（°）	最大呼高（m）	K_v
450	650	450/150	20～40	30	—

表 10-21　　　　　　35-CC21D-JC2 基础力设计值

呼高 h（m）	基础力设计值（kN）					
	N_{max}	F_x	F_y	T_{max}	F_x	F_y
9	-331	-41	-28	300	-38	-26
12	-356	-41	-32	322	-37	-29
15	-390	-44	-36	354	-40	-34

呼高 h（m）	基础力设计值（kN）					
	N_{max}	F_x	F_y	T_{max}	F_x	F_y
18	-402	-43	-34	363	-39	-31
21	-430	-45	-38	387	-41	-35
24	-436	-44	-37	391	-40	-34
27	-459	-46	-40	411	-42	-36
30	-464	-45	-39	413	-41	-36

表 10-22　　　　35-CC21D-JC2 地脚螺栓及铁塔半根开值

呼高 h（m）	地脚螺栓	铁塔半根开（mm）	呼高 h（m）	地脚螺栓	铁塔半根开（mm）
9	4M30	1332.6	21	4M36	2244.6
12	4M30	1560.6	24	4M36	2472.6
15	4M30	1788.6	27	4M36	2700.6
18	4M30	2011.6	30	4M36	2928.6

10.7.2　35-CC21D-JC2 铁塔单线图

35-CC21D-JC2 铁塔单线图如图 10-6 所示。

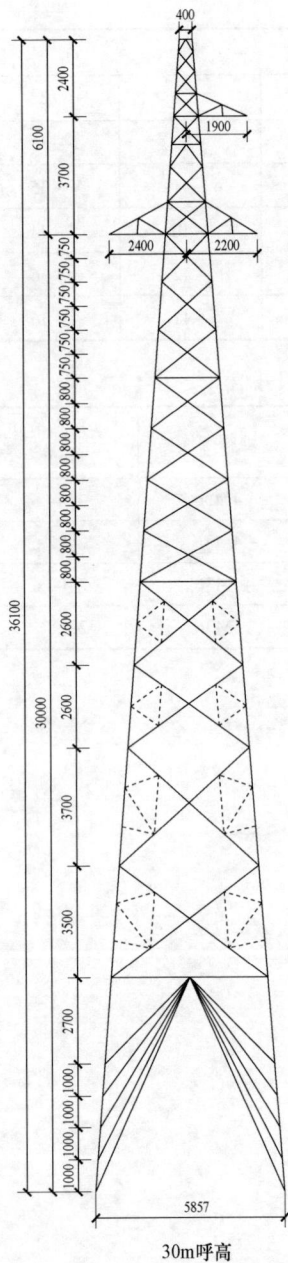

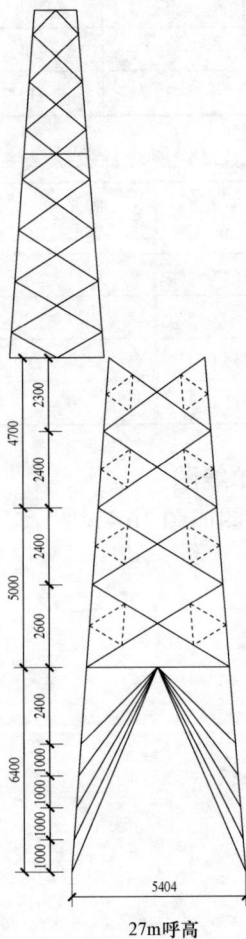

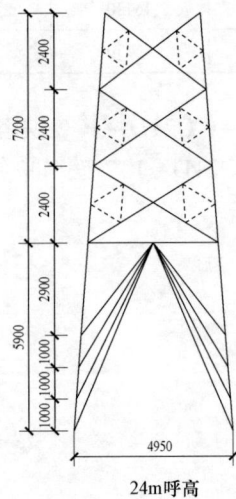

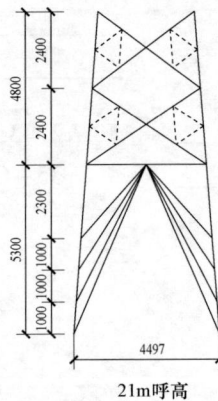

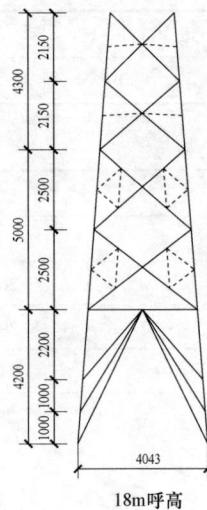

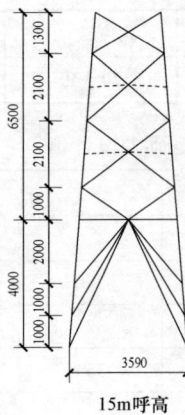

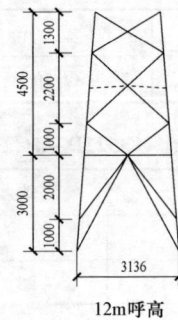

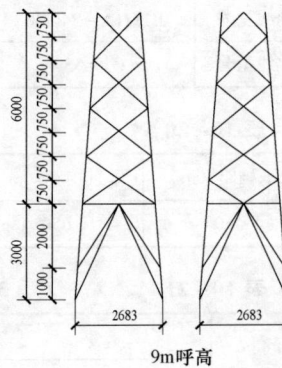

塔呼高（m）	9.0	12.0	15.0	18.0	21.0	24.0	27.0	30.0
塔重（kg）	2271.9	2821.0	3245.1	3770.8	4337.7	4811.5	5481.2	6051.4

30m呼高

27m呼高

24m呼高

21m呼高

18m呼高

15m呼高

12m呼高

9m呼高

图 10-6　35-CC21D-JC2 铁塔单线图

10.8 35-CC21D-JC3 塔

10.8.1 设计条件

35-CC21D-JC3 塔设计条件见表 10-23～表 10-26。

表 10-23　　　　35-CC21D-JC3 导地线型号及张力

导线型号	JL/G1A-240/30	最大使用张力（N）	28572	断线张力（%）	70
地线型号	GJ-55	最大使用张力（N）	21926	断线张力（%）	80

表 10-24　　　　35-CC21D-JC3 使用条件

水平档距（m）	垂直档距（m）	代表档距（m）	转角度数（°）	最大呼高（m）	K_v
450	650	450/150	40～60	30	—

表 10-25　　　　35-CC21D-JC3 基础力设计值

呼高 h (m)	基础力设计值（kN）					
	N_{max}	F_x	F_y	T_{max}	F_x	F_y
9	-425	-56	-38	393	-52	-35
12	-457	-55	-43	422	-51	-41
15	-503	-59	-49	465	-55	-46

续表

呼高 h (m)	基础力设计值（kN）					
	N_{max}	F_x	F_y	T_{max}	F_x	F_y
18	-517	-57	-45	476	-53	-42
21	-555	-61	-51	509	-57	-47
24	-566	-60	-51	517	-56	-47
27	-590	-62	-54	538	-57	-50
30	-596	-61	-53	540	-56	-49

表 10-26　　　　35-CC21D-JC3 地脚螺栓及铁塔半根开值

呼高 h (m)	地脚螺栓	铁塔半根开 (mm)	呼高 h (m)	地脚螺栓	铁塔半根开 (mm)
9	4M36	1391	21	4M36	2356
12	4M36	1636	24	4M36	2596
15	4M36	1876	27	4M36	2836
18	4M36	2116	30	4M36	3076

10.8.2 35-CC21D-JC3 铁塔单线图

35-CC21D-JC3 铁塔单线图如图 10-7 所示。

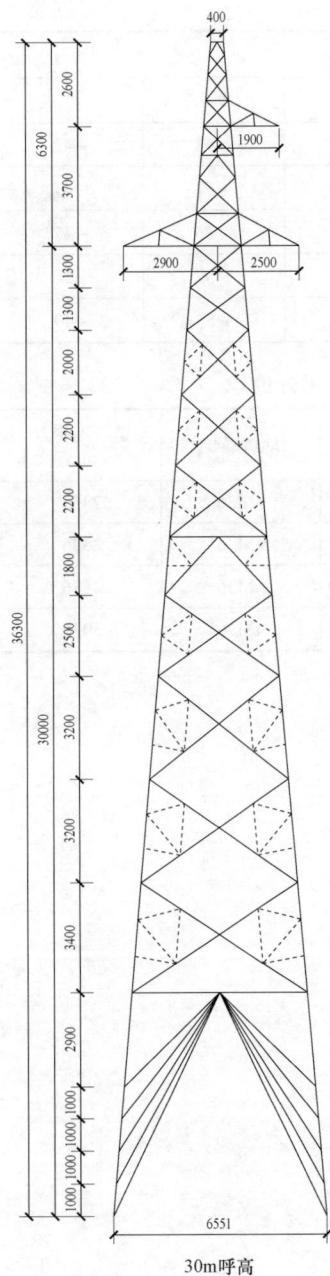

塔呼高（m）	9.0	12.0	15.0	18.0	21.0	24.0	27.0	30.0
塔重（kg）	3022.2	3650.7	4322.6	4893.7	6074.2	6218.1	7290.7	7955.1

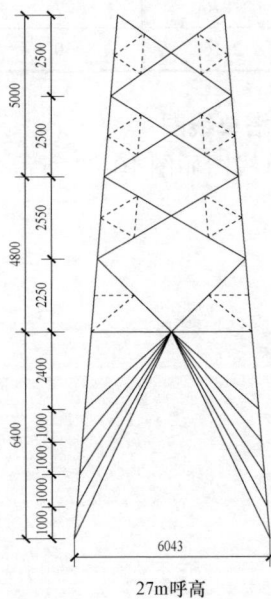

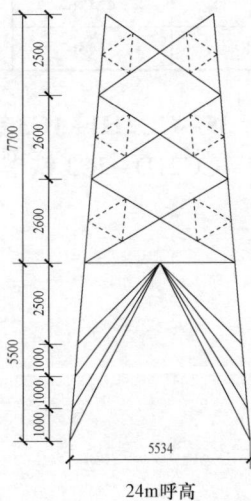

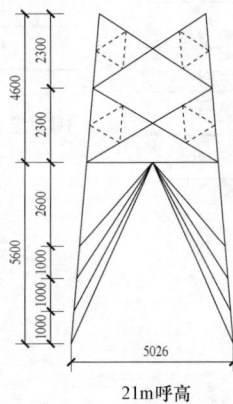

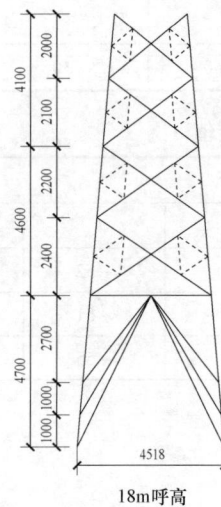

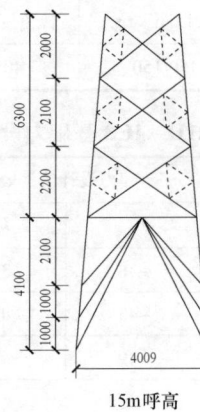

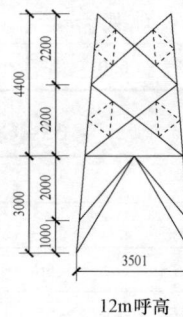

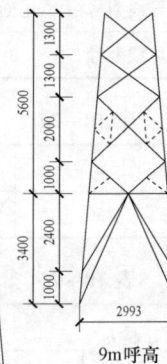

30m呼高

27m呼高

24m呼高

21m呼高

18m呼高

15m呼高

12m呼高

9m呼高

图 10-7　35-CC21D-JC3 铁塔单线图

10.9 35-CC21D-JC4塔

10.9.1 设计条件

35-CC21D-JC4塔设计条件见表10-27~表10-30。

表10-27　35-CC21D-JC4导地线型号及张力

导线型号	JL/G1A-240/30	最大使用张力（N）	28572	断线张力（%）	70
地线型号	GJ-55	最大使用张力（N）	21926	断线张力（%）	80

表10-28　35-CC21D-JC4使用条件

水平档距（m）	垂直档距（m）	代表档距（m）	转角度数（°）	最大呼高（m）	K_v
450	650	450/150	60~90 转角兼 0~90 终端	30	—

表10-29　35-CC21D-JC4基础力设计值

呼高 h （m）	基础力设计值（kN）					
	N_{max}	F_x	F_y	T_{max}	F_x	F_y
9	-533	-74	-52	500	-70	-49
12	-565	-73	-52	528	-69	-48
15	-622	-79	-59	580	-74	-56

呼高 h （m）	基础力设计值（kN）					
	N_{max}	F_x	F_y	T_{max}	F_x	F_y
18	-639	-76	-59	595	-71	-55
21	-700	-81	-67	652	-77	-63
24	-712	-80	-67	660	-75	-63
27	-735	-83	-71	680	-78	-66
30	-742	-81	-69	683	-75	-64

表10-30　35-CC21D-JC4地脚螺栓及铁塔半根开值

呼高 h （m）	地脚螺栓	铁塔半根开 （mm）	呼高 h （m）	地脚螺栓	铁塔半根开 （mm）
9	4M36	1495.5	21	4M42	2515.5
12	4M42	1750.5	24	4M42	2770.5
15	4M42	2005.5	27	4M42	3020.5
18	4M42	2260.5	30	4M42	3275.5

10.9.2 35-CC21D-JC4铁塔单线图

35-CC21D-JC4铁塔单线图如图10-8所示。

塔呼高（m）	9.0	12.0	15.0	18.0	21.0	24.0	27.0	30.0
塔重（kg）	2689.2	3240.3	3755.6	4304.4	5103.5	5683.0	6331.4	7024.0

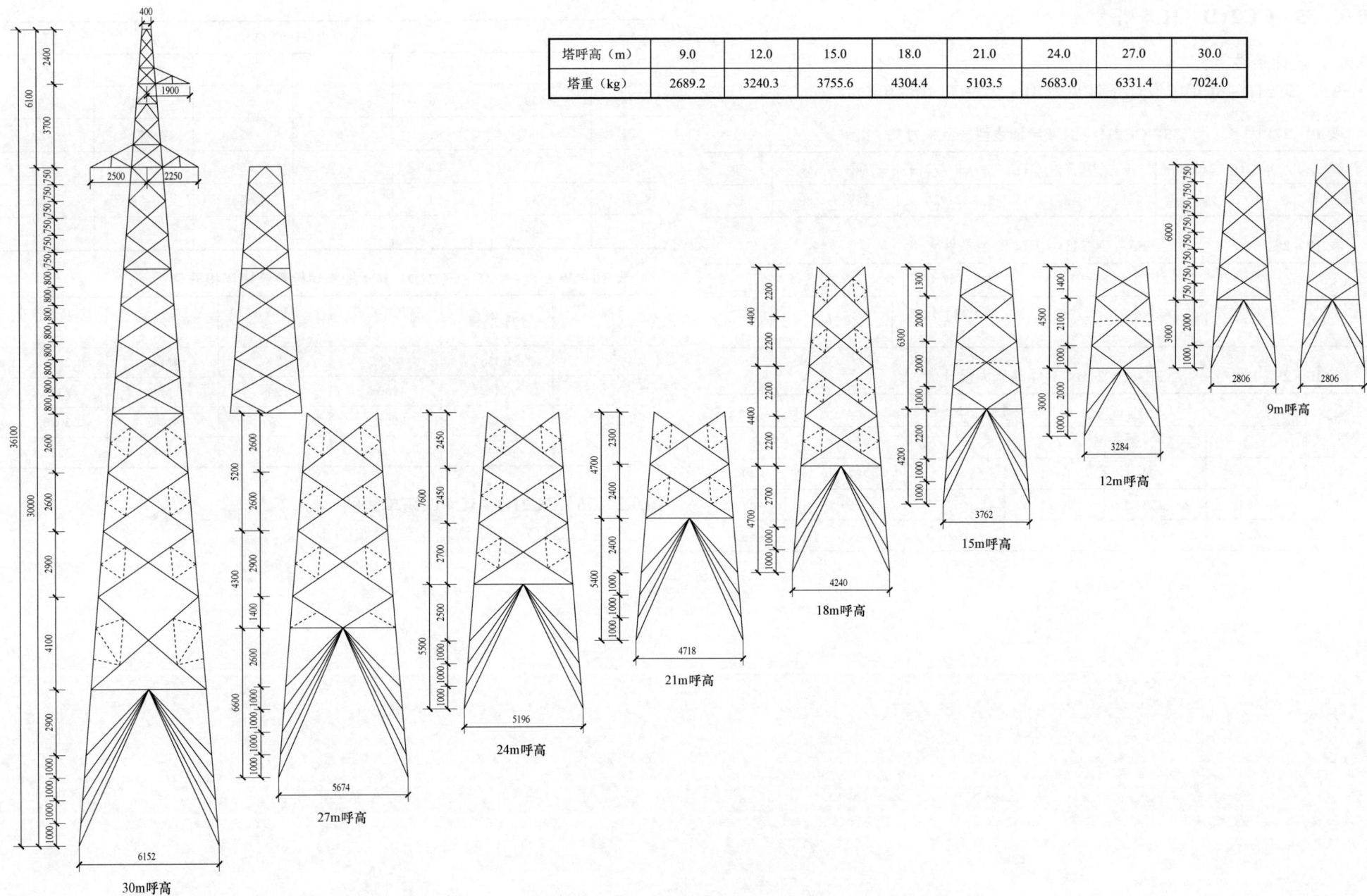

图 10-8 35-CC21D-JC4 铁塔单线图

11.1 模块说明

11.1.1 概述

本系列杆塔为海拔 1000m 以内，设计风速为 27m/s，覆冰厚度为 15mm，导线为 JL/G1A-240/40，地线为 GJ-55 的单回路杆塔。按山地规划设计，杆塔形式为直线塔及耐张塔。35-CC31D 杆塔形式为直线塔及耐张塔，共计 7 种杆塔型。

11.1.2 气象条件

35-CC31D 子模块气象条件见表 11-1。

表 11-1　　　　　　　35-CC31D 子模块气象条件

序号	气象工况	温度 t（℃）	风速 v（m/s）	冰厚 c（mm）
1	最高气温	40	0	0
2	最低气温	-10	0	0
3	覆冰	-5	10	15
4	基准风速	10	27	0
5	安装	-5	10	0
6	平均气温	15	0	0
7	大气过电压	15	10	0
8	操作过电压	15	15	0

11.1.3 导地线型号及参数

35-CC31D 子模块导地线型号及参数见表 11-2。

表 11-2　　　　35-CC31D 子模块导地线型号及参数

项目	导线	地线
型号	JL/G1A-240/40	GJ-55
计算截面面积（mm²）	277.75	56.3
计算外径（mm）	21.70	9.6
计算重量（kg/m）	0.9628	0.447
计算拉断力（N）	83760	65780
弹性系数（MPa）	76000	185000
线膨胀系数（1/℃）	18.9×10^{-6}	11.5×10^{-6}

11.2 35-CC31D 子模块杆塔一览图

35-CC31D 子模块杆塔一览图如图 11-1 所示。

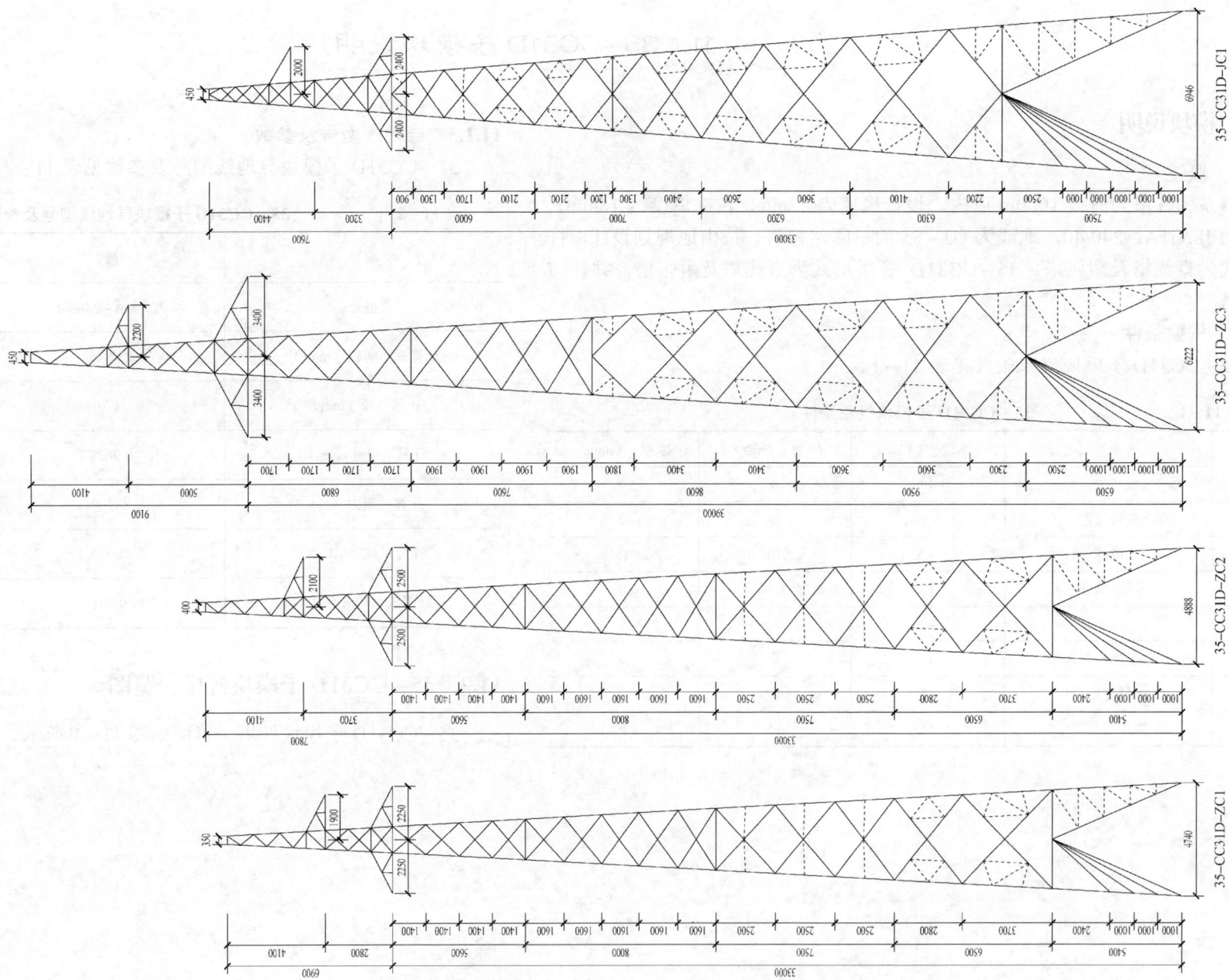

图 11-1 35-CC31D（原 35B2）子模块杆塔一览图（一）

序号	塔型名称	标准呼高 (m)	水平档距 (m)	垂直档距 (m)	标准呼高塔重 (kg)	转角度数 (°)	备注
1	35-CC31D-ZC1	30	320	550	3952.7	0	
2	35-CC31D-ZC2	30	450	700	4333.0	0	
3	35-CC31D-ZC3	36	750	1200	6580.5	0	
4	35-CC31D-JC1	27	450	650	5685.2	0~20	
5	35-CC31D-JC2	27	450	650	6222.6	20~40	
6	35-CC31D-JC3	27	450	650	7060.3	40~60	
7	35-CC31D-JC4	27	450	650	7999.6	60~90	兼 0°~90° 终端

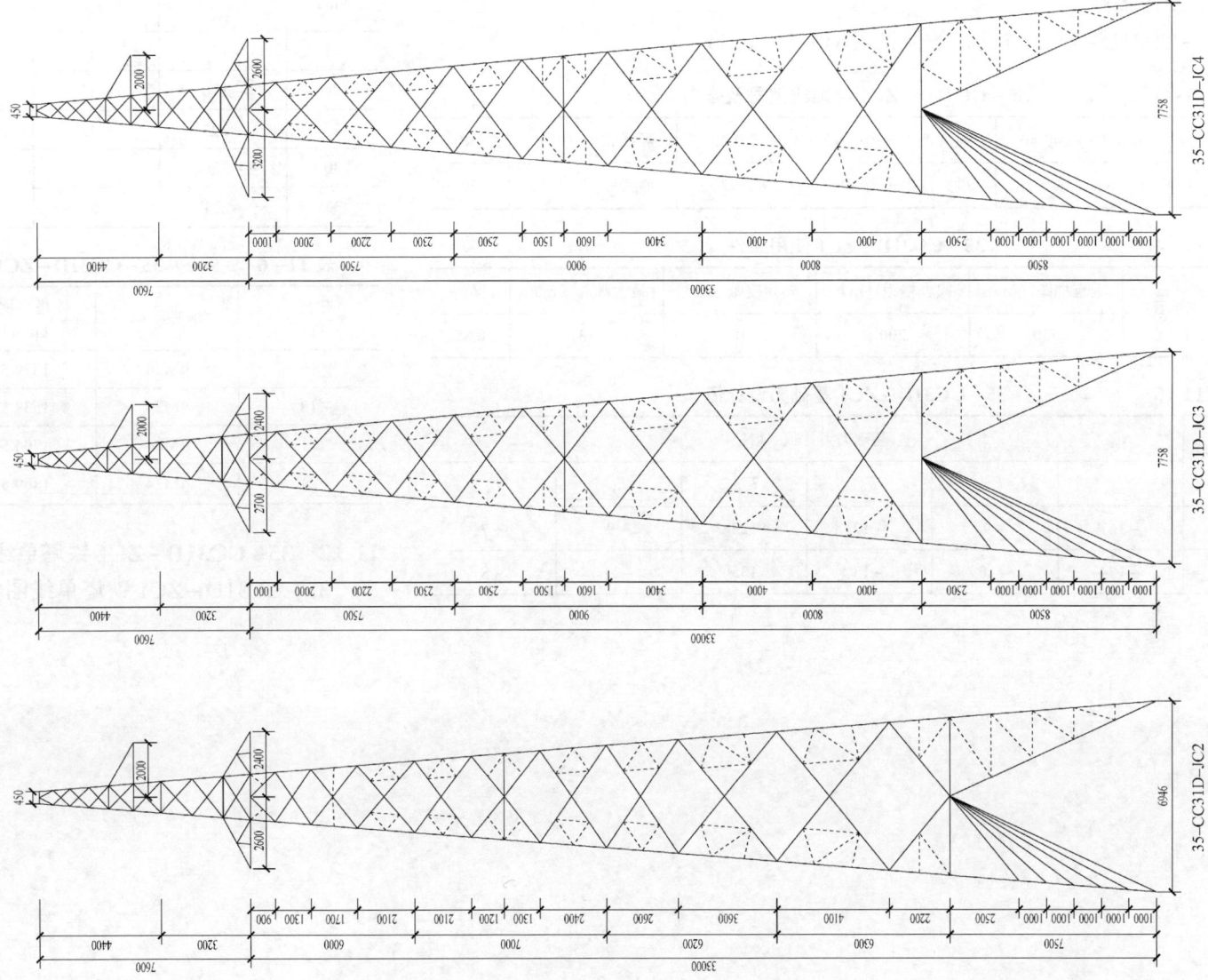

图 11-1 35-CC31D（原 35B2）子模块杆塔一览图（二）

11.3 35−CC31D−ZC1 塔

11.3.1 设计条件

35−CC31D−ZC1 塔设计条件见表 11−3〜表 11−6。

表 11−3　　　　35−CC31D−ZC1 导地线型号及张力

导线型号	JL/G1A−240/40	最大使用张力（N）	31829	断线张力（%）	50
地线型号	GJ−55	最大使用张力（N）	21926	断线张力（%）	50

表 11−4　　　　35−CC31D−ZC1 使用条件

水平档距（m）	垂直档距（m）	代表档距（m）	转角度数（°）	最大呼高（m）	K_v
320	550	200	0	33	0.85

表 11−5　　　　35−CC31D−ZC1 基础力设计值

呼高 h (m)	基础力设计值（kN）					
	N_{max}	F_x	F_y	T_{max}	F_x	F_y
15	−161	−9	−12	123	−9	−7
18	−174	−10	−13	135	−11	−8

呼高 h (m)	基础力设计值（kN）					
	N_{max}	F_x	F_y	T_{max}	F_x	F_y
21	−181	−10	−13	143	−13	−11
24	−190	−11	−14	159	−15	−13
27	−193	−13	−15	166	−16	−15
30	−209	−20	−17	180	−18	−16
33	−221	−21	−18	189	−19	−17

表 11−6　　　　35−CC31D−ZC1 地脚螺栓及铁塔半根开值

呼高 h (m)	地脚螺栓	铁塔半根开（mm）	呼高 h (m)	地脚螺栓	铁塔半根开（mm）
15	4M24	1379.5	27	4M24	2034.5
18	4M24	1539.5	30	4M24	2199.5
21	4M24	1704.5	33	4M24	2364.5
24	4M24	1869.5	—	—	—

11.3.2　35−CC31D−ZC1 铁塔单线图

35−CC31D−ZC1 铁塔单线图如图 11−2 所示。

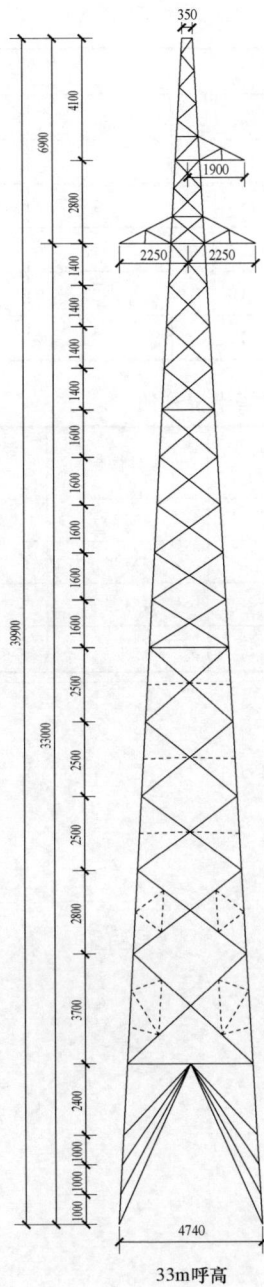

塔呼高（m）	15.0	18.0	21.0	24.0	27.0	30.0	33.0
塔重（kg）	2128.0	2425.9	2791.2	3221.0	3491.6	3952.7	4424.1

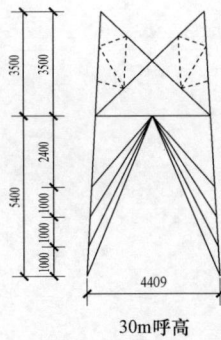

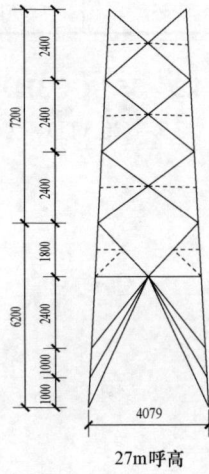

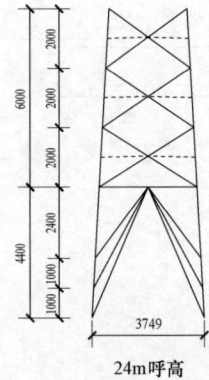

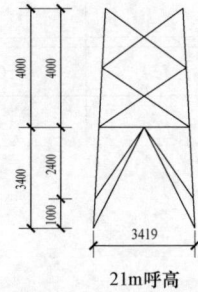

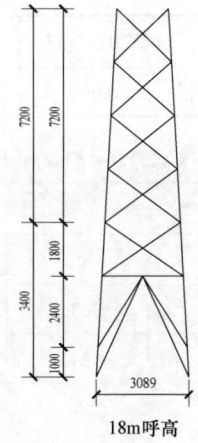

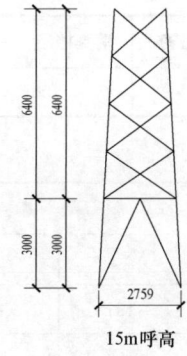

图 11-2　35-CC31D-ZC1 铁塔单线图

11.4 35-CC31D-ZC2 塔

11.4.1 设计条件

35-CC31D-ZC2 塔设计条件见表 11-7～表 11-10。

表 11-7   35-CC31D-ZC2 导地线型号及张力

导线型号	JL/G1A-240/40	最大使用张力（N）	31829	断线张力（%）	50
地线型号	GJ-55	最大使用张力（N）	21926	断线张力（%）	50

表 11-8   35-CC31D-ZC2 使用条件

水平档距（m）	垂直档距（m）	代表档距（m）	转角度数（°）	最大呼高（m）	K_v
450	700	200	0	33	0.75

表 11-9   35-CC31D-ZC2 基础力设计值

呼高 h（m）	基础力设计值（kN）					
	N_{max}	F_x	F_y	T_{max}	F_x	F_y
15	-181	-10	-13	134	-10	-8
18	-194	-11	-15	153	-14	-12

呼高 h（m）	基础力设计值（kN）					
	N_{max}	F_x	F_y	T_{max}	F_x	F_y
21	-202	-12	-15	168	-15	-13
24	-215	-19	-17	185	-18	-15
27	-225	-21	-20	193	-18	-18
30	-244	-23	-20	210	-21	-18
33	-256	-24	-21	219	-22	-19

表 11-10   35-CC31D-ZC2 地脚螺栓及铁塔半根开值

呼高 h（m）	地脚螺栓	铁塔半根开（mm）	呼高 h（m）	地脚螺栓	铁塔半根开（mm）
15	4M24	1449	27	4M24	2109
18	4M24	1614	30	4M24	2269
21	4M24	1774	33	4M24	2434
24	4M24	1944	—	—	—

11.4.2 35-CC31D-ZC2 铁塔单线图

35-CC31D-ZC2 铁塔单线图如图 11-3 所示。

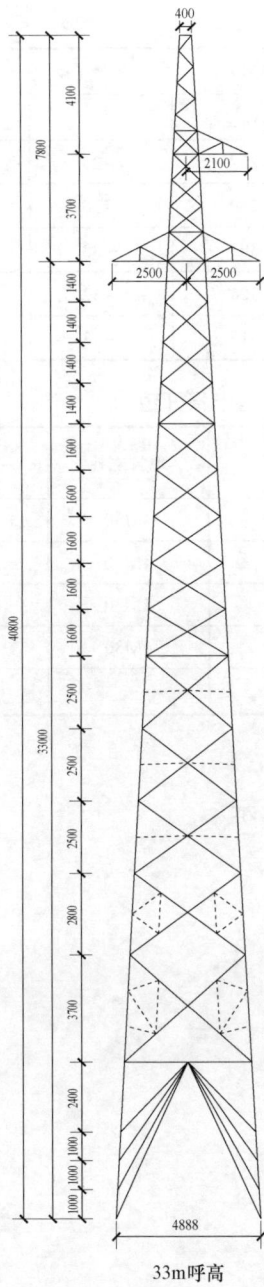

塔呼高（m）	15.0	18.0	21.0	24.0	27.0	30.0	33.0
塔重（kg）	2368.0	2425.9	3056.0	3468.8	3830.5	4333.0	4809.8

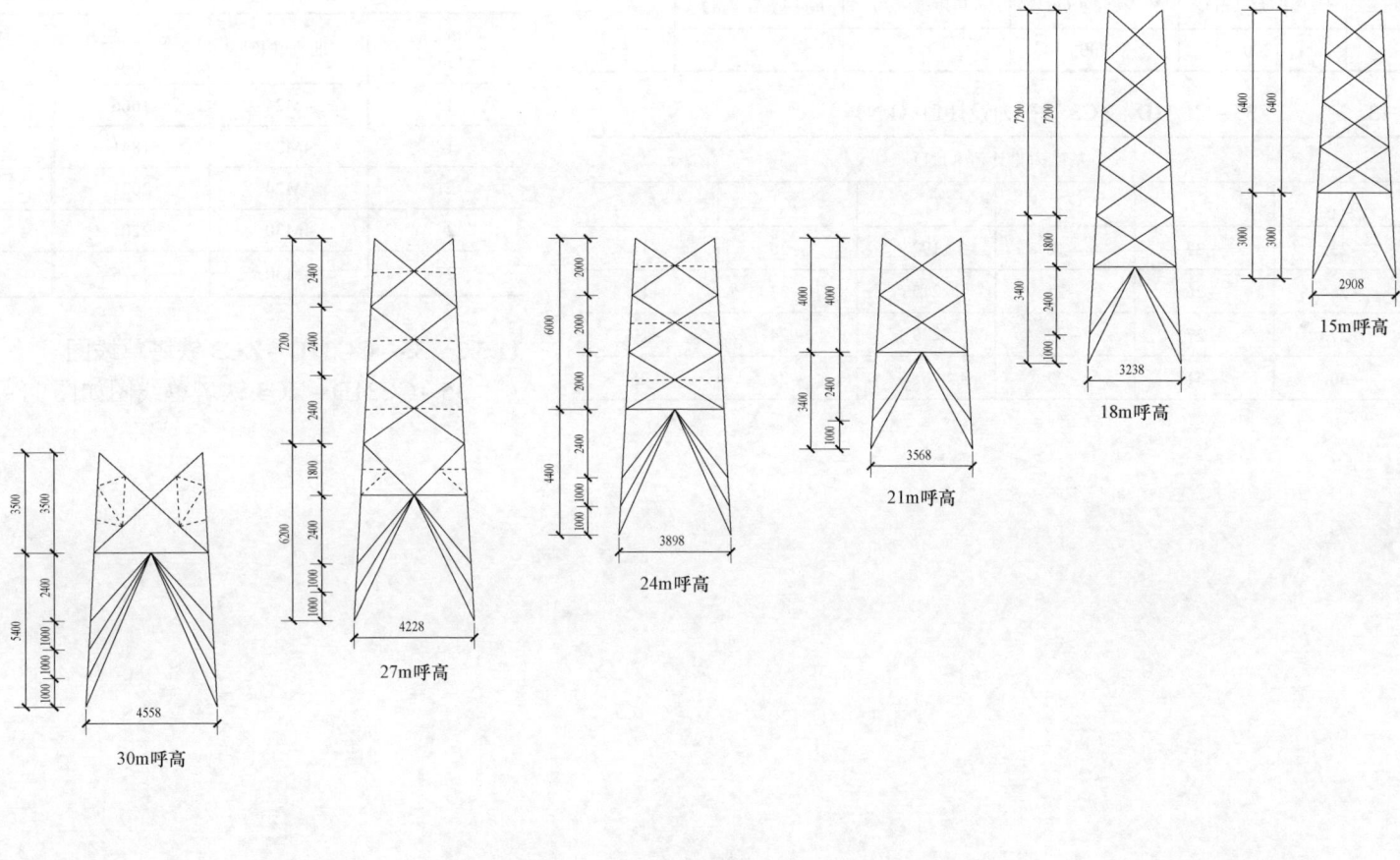

33m呼高

30m呼高

27m呼高

24m呼高

21m呼高

18m呼高

15m呼高

图 11-3　35-CC31D-ZC2 铁塔单线图

11.5　35-CC31D-ZC3 塔

11.5.1　设计条件

35-CC31D-ZC3 塔设计条件见表 11-11~表 11-14。

表 11-11　　　35-CC31D-ZC3 导地线型号及张力

导线型号	JL/G1A-240/40	最大使用张力（N）	31829	断线张力（%）	50
地线型号	GJ-55	最大使用张力（N）	21926	断线张力（%）	50

表 11-12　　　35-CC31D-ZC3 使用条件

水平档距（m）	垂直档距（m）	代表档距（m）	转角度数（°）	最大呼高（m）	K_v
750	1200	200	0	39	0.65

表 11-13　　　35-CC31D-ZC3 基础力设计值（kN）

呼高 h (m)	基础力设计值（kN）					
	N_{max}	F_x	F_y	T_{max}	F_x	F_y
15	-232	-22	-18	192	-20	-16
18	-256	-26	-21	215	-23	-19
21	-273	-27	-22	229	-24	-20
24	-308	-31	-27	261	-28	-25

续表

呼高 h (m)	基础力设计值（kN）					
	N_{max}	F_x	F_y	T_{max}	F_x	F_y
27	-321	-32	-28	272	-29	-25
30	-336	-33	-29	284	-30	-26
33	-354	-36	-31	301	-33	-29
36	-362	-36	-31	306	-32	-28
39	-374	-37	-32	315	-33	-29

表 11-14　　　35-CC31D-ZC3 地脚螺栓及铁塔半根开值

呼高 h (m)	地脚螺栓	铁塔半根开 (mm)	呼高 h (m)	地脚螺栓	铁塔半根开 (mm)
15	4M24	1666	30	4M30	2556
18	4M24	1841	33	4M30	2736
21	4M24	2021	36	4M30	2911
24	4M30	2201	39	4M30	3091
27	4M30	2376	—	—	—

11.5.2　35-CC31D-ZC3 铁塔单线图

35-CC31D-ZC3 铁塔单线图如图 11-4 所示。

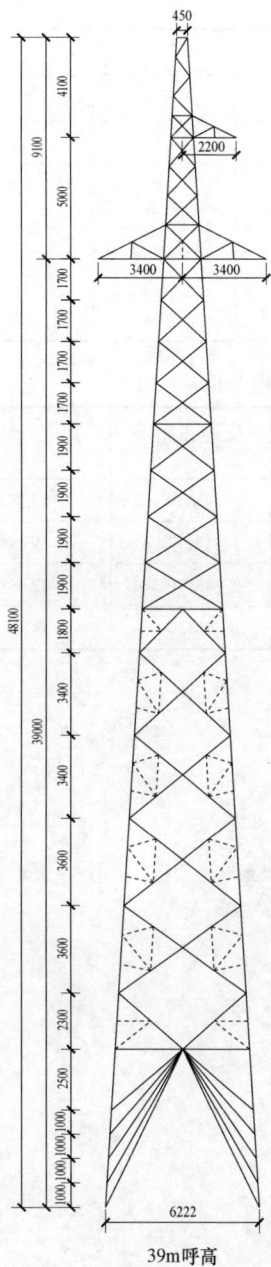

塔呼高（m）	15.0	18.0	21.0	24.0	27.0	30.0	33.0	36.0	39.0
塔重（kg）	2980.7	3476.5	3873.3	4513.7	5025.7	5495.2	5943.0	6580.5	7063.5

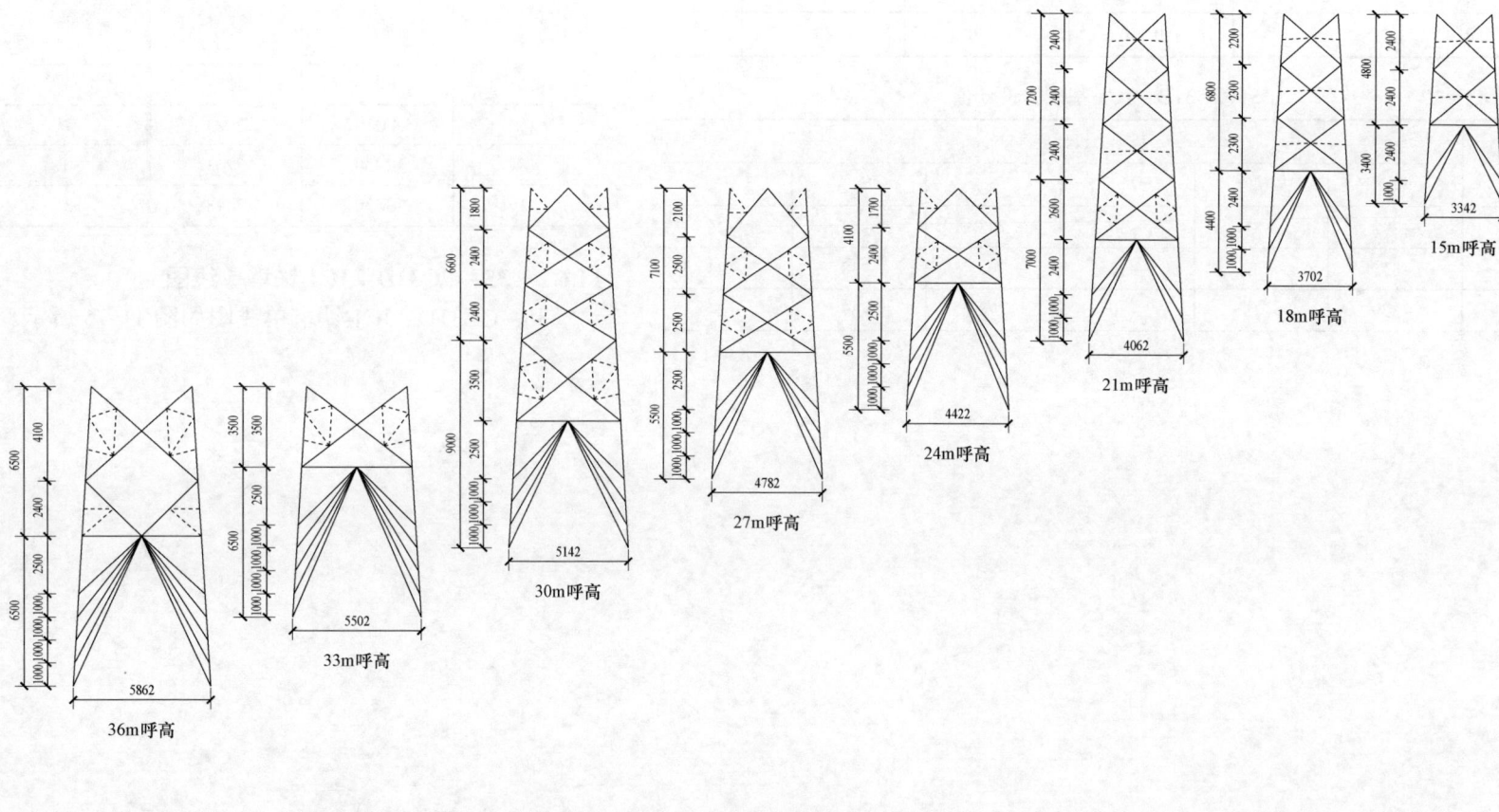

图 11-4　35-CC31D-ZC3 铁塔单线图

11.6 35-CC31D-JC1 塔

11.6.1 设计条件

35-CC31D-JC1 塔设计条件见表 11-15～表 11-18。

表 11-15   35-CC31D-JC1 导地线型号及张力

导线型号	JL/G1A-240/40	最大使用张力（N）	31829	断线张力（%）	70
地线型号	GJ-55	最大使用张力（N）	21926	断线张力（%）	80

表 11-16   35-CC31D-JC1 使用条件

水平档距（m）	垂直档距（m）	代表档距（m）	转角度数（°）	最大呼高（m）	K_v
450	650	450/150	0～20	33	—

表 11-17   35-CC31D-JC1 基础力设计值

呼高 h (m)	基础力设计值（kN）					
	N_{max}	F_x	F_y	T_{max}	F_x	F_y
12	-292	-31	-30	248	-28	-26
15	-315	-39	-30	268	-38	-24
18	-329	-38	-30	278	-37	-24

续表

呼高 h (m)	基础力设计值（kN）					
	N_{max}	F_x	F_y	T_{max}	F_x	F_y
21	-354	-42	-33	299	-40	-27
24	-370	-44	-35	313	-42	-29
27	-375	-42	-34	314	-40	-28
30	-389	-44	-35	324	-41	-29
33	-390	-42	-35	321	-39	-28

表 11-18   35-CC31D-JC1 地脚螺栓及铁塔半根开值

呼高 h (m)	地脚螺栓	铁塔半根开（mm）	呼高 h (m)	地脚螺栓	铁塔半根开（mm）
12	4M30	1783	24	4M30	2738
15	4M30	2023	27	4M30	2978
18	4M30	2263	30	4M30	3218
21	4M30	2498	33	4M30	3453

11.6.2 35-CC31D-JC1 铁塔单线图

35-CC31D-JC1 铁塔单线图如图 11-5 所示。

塔呼高（m）	12.0	15.0	18.0	21.0	24.0	27.0	30.0	33.0
塔重（kg）	2976.2	3512.9	3948.5	4590.5	5195.6	5685.2	6312.8	6959.2

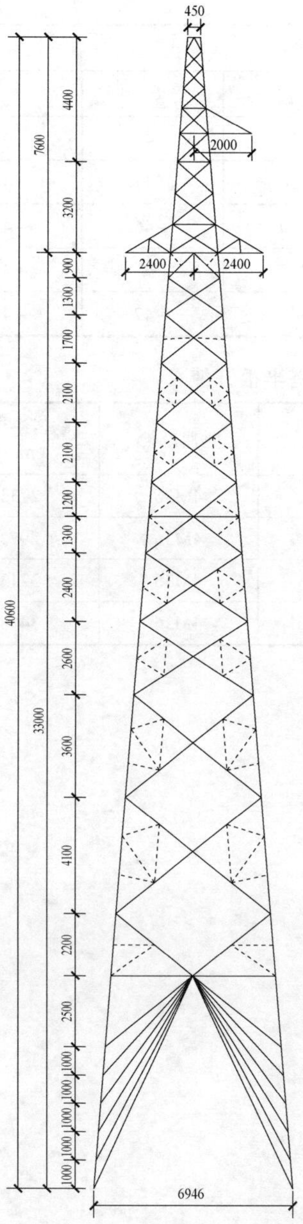

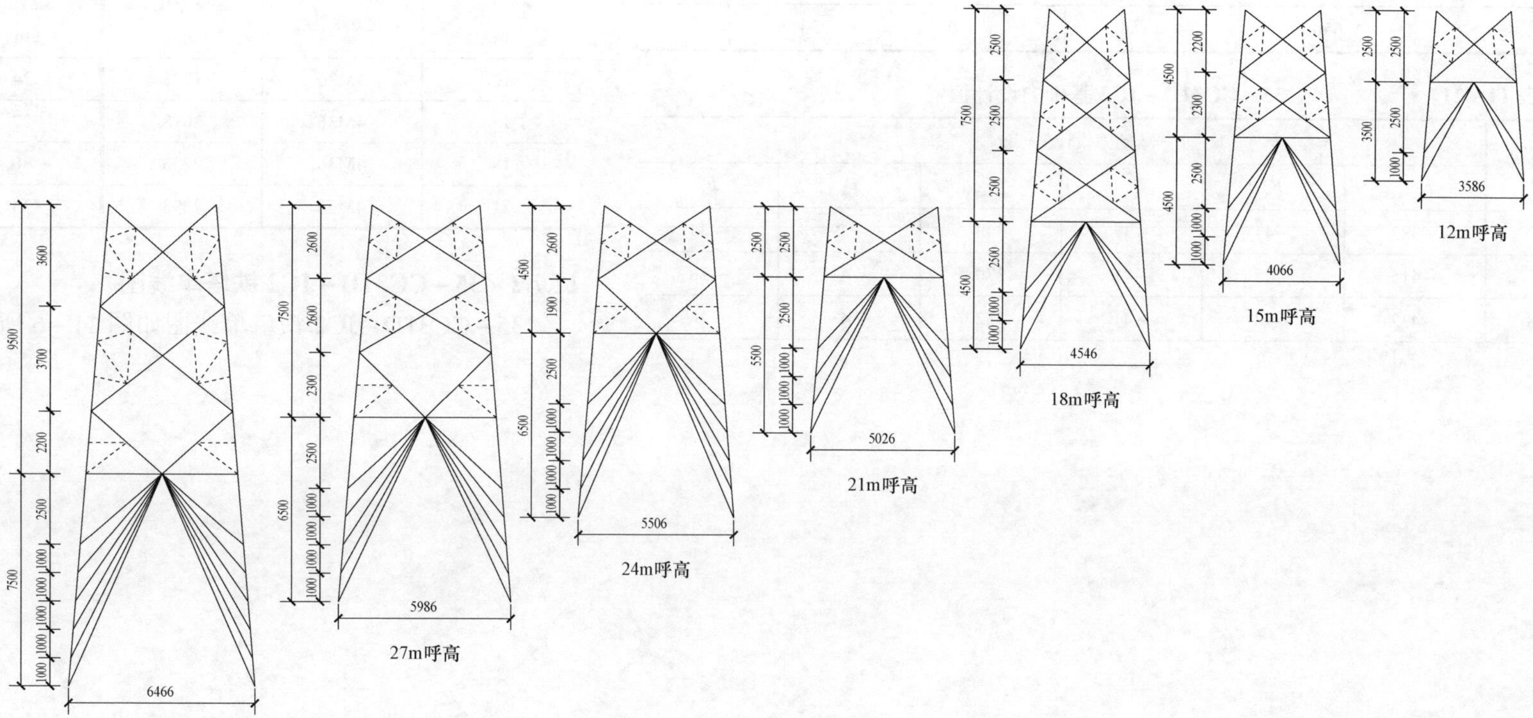

33m呼高

30m呼高

27m呼高

24m呼高

21m呼高

18m呼高

15m呼高

12m呼高

图 11-5   35-CC31D-JC1 铁塔单线图

11.7 35-CC31D-JC2 塔

11.7.1 设计条件

35-CC31D-JC2 塔设计条件见表 11-19～表 11-22。

表 11-19　　　35-CC31D-JC2 导地线型号及张力

导线型号	JL/G1A-240/40	最大使用张力（N）	31829	断线张力（%）	70
地线型号	GJ-55	最大使用张力（N）	21926	断线张力（%）	80

表 11-20　　　35-CC31D-JC2 使用条件

水平档距（m）	垂直档距（m）	代表档距（m）	转角度数（°）	最大呼高（m）	K_v
450	650	450/150	20～40	33	—

表 11-21　　　35-CC31D-JC2 基础力设计值

呼高 h (m)	基础力设计值（kN）					
	N_{max}	F_x	F_y	T_{max}	F_x	F_y
12	-383	-44	-37	340	-39	-35
15	-415	-48	-41	370	-43	-38
18	-432	-48	-41	382	-43	-38
21	-464	-51	-45	412	-46	-42
24	-485	-53	-48	430	-47	-44
27	-489	-52	-47	430	-46	-43
30	-512	-55	-49	447	-47	-45
33	-517	-54	-49	448	-47	-44

表 11-22　　　35-CC31D-JC2 地脚螺栓及铁塔半根开值

呼高 h (m)	地脚螺栓	铁塔半根开 (mm)	呼高 h (m)	地脚螺栓	铁塔半根开 (mm)
12	4M36	1778	24	4M36	2733
15	4M36	2018	27	4M36	2973
18	4M36	2253	30	4M36	3213
21	4M36	2493	33	4M36	3453

11.7.2 35-CC31D-JC2 铁塔单线图

35-CC31D-JC2 铁塔单线图如图 11-6 所示。

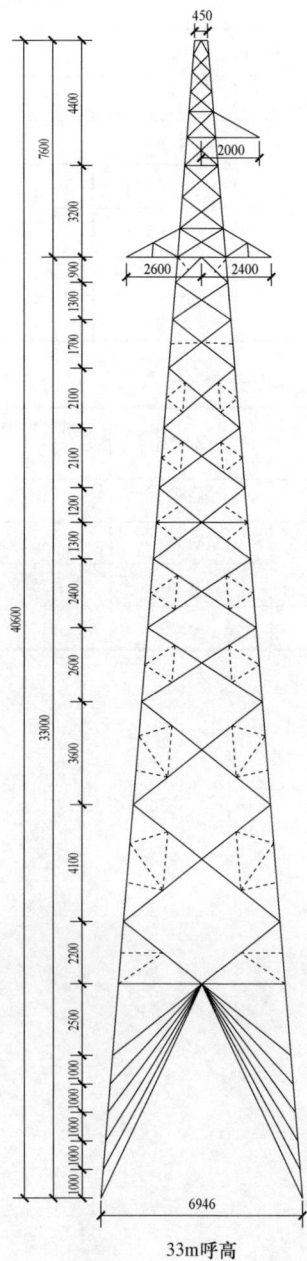

塔呼高（m）	12.0	15.0	18.0	21.0	24.0	27.0	30.0	33.0
塔重（kg）	3192.7	3777.6	4301.4	4940.1	5574.1	6222.6	6978.7	7513.2

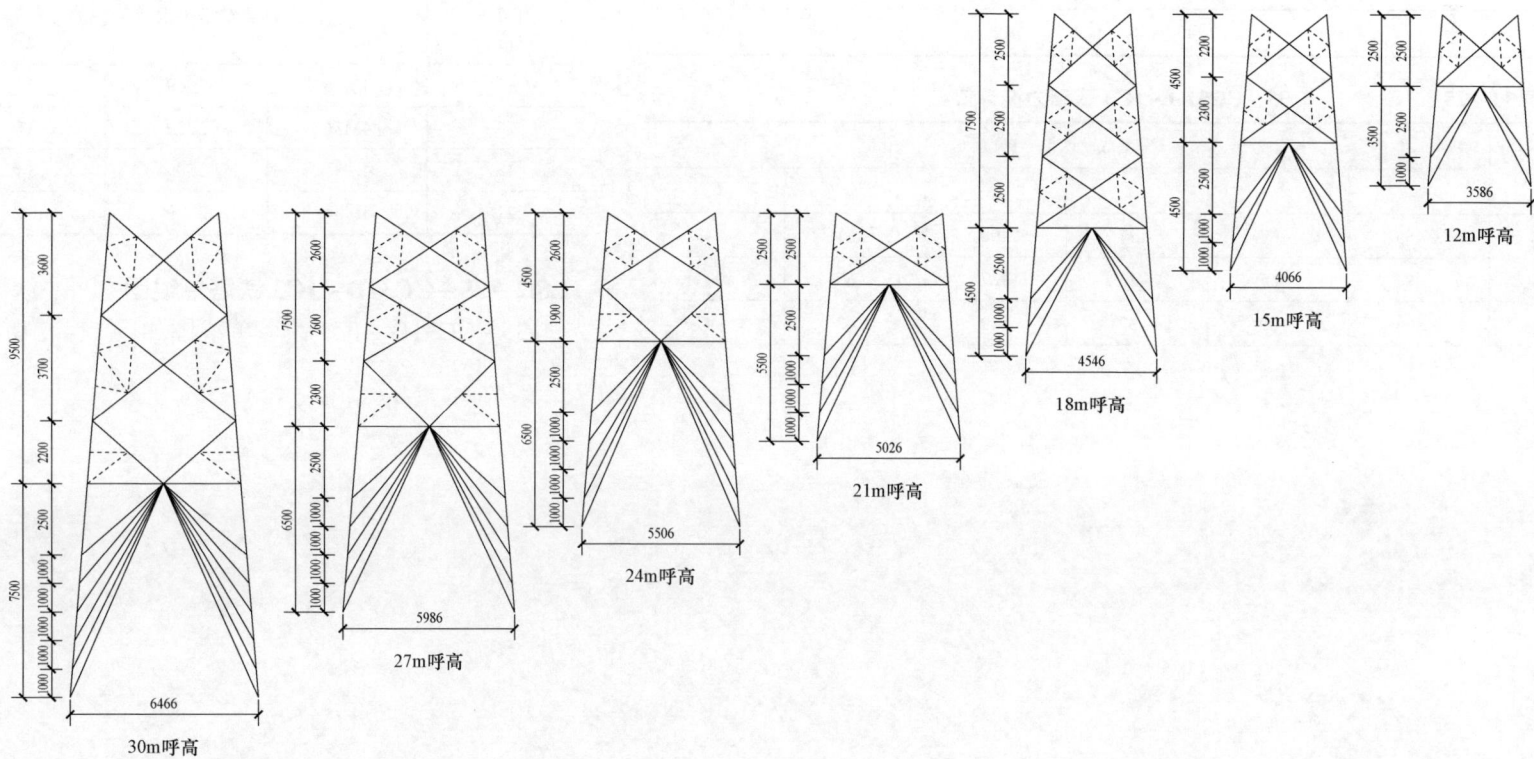

33m呼高

30m呼高

27m呼高

24m呼高

21m呼高

18m呼高

15m呼高

12m呼高

图 11-6 35-CC31D-JC2 铁塔单线图

11.8　35-CC31D-JC3 塔

11.8.1　设计条件

35-CC31D-JC3 塔设计条件见表 11-23～表 11-26。

表 11-23　35-CC31D-JC3 导地线型号及张力

导线型号	JL/G1A-240/40	最大使用张力（N）	31829	断线张力（%）	70
地线型号	GJ-55	最大使用张力（N）	21926	断线张力（%）	80

表 11-24　35-CC31D-JC3 使用条件

水平档距（m）	垂直档距（m）	代表档距（m）	转角度数（°）	最大呼高（m）	K_v
450	650	450/150	40～60	33	—

表 11-25　35-CC31D-JC3 基础力设计值

呼高 h (m)	基础力设计值（kN）					
	N_{max}	F_x	F_y	T_{max}	F_x	F_y
12	-459	-67	-47	408	-61	-43
15	-481	-66	-48	427	-60	-43
18	-507	-69	-52	449	-62	-47

呼高 h (m)	基础力设计值（kN）					
	N_{max}	F_x	F_y	T_{max}	F_x	F_y
21	-542	-69	-55	478	-62	-50
24	-572	-72	-60	504	-65	-54
27	-586	-72	-61	512	-65	-55
30	-607	-73	-63	529	-65	-56
33	-627	-75	-66	546	-67	-59

表 11-26　35-CC31D-JC3 地脚螺栓及铁塔半根开值

呼高 h (m)	地脚螺栓	铁塔半根开 (mm)	呼高 h (m)	地脚螺栓	铁塔半根开 (mm)
12	4M36	1969	24	4M36	3049
15	4M36	2239	27	4M36	3319
18	4M36	2509	30	4M36	3589
21	4M36	2779	33	4M36	3859

11.8.2　35-CC31D-JC3 铁塔单线图

35-CC31D-JC3 铁塔单线图如图 11-7 所示。

塔呼高（m）	12.0	15.0	18.0	21.0	24.0	27.0	30.0	33.0
塔重（kg）	3582.5	4077.6	4802.9	5677.1	6313.3	7060.3	7756.5	8537.7

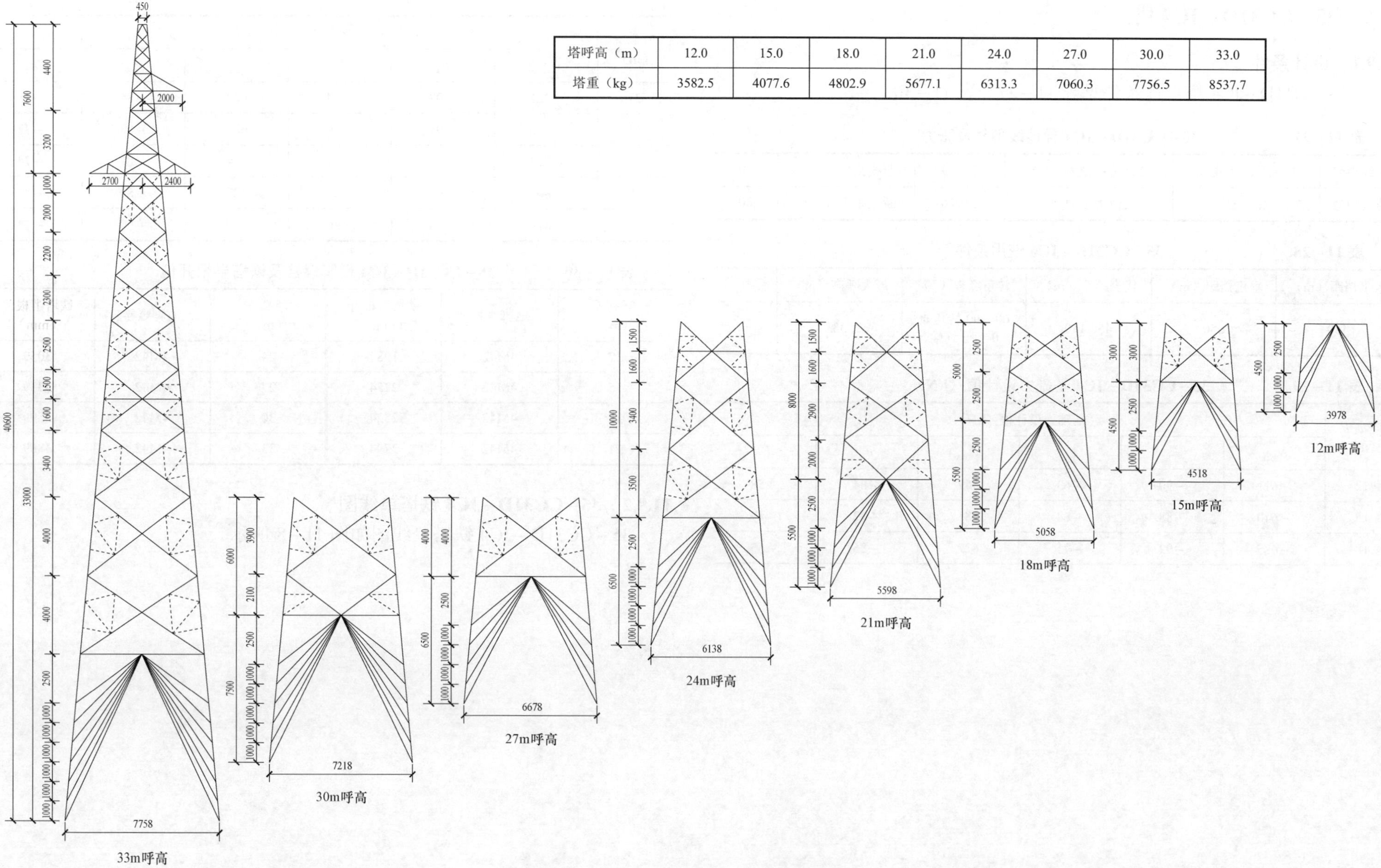

图 11-7 35-CC31D-JC3 铁塔单线图

11.9 35-CC31D-JC4 塔

11.9.1 设计条件

35-CC31D-JC4 塔设计条件见表 11-27~表 11-30。

表 11-27　35-CC31D-JC4 导地线型号及张力

导线型号	JL/G1A-240/40	最大使用张力（N）	31829	断线张力（%）	70
地线型号	GJ-55	最大使用张力（N）	21926	断线张力（%）	80

表 11-28　35-CC31D-JC4 使用条件

水平档距（m）	垂直档距（m）	代表档距（m）	转角度数（°）	最大呼高（m）	K_v
450	650	450/150	60~90 转角兼 0~90 终端	33	—

表 11-29　35-CC31D-JC4 基础力设计值（kN）

呼高 h (m)	基础力设计值（kN）					
	N_{max}	F_x	F_y	T_{max}	F_x	F_y
12	-611	-90	-63	557	-84	-58
15	-640	-88	-64	581	-82	-59
18	-685	-92	-71	622	-86	-65
21	-721	-92	-74	654	-85	-68
24	-756	-95	-79	684	-88	-73
27	-772	-95	-81	694	-87	-74
30	-805	-97	-84	722	-89	-77
33	-819	-98	-86	730	-90	-78

表 11-30　35-CC31D-JC4 地脚螺栓及铁塔半根开值

呼高 h (m)	地脚螺栓	铁塔半根开（mm）	呼高 h (m)	地脚螺栓	铁塔半根开（mm）
12	4M42	1984	24	4M42	3059
15	4M42	2254	27	4M42	3329
18	4M42	2524	30	4M42	3599
21	4M42	2794	33	4M42	3869

11.9.2 35-CC31D-JC4 铁塔单线图

35-CC31D-JC4 铁塔单线图如图 11-8 所示。

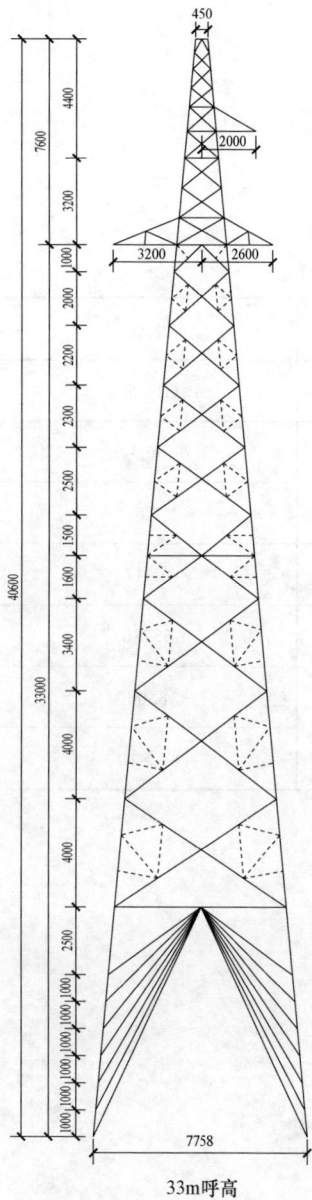

塔呼高（m）	12.0	15.0	18.0	21.0	24.0	27.0	30.0	33.0
塔重（kg）	4296.8	4848.4	5547.5	6286.5	7171.4	7999.6	8757.2	9800.9

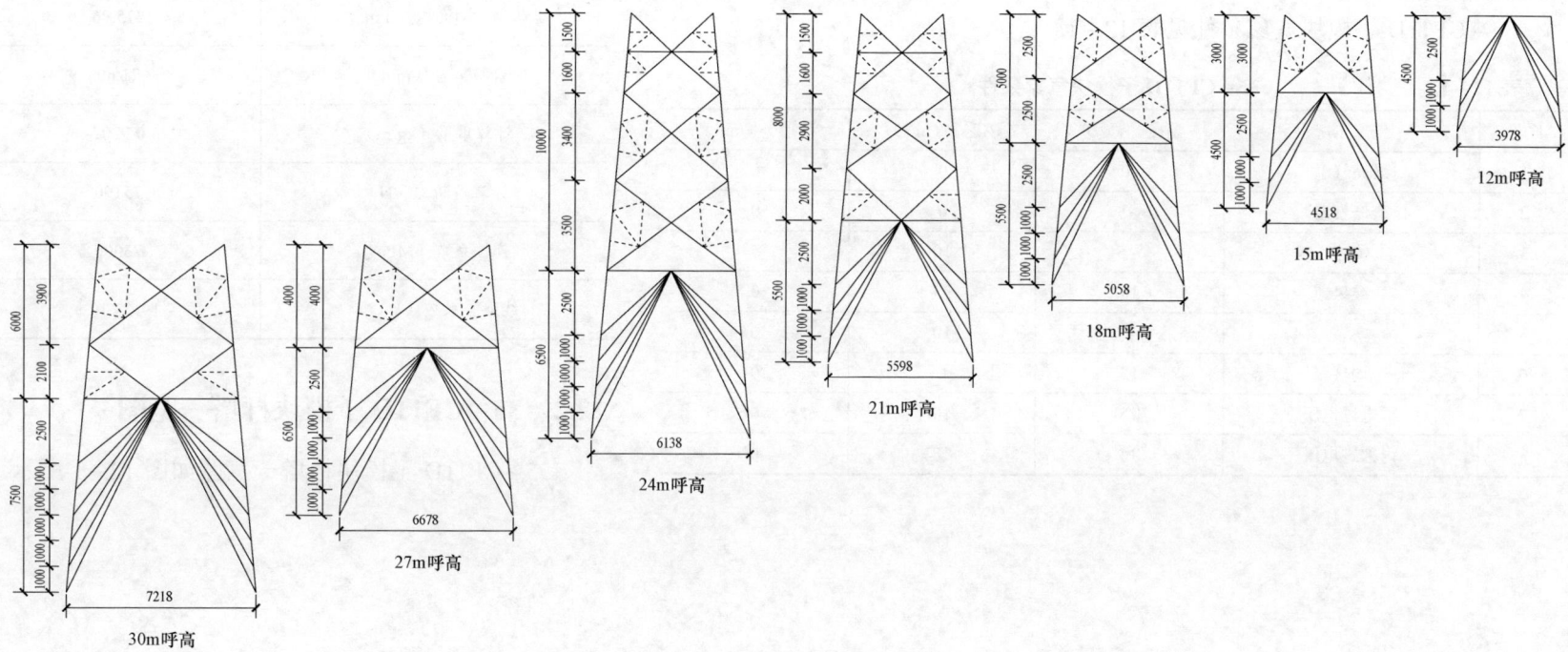

图 11-8　35-CC31D-JC4 铁塔单线图

12.1　模块说明

12.1.1　概述

本系列杆塔为海拔 1000m 以内，设计风速为 33m/s，覆冰厚度为 5mm，导线为 JL/G1A-240/30，地线为 GJ-55 的单回路杆塔。按山地规划设计，杆塔形式为直线塔及耐张塔。35-CF11D 模块共计 7 种杆塔型。

12.1.2　气象条件

35-CF11D 子模块气象条件见表 12-1。

表 12-1　　　　　35-CF11D 子模块气象条件

序号	气象工况	温度 t（℃）	风速 v（m/s）	冰厚 c（mm）
1	最高气温	40	0	0
2	最低气温	-5	0	0
3	覆冰	-5	10	5
4	基准风速	10	33	0
5	安装	-5	10	0
6	平均气温	15	0	0
7	雷电过电压	15	10	0
8	内部过电压	15	18	0

12.1.3　导地线型号及参数

35-CF11D 子模块导地线型号及参数见表 12-2。

表 12-2　　　　　35-CF11D 子模块导地线型号及参数

项目	导线	地线
型号	JL/G1A-240/30	GJ-55
计算截面面积（mm²）	275.96	56.3
计算外径（mm）	21.60	9.6
计算重量（kg/m）	0.9207	0.447
计算拉断力（N）	75190	65780
弹性系数（MPa）	73000	185000
线膨胀系数（1/℃）	19.6×10^{-6}	11.5×10^{-6}

12.2　35-CF11D 子模块杆塔一览图

35-CF11D 子模块杆塔一览图如图 12-1 所示。

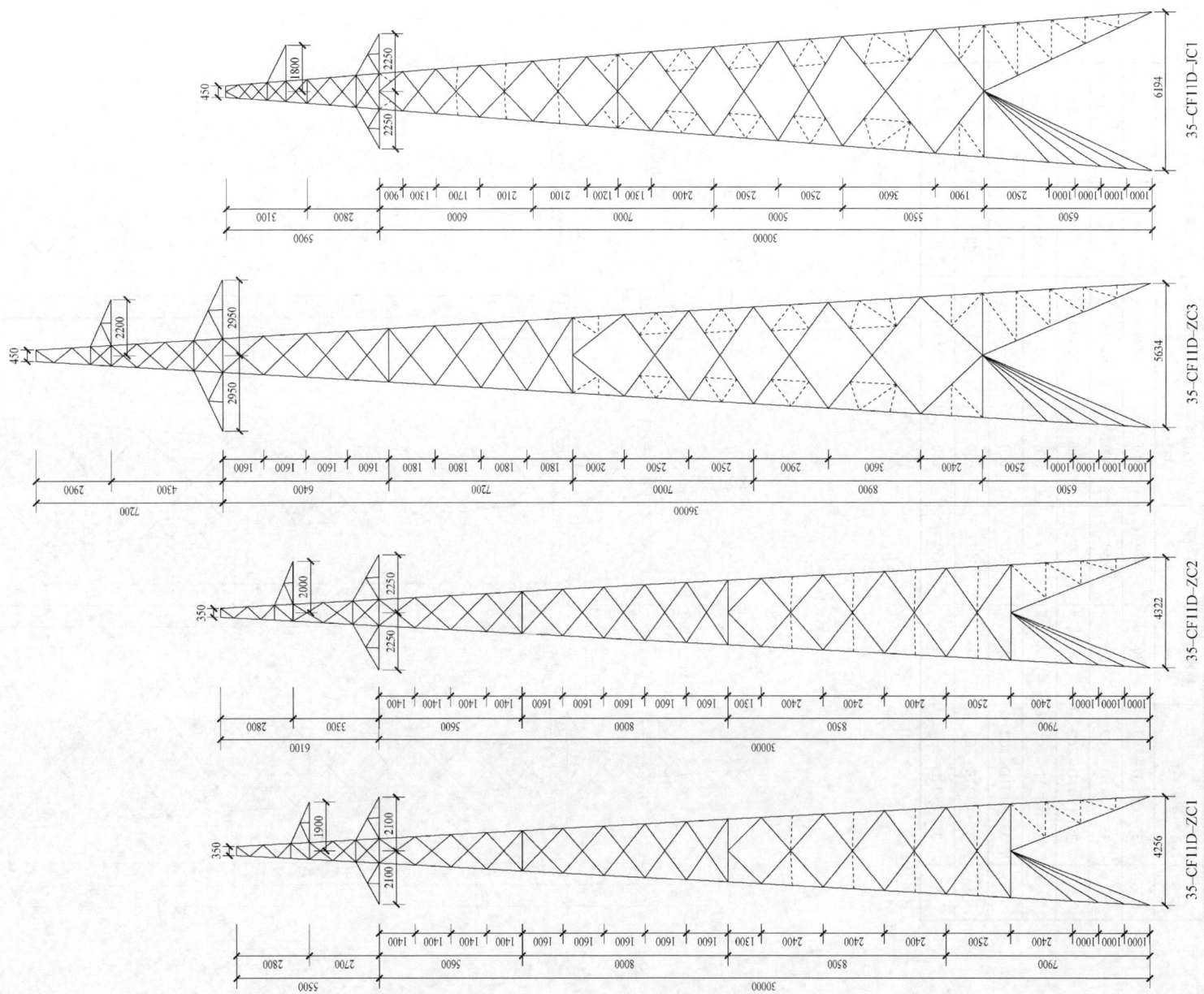

图 12-1 35-CF11D（原 35B3）系列杆塔一览图（一）

序号	塔型名称	标准呼高 (m)	水平档距 (m)	垂直档距 (m)	标准呼高塔重 (kg)	转角度数 (°)	备注
1	35-CF11D-ZC1	30	320	550	3899.6	0	
2	35-CF11D-ZC2	30	450	700	4257.9	0	
3	35-CF11D-ZC3	36	750	1200	6689.5	0	
4	35-CF11D-JC1	27	450	650	5406.0	0~20	
5	35-CF11D-JC2	27	450	650	6100.3	20~40	
6	35-CF11D-JC3	27	450	650	6787.0	40~60	
7	35-CF11D-JC4	27	450	650	7813.9	60~90	兼 0°~90° 终端

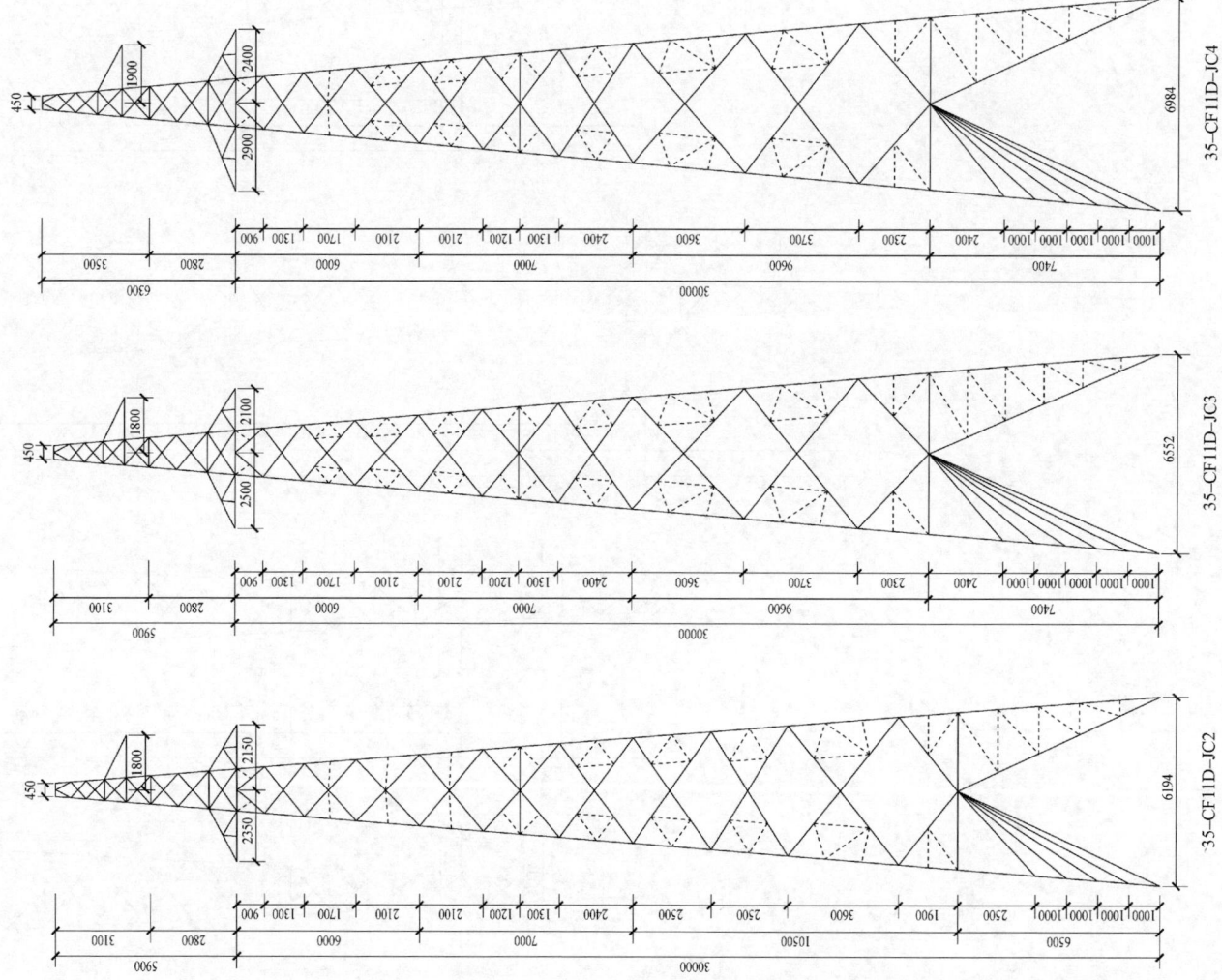

图12-1 35-CF11D（原35B3）系列杆塔一览图（二）

12.3 35-CF11D-ZC1 塔

12.3.1 设计条件

35-CF11D-ZC1 塔设计条件见表 12-3～表 12-6。

表 12-3   **35-CF11D-ZC1 导地线型号及张力**

导线型号	JL/G1A-240/30	最大使用张力（N）	28572	断线张力（%）	50
地线型号	GJ-55	最大使用张力（N）	21926	断线张力（%）	50

表 12-4   **35-CF11D-ZC1 使用条件**

水平档距（m）	垂直档距（m）	代表档距（m）	转角度数（°）	最大呼高（m）	K_v
320	550	200	0	30	0.85

表 12-5   **35-CF11D-ZC1 基础力设计值**

呼高 h (m)	基础力设计值（kN）					
	N_{max}	F_x	F_y	T_{max}	F_x	F_y
12	-155	-13	-10	136	-12	-9
15	-183	-16	-13	163	-15	-13

呼高 h (m)	基础力设计值（kN）					
	N_{max}	F_x	F_y	T_{max}	F_x	F_y
18	-200	-17	-14	179	-16	-13
21	-221	-19	-16	198	-17	-15
24	-245	-22	-19	220	-21	-18
27	-262	-23	-20	235	-22	-19
30	-278	-27	-23	249	-25	-22

表 12-6   **35-CF11D-ZC1 地脚螺栓及铁塔半根开值**

呼高 h (m)	地脚螺栓	铁塔半根开（mm）	呼高 h (m)	地脚螺栓	铁塔半根开（mm）
12	4M24	1133.5	24	4M30	1783.5
15	4M24	1293.5	27	4M30	1948.5
18	4M24	1458.5	30	4M30	2113.5
21	4M24	1618.5	—	—	—

12.3.2 35-CF11D-ZC1 铁塔单线图

35-CF11D-ZC1 铁塔单线图如图 12-2 所示。

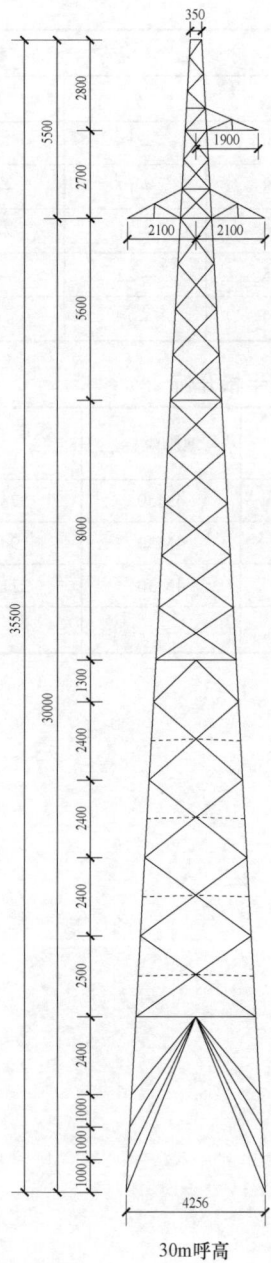

塔呼高（m）	12.0	15.0	18.0	21.0	24.0	27.0	30.0
塔重（kg）	1649.1	1955.9	2231.9	2598.2	3136.0	3473.1	3899.6

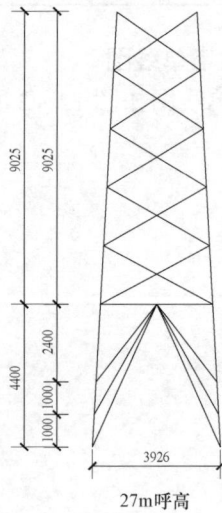

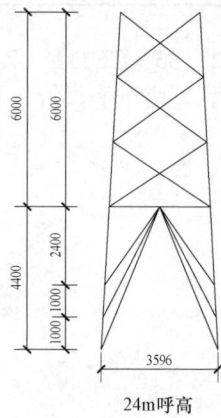

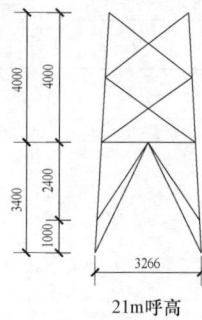

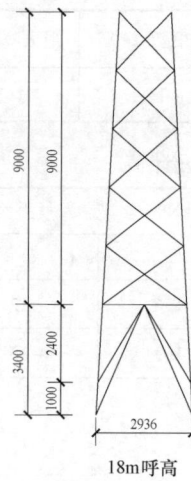

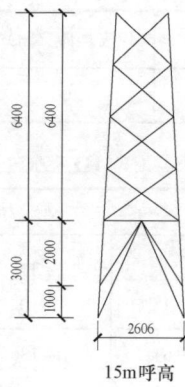

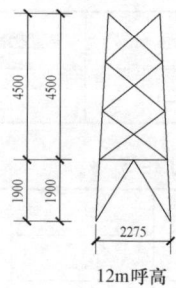

30m呼高

27m呼高

24m呼高

21m呼高

18m呼高

15m呼高

12m呼高

图 12－2　35－CF11D－ZC1 铁塔单线图

12.4　35-CF11D-ZC2塔

12.4.1　设计条件

35-CF11D-ZC2塔设计条件见表12-7～表12-10。

表 12-7　　　　　35-CF11D-ZC2 导地线型号及张力

导线型号	JL/G1A-240/30	最大使用张力（N）	28572	断线张力（%）	50
地线型号	GJ-55	最大使用张力（N）	21926	断线张力（%）	50

表 12-8　　　　　35-CF11D-ZC2 使用条件

水平档距（m）	垂直档距（m）	代表档距（m）	转角度数（°）	最大呼高（m）	K_v
450	700	200	0	30	0.75

表 12-9　　　　　35-CF11D-ZC2 基础力设计值（kN）

呼高 h (m)	基础力设计值（kN）					
	N_{max}	F_x	F_y	T_{max}	F_x	F_y
12	-185	-15	-12	163	-14	-11
15	-215	-19	-15	192	-17	-15
18	-235	-20	-17	210	-18	-16

续表

呼高 h (m)	基础力设计值（kN）					
	N_{max}	F_x	F_y	T_{max}	F_x	F_y
21	-256	-22	-18	229	-20	-17
24	-284	-25	-22	255	-23	-20
27	-302	-27	-23	270	-25	-22
30	-316	-30	-26	284	-27	-24

表 12-10　　　　35-CF11D-ZC2 地脚螺栓及铁塔半根开值

呼高 h (m)	地脚螺栓	铁塔半根开 (mm)	呼高 h (m)	地脚螺栓	铁塔半根开 (mm)
12	4M24	1161.5	24	4M30	1811.5
15	4M24	1326.5	27	4M30	1976.5
18	4M24	1486.5	30	4M30	2141.5
21	4M24	1651.5	—	—	—

12.4.2　35-CF11D-ZC2 铁塔单线图

35-CF11D-ZC2 铁塔单线图如图12-3所示。

第 3 篇　35kV 输电线路角钢塔通用设计·117·

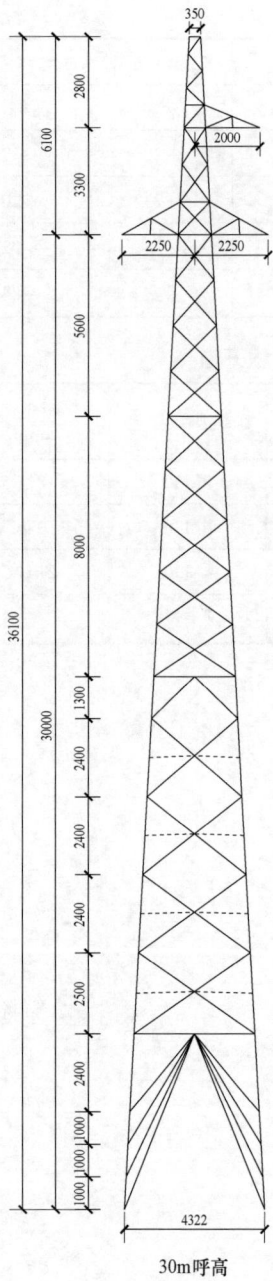

塔呼高（m）	12.0	15.0	18.0	21.0	24.0	27.0	30.0
塔重（kg）	1829.6	2132.0	2452.8	2826.1	3405.2	3775.6	4257.9

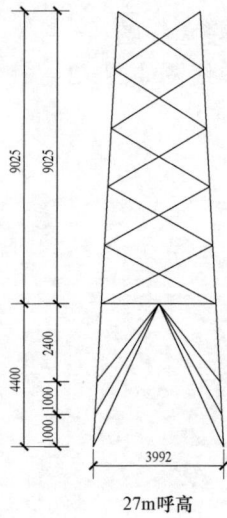

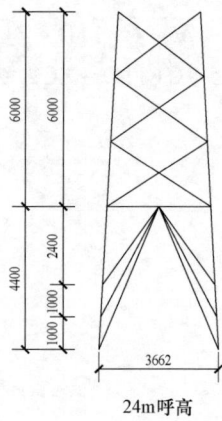

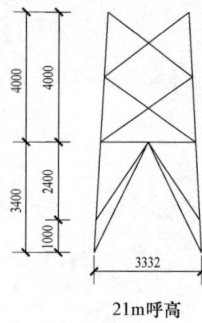

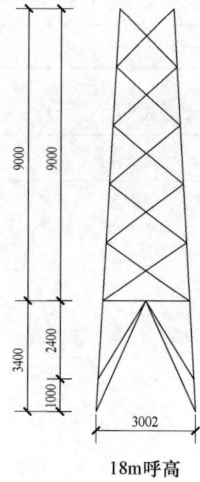

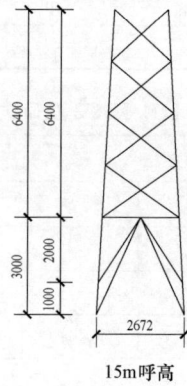

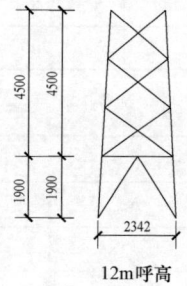

30m呼高

27m呼高

24m呼高

21m呼高

18m呼高

15m呼高

12m呼高

图 12-3　35-CF11D-ZC2 铁塔单线图

12.5 35-CF11D-ZC3 塔

12.5.1 设计条件

35-CF11D-ZC3 塔设计条件见表 12-11～表 12-14。

表 12-11　　　　　　　35-CF11D-ZC3 导地线型号及张力

导线型号	JL/G1A-240/30	最大使用张力（N）	28572	断线张力（%）	50
地线型号	GJ-55	最大使用张力（N）	21926	断线张力（%）	50

表 12-12　　　　　　　35-CF11D-ZC3 使用条件

水平档距（m）	垂直档距（m）	代表档距（m）	转角度数（°）	最大呼高（m）	K_v
750	1200	200	0	36	0.65

表 12-13　　　　　　　35-CF11D-ZC3 基础力设计值

呼高 h （m）	基础力设计值（kN）					
	N_{max}	F_x	F_y	T_{max}	F_x	F_y
12	−253	−23	−18	219	−21	−16
15	−292	−28	−22	256	−26	−21
18	−313	−30	−24	276	−27	−22
21	−342	−34	−28	303	−31	−27

续表

呼高 h （m）	基础力设计值（kN）					
	N_{max}	F_x	F_y	T_{max}	F_x	F_y
24	−377	−37	−31	335	−34	−29
27	−407	−41	−35	363	−38	−33
30	−430	−44	−37	382	−40	−35
33	−447	−47	−41	397	−44	−38
36	−466	−48	−41	413	−44	−38

表 12-14　　　　　35-CF11D-ZC3 地脚螺栓及铁塔半根开值

呼高 h （m）	地脚螺栓	铁塔半根开（mm）	呼高 h （m）	地脚螺栓	铁塔半根开（mm）
12	4M30	1363	27	4M36	2253
15	4M30	1543	30	4M36	2433
18	4M30	1723	33	4M36	2613
21	4M30	1898	36	4M36	2793
24	4M36	2073	—	—	—

12.5.2 35-CF11D-ZC3 铁塔单线图

35-CF11D-ZC3 铁塔单线图如图 12-4 所示。

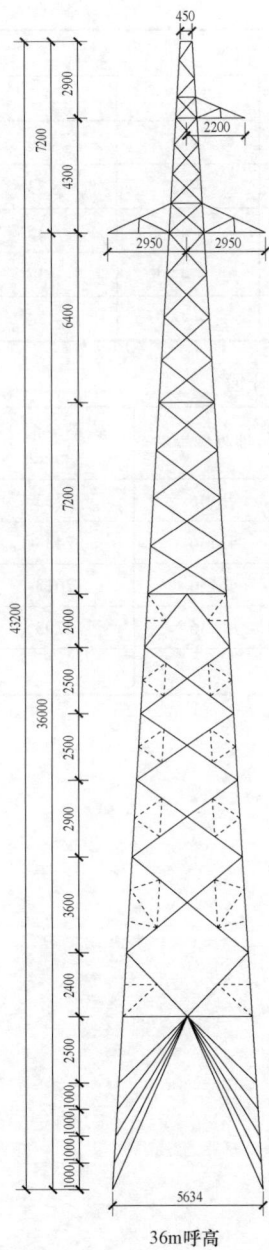

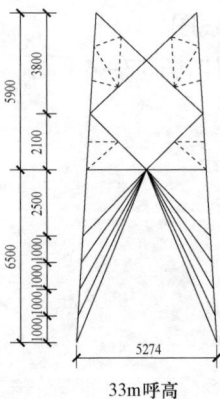

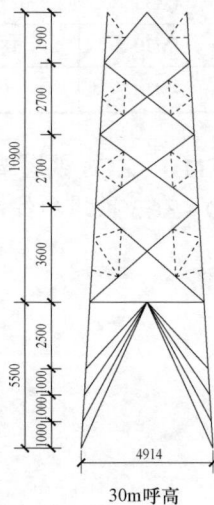

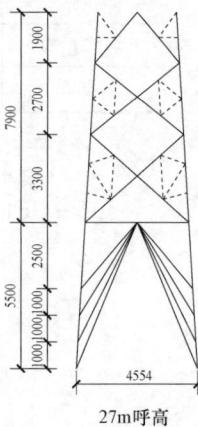

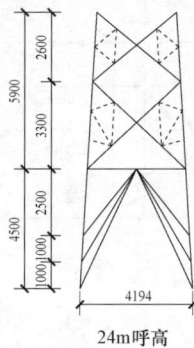

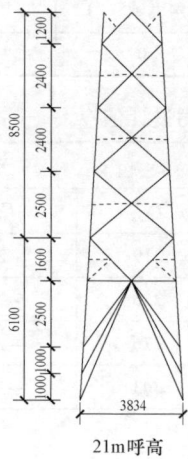

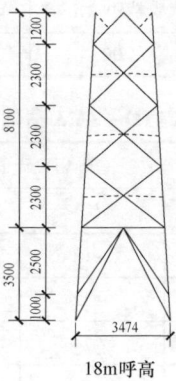

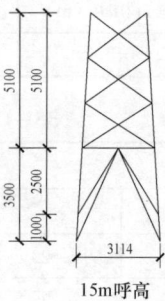

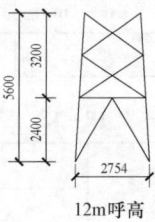

塔呼高（m）	12.0	15.0	18.0	21.0	24.0	27.0	30.0	33.0	36.0
塔重（kg）	2298.3	2697.2	3170.5	3671.8	4347.2	4779.3	5401.2	6086.9	6689.5

图 12-4 35-CF11D-ZC3 铁塔单线图

12.6 35-CF11D-JC1 塔

12.6.1 设计条件

35-CF11D-JC1 塔设计条件见表 12-15～表 12-18。

表 12-15　35-CF11D-JC1 导地线型号及张力

导线型号	JL/G1A-240/30	最大使用张力（N）	28572	断线张力（%）	70
地线型号	GJ-55	最大使用张力（N）	21926	断线张力（%）	80

表 12-16　35-CF11D-JC1 使用条件

水平档距（m）	垂直档距（m）	代表档距（m）	转角度数（°）	最大呼高（m）	K_v
450	650	450/150	0～20	30	—

表 12-17　35-CF11D-JC1 基础力设计值

呼高 h （m）	基础力设计值（kN）					
	N_{max}	F_x	F_y	T_{max}	F_x	F_y
9	-275	-38	-27	255	-35	-26
12	-301	-38	-28	279	-36	-27
15	-332	-43	-32	307	-40	-31
18	-361	-45	-35	334	-42	-33
21	-390	-49	-39	360	-46	-37
24	-405	-50	-40	372	-47	-37
27	-423	-54	-42	388	-50	-40
30	-433	-54	-41	395	-50	-39

表 12-18　35-CF11D-JC1 地脚螺栓及铁塔半根开值

呼高 h （m）	地脚螺栓	铁塔半根开 （mm）	呼高 h （m）	地脚螺栓	铁塔半根开 （mm）
9	4M30	1412	21	4M30	2362
12	4M30	1647	24	4M30	2602
15	4M30	1887	27	4M36	2837
18	4M30	2127	30	4M36	3077

12.6.2 35-CF11D-JC1 铁塔单线图

35-CF11D-JC1 铁塔单线图如图 12-5 所示。

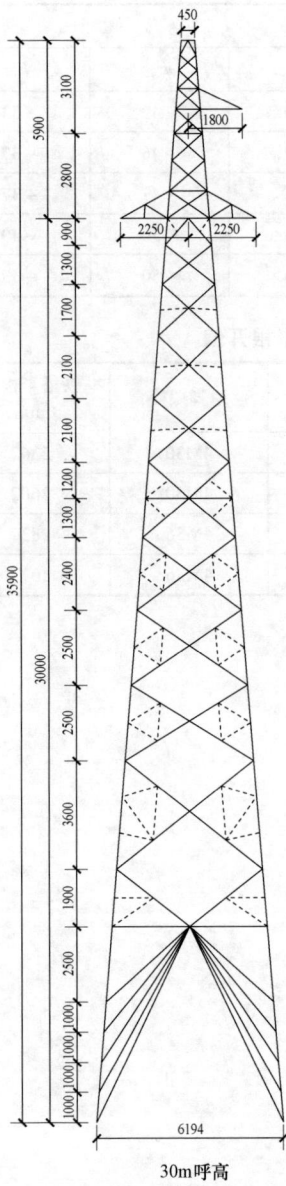

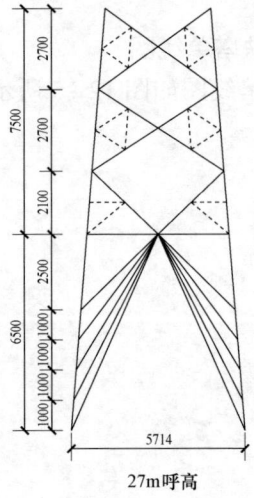

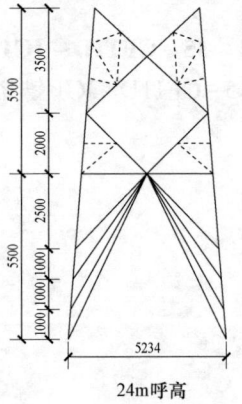

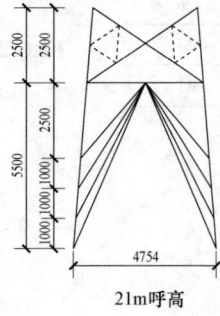

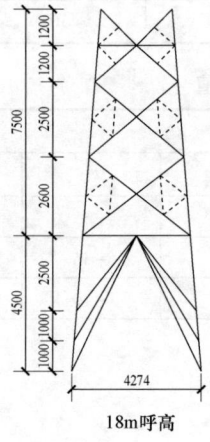

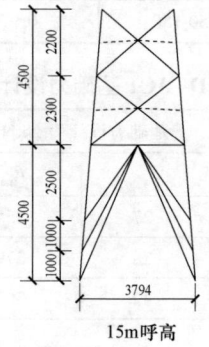

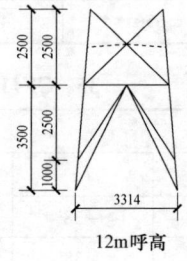

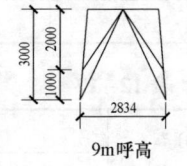

塔呼高（m）	9.0	12.0	15.0	18.0	21.0	24.0	27.0	30.0
塔重（kg）	2148.0	2572.0	3068.9	3647.9	4146.9	4715.3	5406.0	6034.9

图 12-5　35-CF11D-JC1 铁塔单线图

12.7 35-CF11D-JC2 塔

12.7.1 设计条件

35-CF11D-JC2 塔设计条件见表 12-19～表 12-22。

表 12-19　35-CF11D-JC2 导地线型号及张力

导线型号	JL/G1A-240/30	最大使用张力（N）	28572	断线张力（%）	70
地线型号	GJ-55	最大使用张力（N）	21926	断线张力（%）	80

表 12-20　35-CF11D-JC2 使用条件

水平档距（m）	垂直档距（m）	代表档距（m）	转角度数（°）	最大呼高（m）	K_v
450	650	450/150	20～40	30	—

表 12-21　35-CF11D-JC2 基础力设计值

呼高 h (m)	基础力设计值（kN）					
	N_{max}	F_x	F_y	T_{max}	F_x	F_y
9	-372	-52	-35	351	-48	-36
12	-407	-52	-37	384	-49	-37
15	-448	-58	-42	422	-54	-42

呼高 h (m)	基础力设计值（kN）					
	N_{max}	F_x	F_y	T_{max}	F_x	F_y
18	-486	-60	-45	457	-56	-45
21	-521	-65	-50	489	-61	-49
24	-541	-66	-51	504	-62	-50
27	-568	-70	-55	530	-65	-54
30	-581	-70	-54	538	-65	-52

表 12-22　35-CF11D-JC2 地脚螺栓及铁塔半根开值

呼高 h (m)	地脚螺栓	铁塔半根开（mm）	呼高 h (m)	地脚螺栓	铁塔半根开（mm）
9	4M36	1407	21	4M36	2357
12	4M36	1642	24	4M36	2597
15	4M36	1877	27	4M36	2837
18	4M36	2117	30	4M36	3077

12.7.2 35-CF11D-JC2 铁塔单线图

35-CF11D-JC2 铁塔单线图如图 12-6 所示。

塔呼高（m）	9.0	12.0	15.0	18.0	21.0	24.0	27.0	30.0
塔重（kg）	2470.0	2911.9	3512.8	4076.5	4766.5	5428.8	6100.3	6738.9

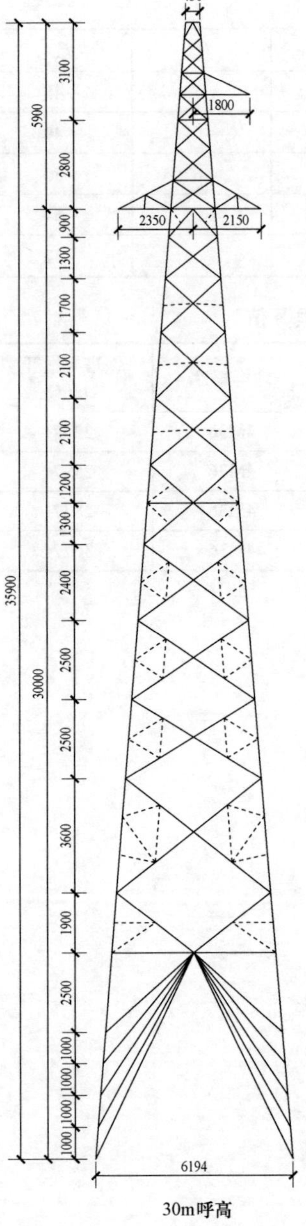

30m呼高

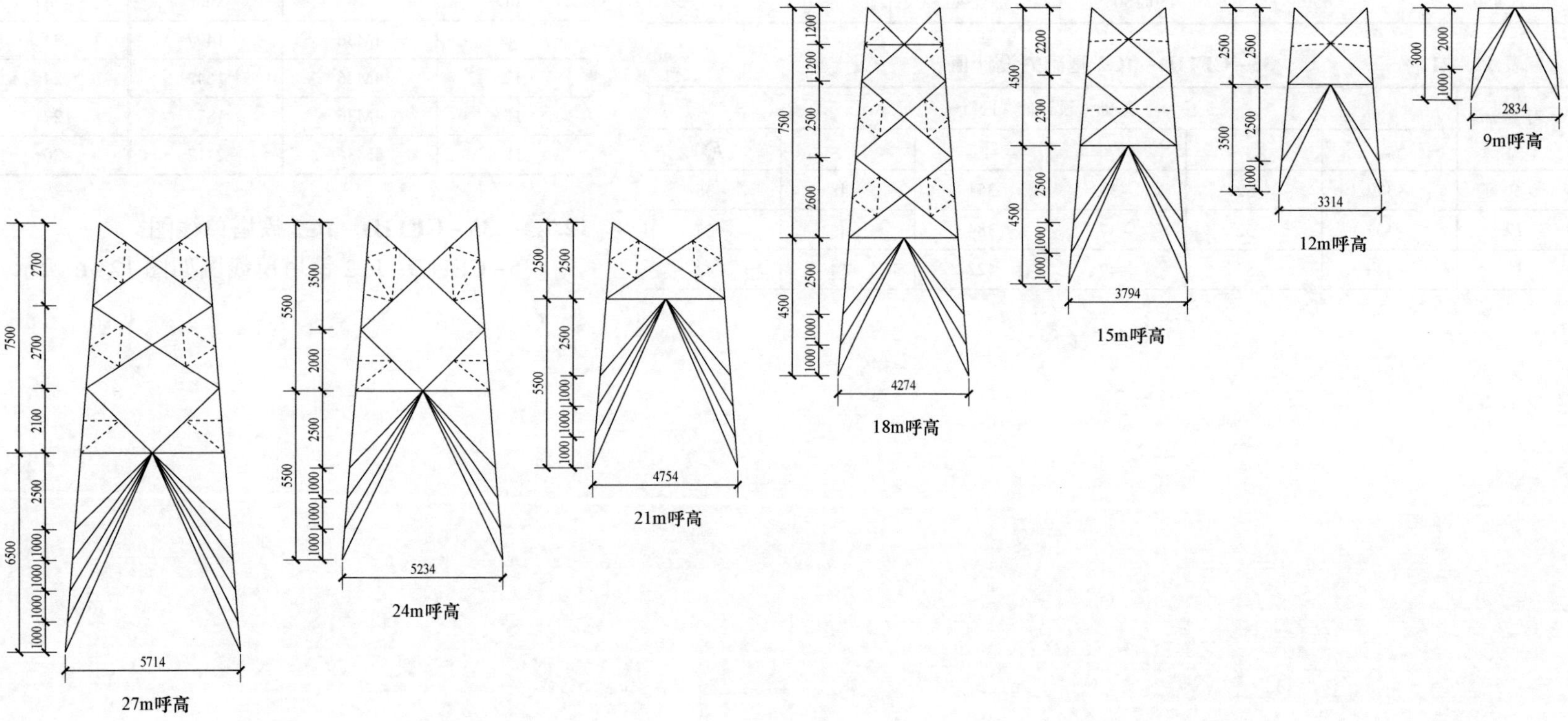

27m呼高

24m呼高

21m呼高

18m呼高

15m呼高

12m呼高

9m呼高

图 12-6　35-CF11D-JC2 铁塔单线图

12.8 35-CF11D-JC3 塔

12.8.1 设计条件

35-CF11D-JC3 塔设计条件见表12-23～表12-26。

表 12-23　　35-CF11D-JC3 导地线型号及张力

导线型号	JL/G1A-240/30	最大使用张力（N）	28572	断线张力（%）	70
地线型号	GJ-55	最大使用张力（N）	21926	断线张力（%）	80

表 12-24　　35-CF11D-JC3 使用条件

水平档距（m）	垂直档距（m）	代表档距（m）	转角度数（°）	最大呼高（m）	K_v
450	650	450/150	40～60	30	—

表 12-25　　35-CF11D-JC3 基础力设计值

呼高 h (m)	基础力设计值（kN）					
	N_{max}	F_x	F_y	T_{max}	F_x	F_y
9	-440	-65	-43	418	-61	-44
12	-479	-65	-45	454	-61	-45
15	-524	-71	-52	497	-67	-51

呼高 h (m)	基础力设计值（kN）					
	N_{max}	F_x	F_y	T_{max}	F_x	F_y
18	-568	-73	-55	537	-69	-54
21	-614	-79	-62	579	-75	-61
24	-631	-80	-62	593	-75	-61
27	-663	-84	-66	622	-78	-64
30	-693	-88	-70	649	-83	-68

表 12-26　　35-CF11D-JC3 地脚螺栓及铁塔半根开值

呼高 h (m)	地脚螺栓	铁塔半根开 (mm)	呼高 h (m)	地脚螺栓	铁塔半根开 (mm)
9	4M36	1476	21	4M42	2491
12	4M36	1726	24	4M42	2746
15	4M42	1981	27	4M42	3001
18	4M42	2236	30	4M42	3256

12.8.2 35-CF11D-JC3 铁塔单线图

35-CF11D-JC3 铁塔单线图如图12-7所示。

塔呼高（m）	9.0	12.0	15.0	18.0	21.0	24.0	27.0	30.0
塔重（kg）	2661.2	3124.6	3904.5	4646.4	5382.0	6027.8	6787.0	7471.0

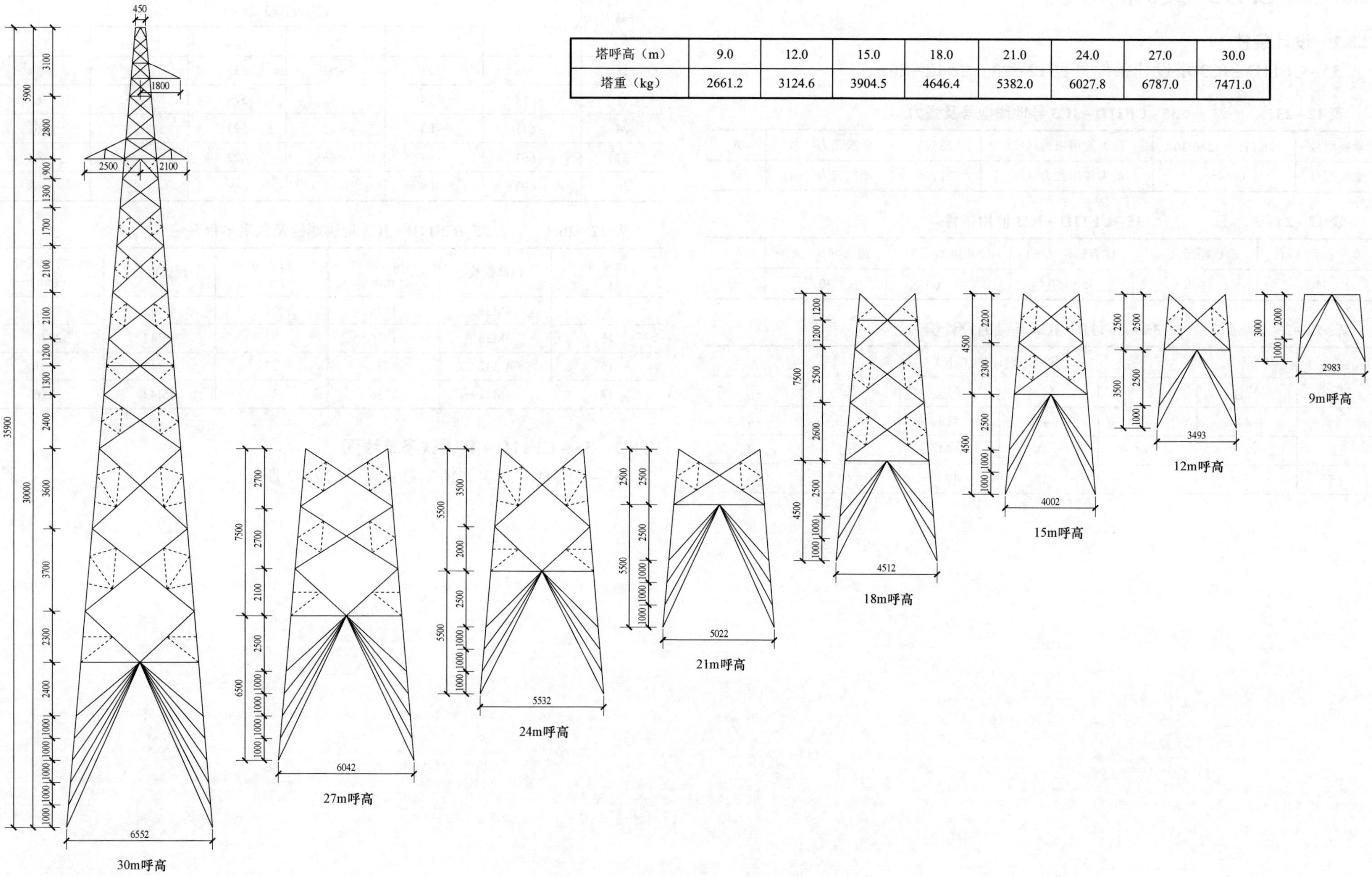

30m呼高

27m呼高

24m呼高

21m呼高

18m呼高

15m呼高

12m呼高

9m呼高

图 12-7 35-CF11D-JC3 铁塔单线图

12.9 35-CF11D-JC4 塔

12.9.1 设计条件

35-CF11D-JC4 塔设计条件见表 12-27～表 12-30。

表 12-27　　　　35-CF11D-JC4 导地线型号及张力

导线型号	JL/G1A-240/30	最大使用张力（N）	28572	断线张力（%）	70
地线型号	GJ-55	最大使用张力（N）	21926	断线张力（%）	80

表 12-28　　　　35-CF11D-JC4 使用条件

水平档距（m）	垂直档距（m）	代表档距（m）	转角度数（°）	最大呼高（m）	K_v
450	650	450/150	60～90 转角兼 0～90 终端	30	

表 12-29　　　　35-CF11D-JC4 基础力设计值

呼高 h （m）	基础力设计值（kN）					
	N_{max}	F_x	F_y	T_{max}	F_x	F_y
9	−524	−84	−52	500	−81	−51
12	−568	−83	−55	540	−79	−53
15	−629	−91	−64	598	−87	−62
18	−677	−97	−71	644	−92	−69
21	−729	−99	−76	691	−94	−74
24	−765	−104	−82	723	−99	−79
27	−788	−105	−82	742	−99	−79
30	−820	−108	−86	771	−102	−82

表 12-30　　　　35-CF11D-JC4 地脚螺栓及铁塔半根开值

呼高 h （m）	地脚螺栓	铁塔半根开 （mm）	呼高 h （m）	地脚螺栓	铁塔半根开 （mm）
9	4M42	1597	21	4M42	2677
12	4M42	1867	24	4M48	2942
15	4M42	2137	27	4M48	3212
18	4M42	2407	30	4M48	3482

12.9.2　35-CF11D-JC4 铁塔单线图

35-CF11D-JC4 铁塔单线图如图 12-8 所示。

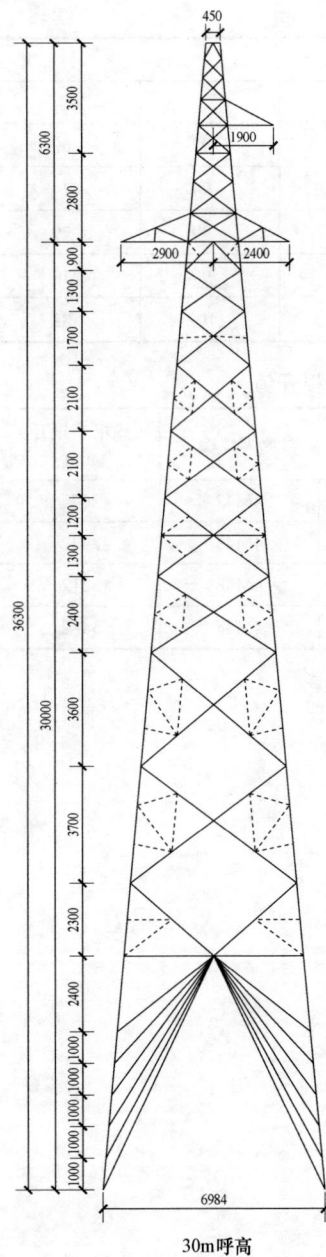

塔呼高（m）	9.0	12.0	15.0	18.0	21.0	24.0	27.0	30.0
塔重（kg）	3249.4	3971.6	4697.5	5268.0	6127.0	7082.2	7813.9	8479.3

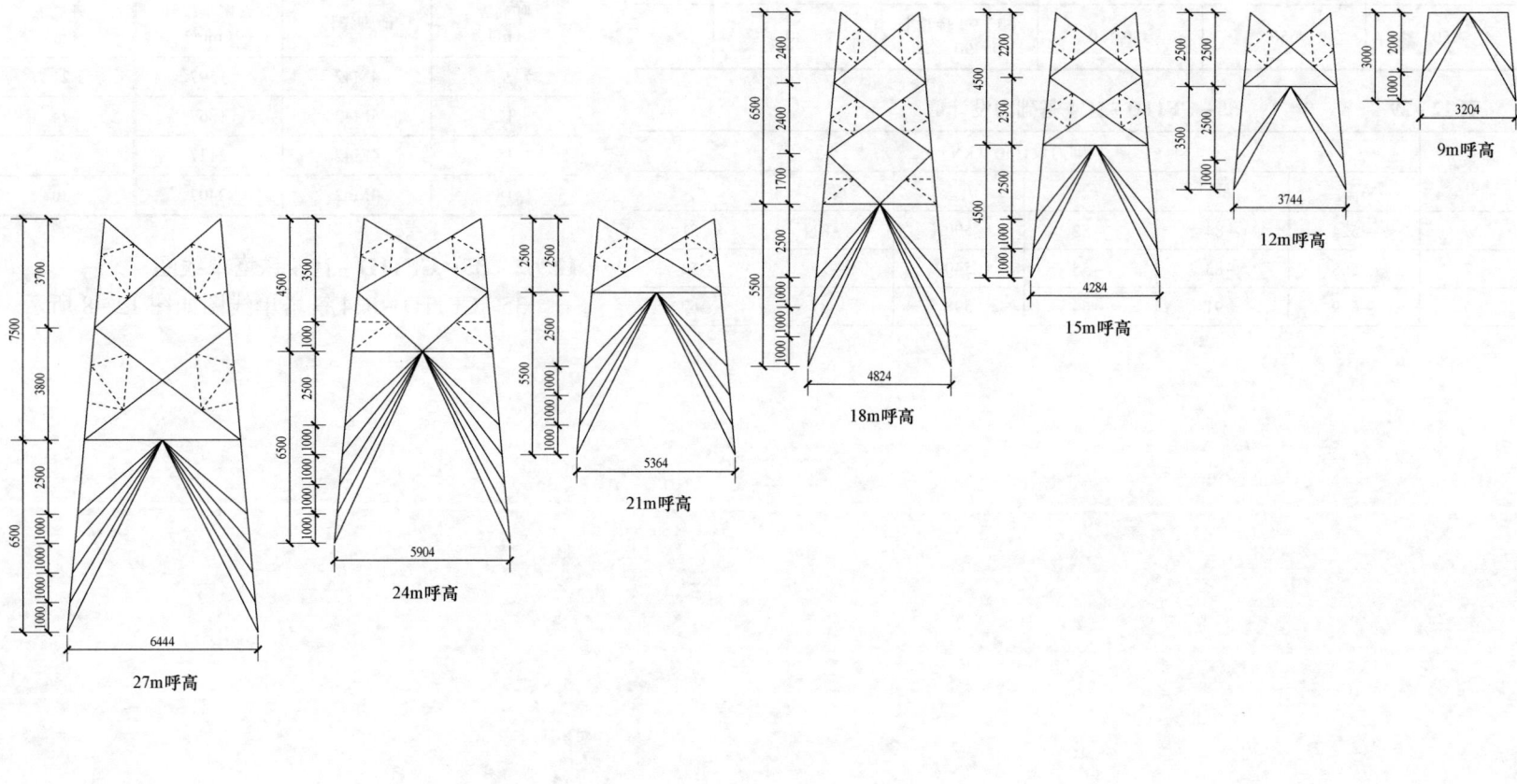

图 12-8　35-CF11D-JC4 铁塔单线图

13　35-CC21S 子模块说明

13.1　模块说明

13.1.1　概述

本系列杆塔为海拔 1000m 以内，设计风速为 27m/s，覆冰厚度为 10mm，导线为 JL/G1A-240/30，地线为 JLB20A-80 的双回路杆塔。按山地规划设计，杆塔形式为直线塔及耐张塔。35-CC21S 模块共计 7 种塔型。

13.1.2　气象条件

35-CC21S 子模块气象条件见表 13-1。

表 13-1　　　　　　　　　35-CC21S 子模块气象条件

序号	气象工况	温度 t（℃）	风速 v（m/s）	冰厚 c（mm）
1	最高气温	40	0	0
2	最低气温	-10	0	0
3	覆冰	-5	10	10
4	基准风速	10	27	0
5	安装	-5	10	0
6	平均气温	15	0	0
7	雷电过电压	15	10	0
8	内部过电压	15	15	0

13.1.3　导地线型号及参数

35-CC21S 子模块导地线型号及参数见表 13-2。

表 13-2　　　　　　35-CC21S 子模块导地线型号及参数

项目	导线	地线
型号	JL/G1A-240/30	JLB20A-80
计算截面面积（mm²）	275.96	79.39
计算外径（mm）	21.60	11.4
计算重量（kg/m）	0.9207	0.528
计算拉断力（N）	75190	89310
弹性系数（MPa）	73000	147200
线膨胀系数（1/℃）	19.6×10^{-6}	13.0×10^{-6}

13.2　35-CC21S 子模块杆塔一览图

35-CC21S 子模块杆塔一览图如图 13-1 所示。

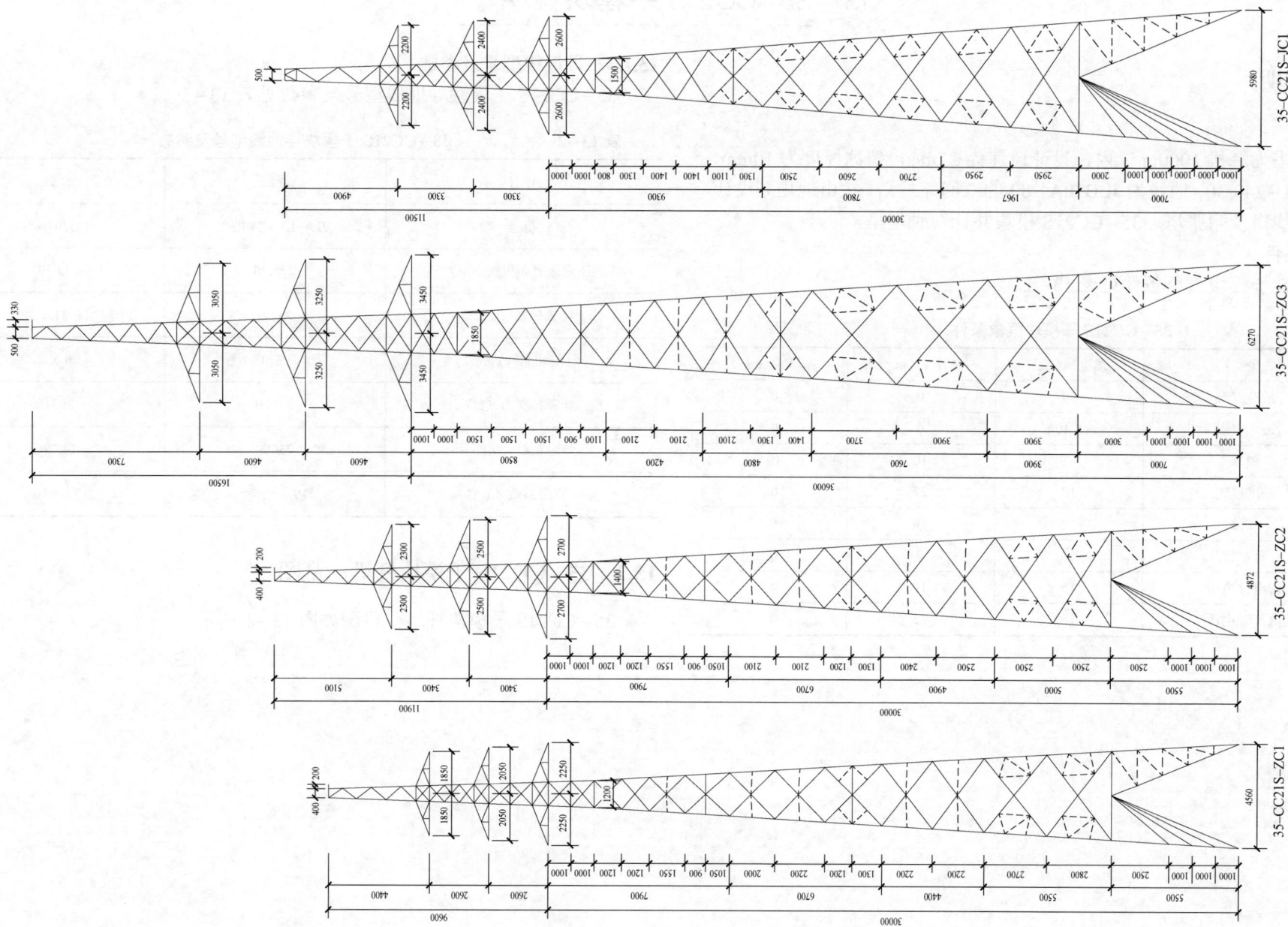

图 13-1　35-CC21S（原 35B4）系列杆塔一览图（一）

35-CC21S-JC1

35-CC21S-ZC3

35-CC21S-ZC2

35-CC21S-ZC1

序号	塔型名称	标准呼高 (m)	水平档距 (m)	垂直档距 (m)	标准呼高塔重 (kg)	转角度数 (°)	备注
1	35-CC21S-ZC1	30	320	550	5028.7	0	
2	35-CC21S-ZC2	30	450	700	5920.8	0	
3	35-CC21S-ZC3	36	750	1200	9571.5	0	
4	35-CC21S-JC1	30	450	650	8961.4	0～20	
5	35-CC21S-JC2	30	450	650	9877.7	20～40	
6	35-CC21S-JC3	30	450	650	11099.6	40～60	
7	35-CC21S-JC4	30	450	650	14316.5	60～90	兼 0°～90°终端

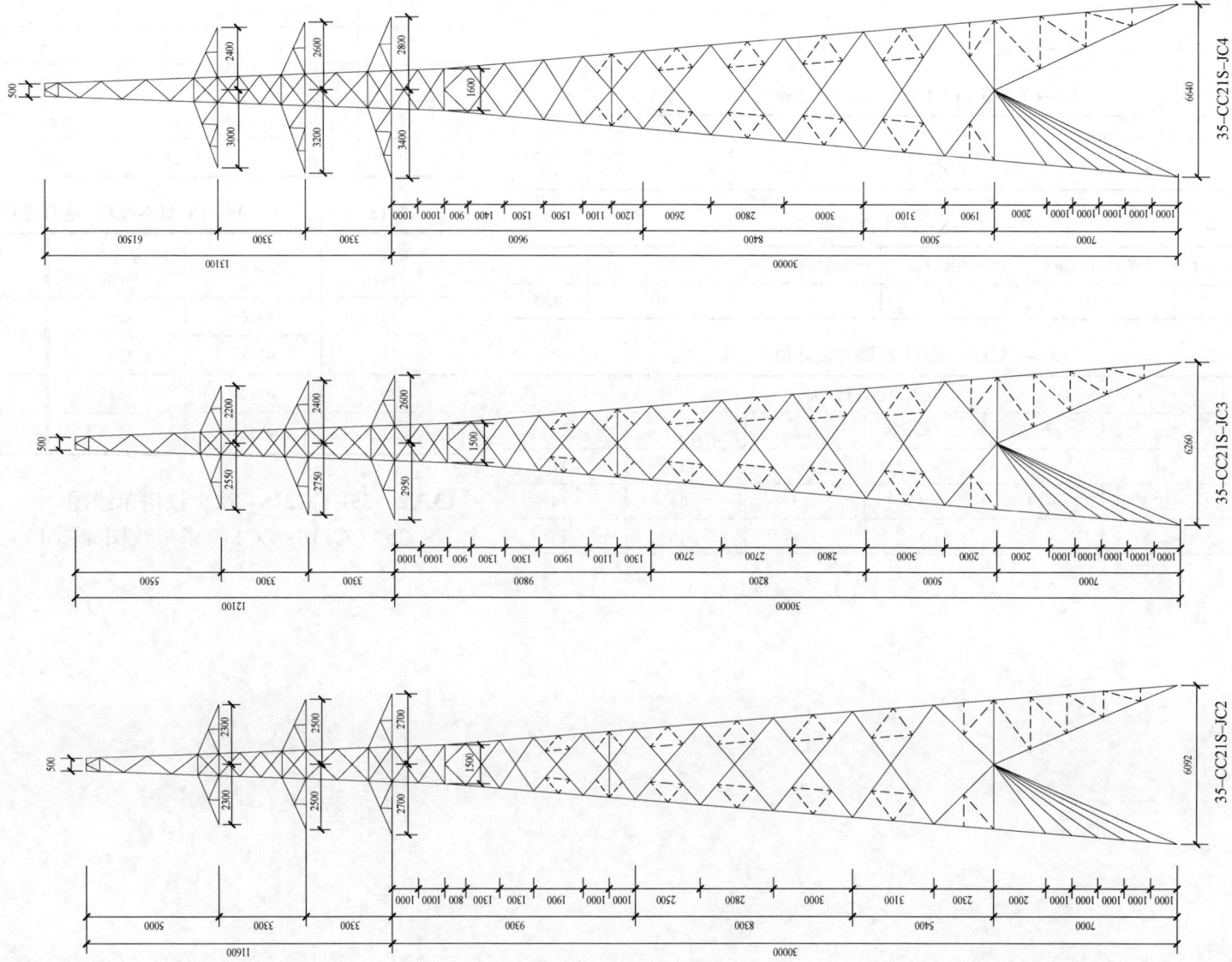

图 13-1 35-CC21S（原 35B4）系列杆塔一览图（二）

13.3 35-CC21S-ZC1 塔

13.3.1 设计条件

35-CC21S-ZC1 塔设计条件见表 13-3～表 13-6。

表 13-3   35-CC21S-ZC1 导地线型号及张力

导线型号	JL/G1A-240/30	最大使用张力（N）	28572	断线张力（%）	50
地线型号	JLB20A-80	最大使用张力（N）	25517	断线张力（%）	50

表 13-4   35-CC21S-ZC1 使用条件

水平档距（m）	垂直档距（m）	代表档距（m）	转角度数（°）	最大呼高（m）	K_v
320	550	200	0	30	0.85

表 13-5   35-CC21S-ZC1 基础力设计值

呼高 h（m）	基础力设计值（kN）				
	N_{max}	F_x	F_y	T_{max}	F_x	F_y
12	-187	-15	-12	159	-13	-11
15	-215	-18	-15	185	-16	-14
18	-225	-19	-16	193	-16	-15

续表

呼高 h（m）	基础力设计值（kN）				
	N_{max}	F_x	F_y	T_{max}	F_x	F_y
21	-244	-22	-18	210	-19	-17
24	-261	-23	-20	225	-20	-19
27	-268	-23	-21	230	-20	-19
30	-286	-26	-23	246	-22	-21

表 13-6   35-CC21S-ZC1 地脚螺栓及铁塔半根开值

呼高 h（m）	地脚螺栓	铁塔半根开（mm）	呼高 h（m）	地脚螺栓	铁塔半根开（mm）
12	4M24	1200	24	4M24	1910
15	4M24	1375	27	4M24	2090
18	4M24	1555	30	4M30	2270
21	4M24	1735	—	—	—

13.3.2 35-CC21S-ZC1 铁塔单线图

35-CC21S-ZC1 铁塔单线图如图 13-2 所示。

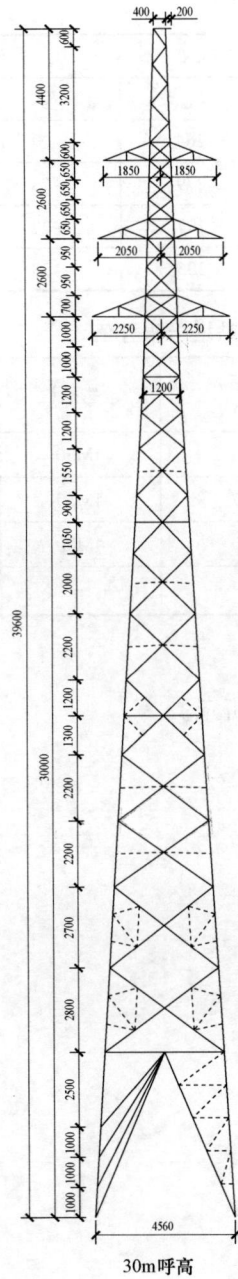

塔呼高（m）	12.0	15.0	18.0	21.0	24.0	27.0	30.0
塔重（kg）	2461.0	2824.7	3133.1	3560.5	4048.8	4426.2	5028.7

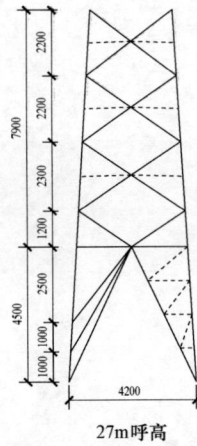

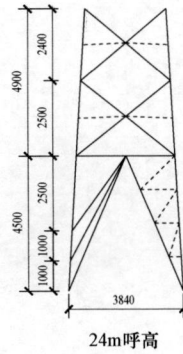

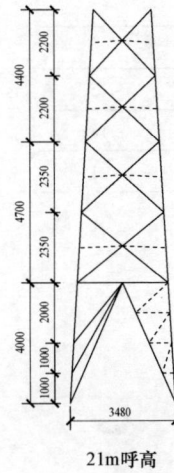

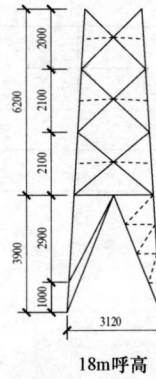

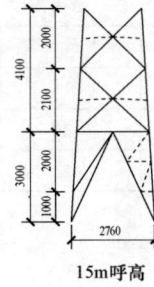

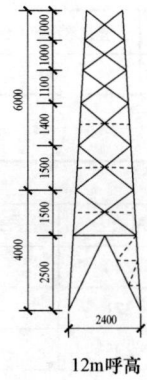

12m呼高

15m呼高

18m呼高

21m呼高

24m呼高

27m呼高

30m呼高

图 13-2　35-CC21S-ZC1 铁塔单线图

13.4 35-CC21S-ZC2塔

13.4.1 设计条件

35-CC21S-ZC2塔设计条件见表13-7～表13-10。

表13-7　　　35-CC21S-ZC2导地线型号及张力

导线型号	JL/G1A-240/30	最大使用张力（N）	28572	断线张力（%）	50
地线型号	JLB20A-80	最大使用张力（N）	25517	断线张力（%）	50

表13-8　　　35-CC21S-ZC2使用条件

水平档距（m）	垂直档距（m）	代表档距（m）	转角度数（°）	最大呼高（m）	K_v
450	700	200	0	30	0.75

表13-9　　　35-CC21S-ZC2基础力设计值

呼高 h（m）	基础力设计值（kN）					
	N_{max}	F_x	F_y	T_{max}	F_x	F_y
12	-240	-20	-16	205	-17	-15
15	-271	-24	-20	234	-20	-18
18	-295	-27	-23	256	-23	-21

续表

呼高 h（m）	基础力设计值（kN）					
	N_{max}	F_x	F_y	T_{max}	F_x	F_y
21	-305	-27	-23	264	-24	-22
24	-323	-28	-25	279	-25	-23
27	-343	-31	-27	297	-27	-26
30	-353	-32	-28	305	-28	-26

表13-10　　　35-CC21S-ZC2地脚螺栓及铁塔半根开值

呼高 h（m）	地脚螺栓	铁塔半根开（mm）	呼高 h（m）	地脚螺栓	铁塔半根开（mm）
12	4M30	1320	24	4M30	2059
15	4M30	1506	27	4M30	2245
18	4M30	1692	30	4M30	2431
21	4M30	1878	—	—	—

13.4.2　35-CC21S-ZC2铁塔单线图

35-CC21S-ZC2铁塔单线图如图13-3所示。

塔呼高（m）	12.0	15.0	18.0	21.0	24.0	27.0	30.0
塔重（kg）	3114.9	3573.1	3943.3	4395.7	4942.7	5418.9	5920.8

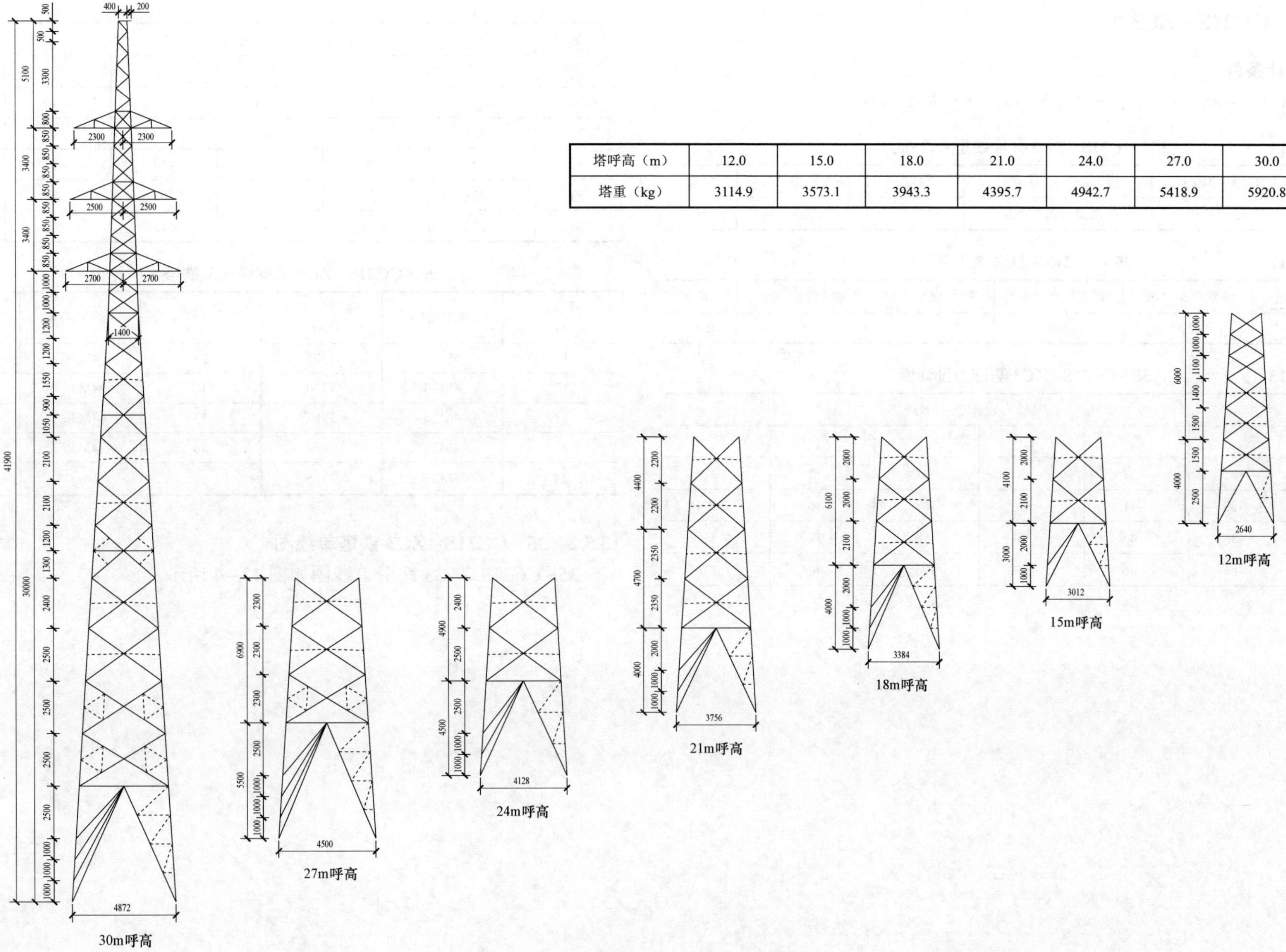

30m呼高

27m呼高

24m呼高

21m呼高

18m呼高

15m呼高

12m呼高

图 13-3 35-CC21S-ZC2 铁塔单线图

13.5　35-CC21S-ZC3塔

13.5.1　设计条件

35-CC21S-ZC3塔设计条件见表13-11～表13-14。

表13-11　　　　35-CC21S-ZC3导地线型号及张力

导线型号	JL/G1A-240/30	最大使用张力（N）	28572	断线张力（%）	50
地线型号	JLB20A-80	最大使用张力（N）	25517	断线张力（%）	50

表13-12　　　　35-CC21S-ZC3使用条件

水平档距（m）	垂直档距（m）	代表档距（m）	转角度数（°）	最大呼高（m）	K_v
750	1200	200	0	36	0.65

表13-13　　　　35-CC21S-ZC3基础力设计值

呼高 h (m)	基础力设计值（kN）					
	N_{max}	F_x	F_y	T_{max}	F_x	F_y
12	-381	-37	-28	327	-32	-27
15	-423	-41	-31	368	-36	-29
18	-438	-43	-33	380	-37	-31
21	-466	-46	-35	405	-40	-33

续表

呼高 h (m)	基础力设计值（kN）					
	N_{max}	F_x	F_y	T_{max}	F_x	F_y
24	-475	-46	-40	411	-40	-37
27	-501	-48	-42	432	-42	-39
30	-525	-50	-45	454	-44	-42
33	-538	-51	-45	463	-45	-42
36	-552	-52	-47	473	-45	-42

表13-14　　　　35-CC21S-ZC3地脚螺栓及铁塔半根开值

呼高 h (m)	地脚螺栓	铁塔半根开（mm）	呼高 h (m)	地脚螺栓	铁塔半根开（mm）
12	4M30	1575	27	4M36	2550
15	4M30	1770	30	4M36	2745
18	4M36	1965	33	4M36	2940
21	4M36	2160	36	4M36	3135
24	4M36	2355	—	—	—

13.5.2　35-CC21S-ZC3铁塔单线图

35-CC21S-ZC3铁塔单线图如图13-4所示。

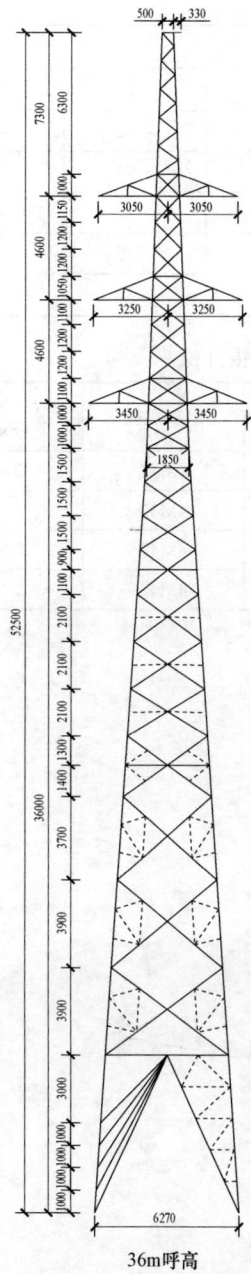

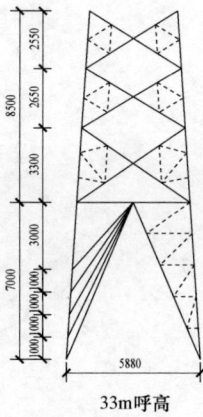

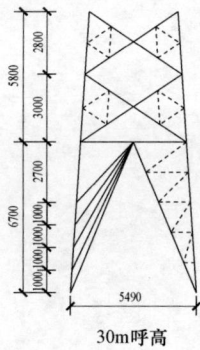

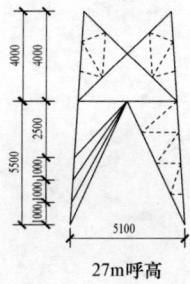

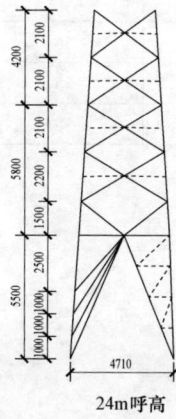

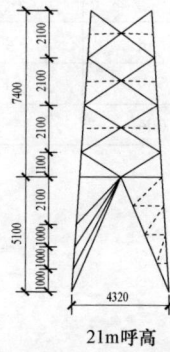

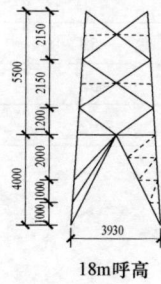

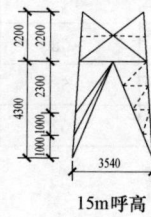

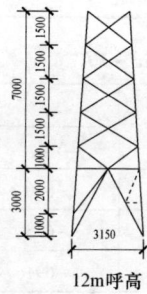

塔呼高（m）	12.0	15.0	18.0	21.0	24.0	27.0	30.0	33.0	36.0
塔重（kg）	4367.5	4956.7	5478.4	6257.4	6864.4	7691.5	8300.4	8916.6	9571.5

36m呼高

33m呼高

30m呼高

27m呼高

24m呼高

21m呼高

18m呼高

15m呼高

12m呼高

图 13-4 35-CC21S-ZC3 铁塔单线图

13.6 35-CC21S-JC1 塔

13.6.1 设计条件

35-CC21S-JC1 塔设计条件见表 13-15～表 13-18。

表 13-15　　35-CC21S-JC1 导地线型号及张力

导线型号	JL/G1A-240/30	最大使用张力（N）	28572	断线张力（%）	70
地线型号	JLB20A-80	最大使用张力（N）	25517	断线张力（%）	80

表 13-16　　35-CC21S-JC1 使用条件

水平档距（m）	垂直档距（m）	代表档距（m）	转角度数（°）	最大呼高（m）	K_v
450	650	450/150	0～20	30	—

表 13-17　　35-CC21S-JC1 基础力设计值

呼高 h （m）	基础力设计值（kN）					
	N_{max}	F_x	F_y	T_{max}	F_x	F_y
9	-640	-58	-59	558	-47	-56
12	-653	-58	-58	569	-47	-55
15	-691	-62	-62	604	-51	-58

呼高 h （m）	基础力设计值（kN）					
	N_{max}	F_x	F_y	T_{max}	F_x	F_y
18	-707	-64	-63	617	-52	-58
21	-729	-66	-65	636	-55	-59
24	-734	-66	-64	637	-54	-58
27	-755	-68	-66	655	-56	-59
30	-771	-67	-67	668	-57	-60

表 13-18　　35-CC21S-JC1 地脚螺栓及铁塔半根开值

呼高 h （m）	地脚螺栓	铁塔半根开 （mm）	呼高 h （m）	地脚螺栓	铁塔半根开 （mm）
9	4M42	1310	21	4M42	2265
12	4M42	1550	24	4M42	2505
15	4M42	1790	27	4M42	2745
18	4M42	2030	30	4M42	2985

13.6.2 35-CC21S-JC1 铁塔单线图

35-CC21S-JC1 铁塔单线图如图 13-5 所示。

塔呼高（m）	9.0	12.0	15.0	18.0	21.0	24.0	27.0	30.0
塔重（kg）	4625.2	5067.1	5566.5	6259.8	6885.0	7567.7	8287.0	8961.4

30m呼高

27m呼高

24m呼高

21m呼高

18m呼高

15m呼高

12m呼高

9m呼高

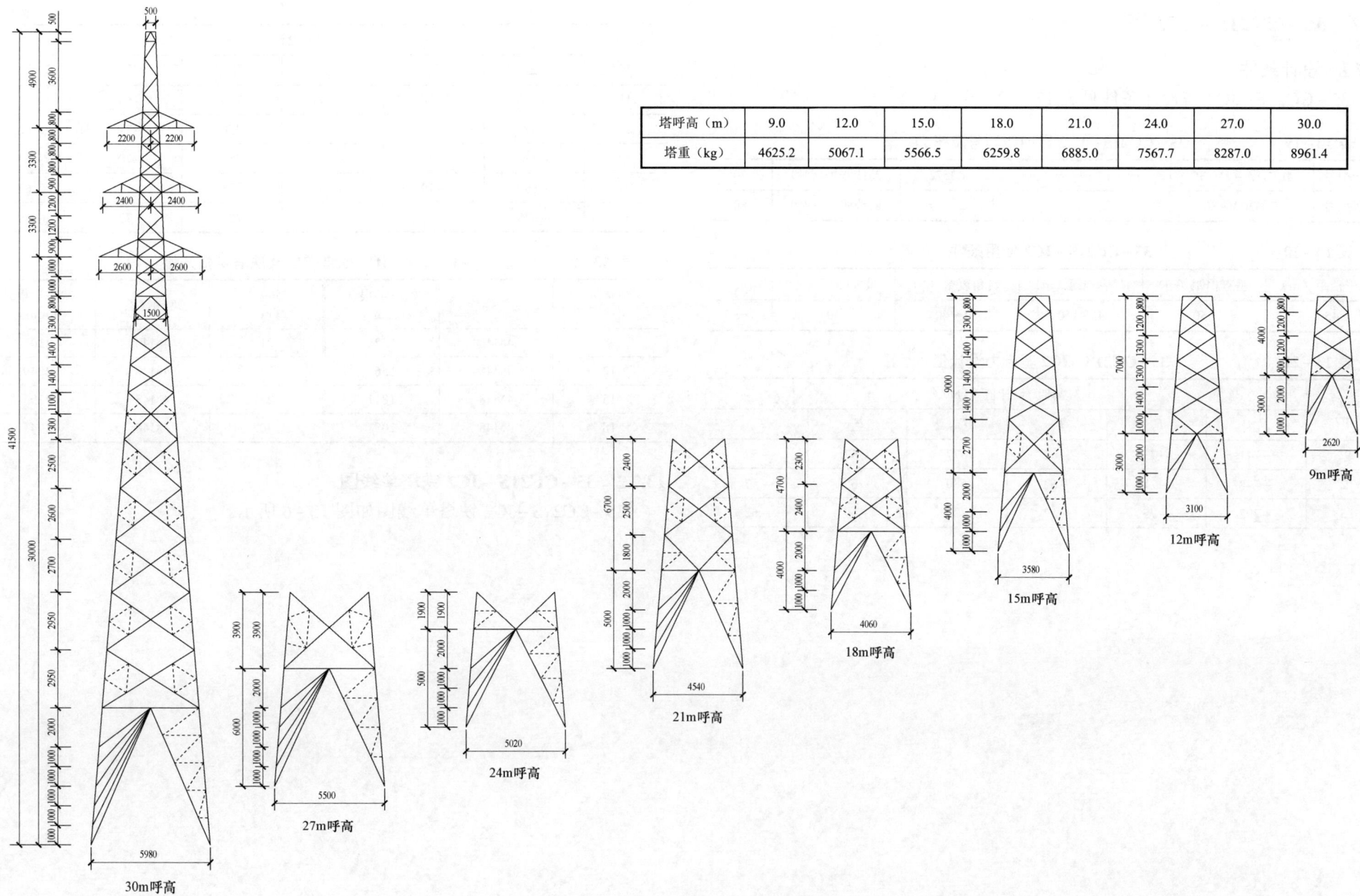

图 13-5　35-CC21S-JC1 铁塔单线图

13.7 35-CC21S-JC2 塔

13.7.1 设计条件

35-CC21S-JC2 塔设计条件见表 13-19～表 13-22。

表 13-19   35-CC21S-JC2 导地线型号及张力

导线型号	JL/G1A-240/30	最大使用张力（N）	28572	断线张力（%）	70
地线型号	JLB20A-80	最大使用张力（N）	25517	断线张力（%）	80

表 13-20   35-CC21S-JC2 使用条件

水平档距（m）	垂直档距（m）	代表档距（m）	转角度数（°）	最大呼高（m）	K_v
450	650	450/150	20～40	30	—

表 13-21   35-CC21S-JC2 基础力设计值

呼高 h（m）	基础力设计值（kN）					
	N_{max}	F_x	F_y	T_{max}	F_x	F_y
9	-741	-73	-62	677	-67	-57
12	-748	-71	-62	680	-65	-57
15	-792	-75	-67	720	-69	-62

续表

呼高 h（m）	基础力设计值（kN）					
	N_{max}	F_x	F_y	T_{max}	F_x	F_y
18	-805	-76	-69	730	-69	-63
21	-835	-78	-72	756	-71	-66
24	-836	-77	-72	752	-70	-65
27	-860	-79	-74	773	-72	-67
30	-878	-81	-76	787	-73	-69

表 13-22   35-CC21S-JC2 地脚螺栓及铁塔半根开值

呼高 h（m）	地脚螺栓	铁塔半根开（mm）	呼高 h（m）	地脚螺栓	铁塔半根开（mm）
9	4M48	1324	21	4M48	2303
12	4M48	1565	24	4M48	2549
15	4M48	1811	27	4M48	2795
18	4M48	2057	30	4M48	3041

13.7.2 35-CC21S-JC2 铁塔单线图

35-CC21S-JC2 铁塔单线图如图 13-6 所示。

塔呼高（m）	9.0	12.0	15.0	18.0	21.0	24.0	27.0	30.0
塔重（kg）	5019.9	5596.8	6112.3	6807.7	7606.7	8288.9	9104.1	9877.7

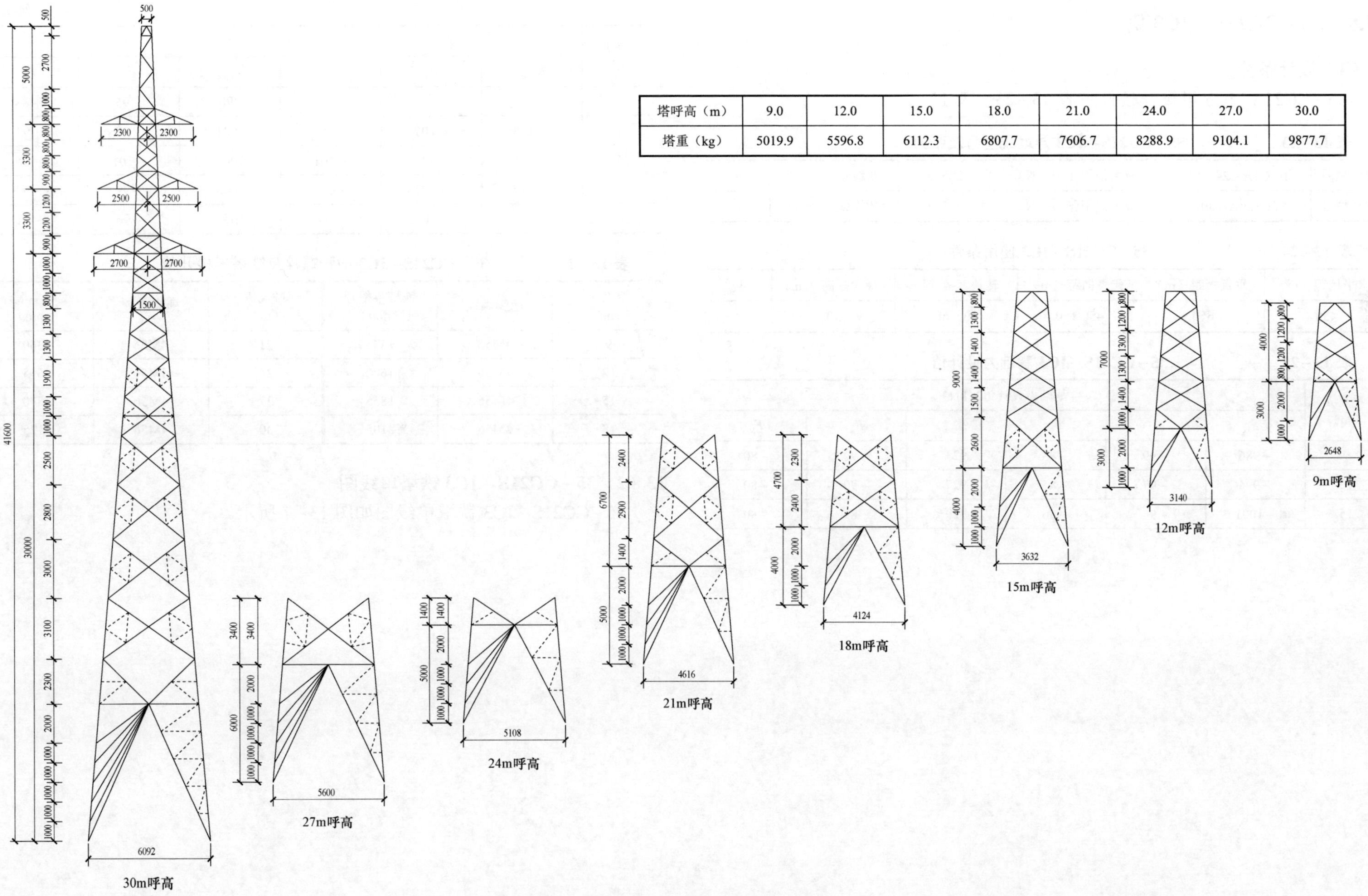

30m呼高

27m呼高

24m呼高

21m呼高

18m呼高

15m呼高

12m呼高

9m呼高

图 13-6　35-CC21S-JC2 铁塔单线图

13.8 35-CC21S-JC3 塔

13.8.1 设计条件

35-CC21S-JC3 塔设计条件见表 13-23～表 13-26。

表 13-23　　　　　35-CC21S-JC3 导地线型号及张力

| 导线型号 | JL/G1A-240/30 | 最大使用张力（N） | 28572 | 断线张力（%） | 70 |
| 地线型号 | JLB20A-80 | 最大使用张力（N） | 25517 | 断线张力（%） | 80 |

表 13-24　　　　　35-CC21S-JC3 使用条件

水平档距（m）	垂直档距（m）	代表档距（m）	转角度数（°）	最大呼高（m）	K_v
450	650	450/150	40～60	30	—

表 13-25　　　　　35-CC21S-JC3 基础力设计值

呼高 h （m）	基础力设计值（kN）					
	N_{max}	F_x	F_y	T_{max}	F_x	F_y
9	-986	-99	-85	923	-92	-80
12	-994	-97	-85	927	-90	-80
15	-1001	-96	-86	929	-89	-80

呼高 h （m）	基础力设计值（kN）					
	N_{max}	F_x	F_y	T_{max}	F_x	F_y
18	-1067	-103	-94	990	-95	-88
21	-1113	-107	-99	1031	-99	-93
24	-1146	-1097	-101	1060	-101	-96
27	-1137	-107	-101	1048	-99	-94
30	-1127	-105	-99	1032	-96	-91

表 13-26　　　　35-CC21S-JC3 地脚螺栓及铁塔半根开值

呼高 h （m）	地脚螺栓	铁塔半根开（mm）	呼高 h （m）	地脚螺栓	铁塔半根开（mm）
9	4M56	1345	21	4M56	2360
12	4M56	1600	24	4M56	2615
15	4M56	1855	27	4M56	2870
18	4M56	2105	30	4M56	3125

13.8.2 35-CC21S-JC3 铁塔单线图

35-CC21S-JC3 铁塔单线图如图 13-7 所示。

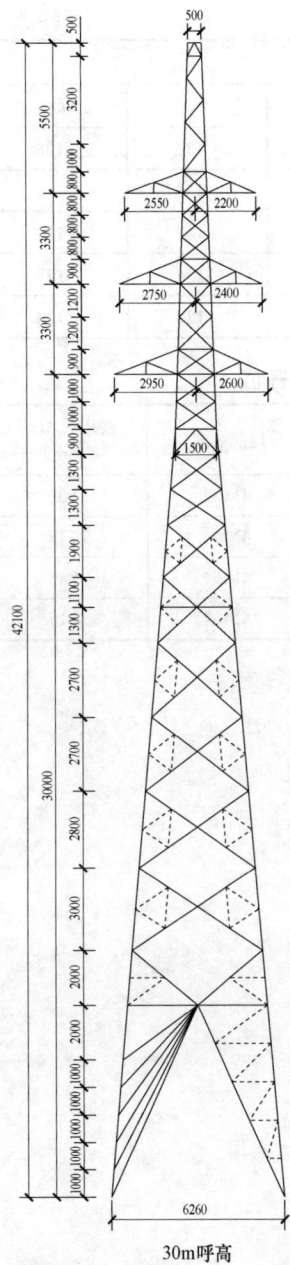

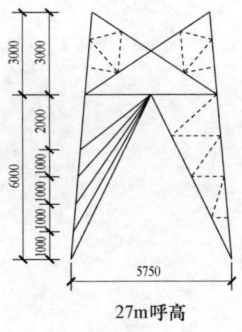

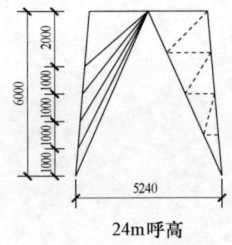

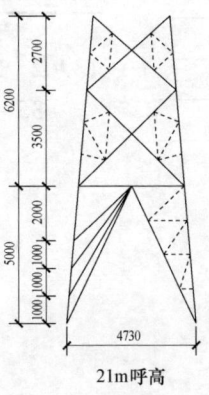

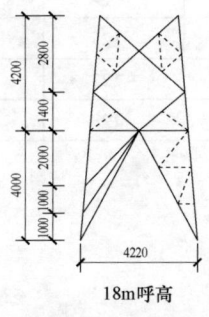

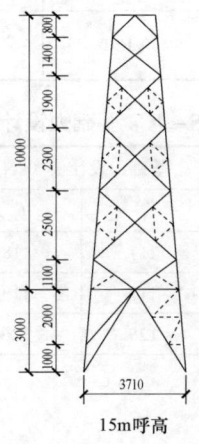

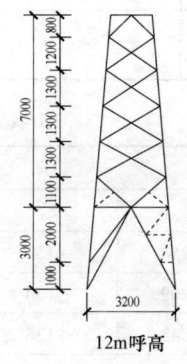

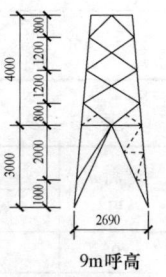

塔呼高（m）	9.0	12.0	15.0	18.0	21.0	24.0	27.0	30.0
塔重（kg）	5835.7	6380.0	6860.2	7975.5	8736.2	9387.8	10119.8	11099.6

30m呼高

27m呼高

24m呼高

21m呼高

18m呼高

15m呼高

12m呼高

9m呼高

图 13-7 35-CC21S-JC3 铁塔单线图

13.9 35-CC21S-JC4 塔

13.9.1 设计条件

35-CC21S-JC4 塔设计条件见表 13-27～表 13-30。

表 13-27　　35-CC21S-JC4 导地线型号及张力

导线型号	JL/G1A-240/30	最大使用张力（N）	28572	断线张力（%）	70
地线型号	JLB20A-80	最大使用张力（N）	25517	断线张力（%）	80

表 13-28　　35-CC21S-JC4 使用条件

水平档距（m）	垂直档距（m）	代表档距（m）	转角度数（°）	最大呼高（m）
450	650	450/150	60～90 转角兼 0～90 终端	30

表 13-29　　35-CC21S-JC4 基础力设计值

呼高 h （m）	基础力设计值（kN）					
	N_{max}	F_x	F_y	T_{max}	F_x	F_y
9	-1258	-132	-117	1189	-125	-111
12	-1269	-130	-117	1194	-122	-110
15	-1343	-136	-125	1264	-128	-118

续表

呼高 h （m）	基础力设计值（kN）					
	N_{max}	F_x	F_y	T_{max}	F_x	F_y
18	-1418	-145	-136	1332	-136	-128
21	-1414	-142	-134	1323	-133	-126
24	-1461	-146	-139	1363	-137	-131
27	-1452	-144	-137	1358	-134	-128
30	-1437	-141	-134	1329	-130	-124

表 13-30　　35-CC21S-JC4 地脚螺栓及铁塔半根开值

呼高 h （m）	地脚螺栓	铁塔半根开 （mm）	呼高 h （m）	地脚螺栓	铁塔半根开 （mm）
9	4M64	1430	21	4M64	2505
12	4M64	1700	24	4M64	2775
15	4M64	1970	27	4M64	3045
18	4M64	2235	30	4M64	3315

13.9.2 35-CC21S-JC4 铁塔单线图

35-CC21S-JC4 铁塔单线图如图 13-8 所示。

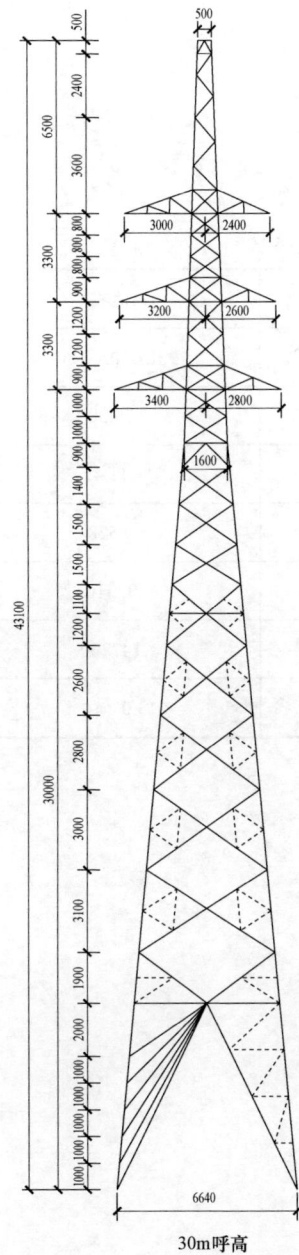

塔呼高（m）	9.0	12.0	15.0	18.0	21.0	24.0	27.0	30.0
塔重（kg）	7691.8	8475.2	9291.6	10637.8	11381.1	12218.2	13212.8	14316.5

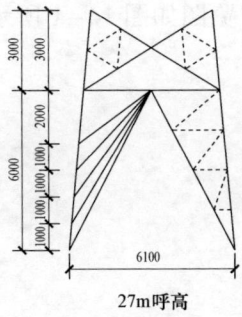

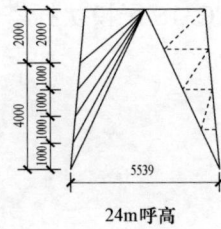

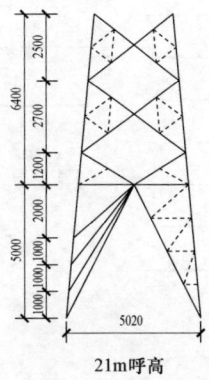

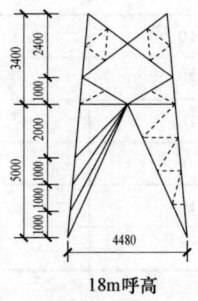

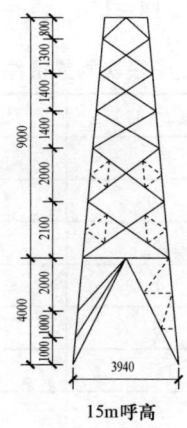

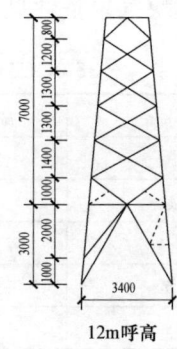

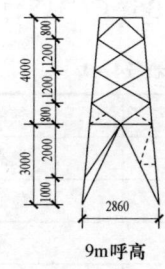

30m呼高

27m呼高

24m呼高

21m呼高

18m呼高

15m呼高

12m呼高

9m呼高

图 13-8　35-CC21S-JC4 铁塔单线

14 35-CC31S 子模块说明

14.1 模块说明

14.1.1 概述

本系列杆塔为海拔 1000m 以内，设计风速为 27m/s，覆冰厚度为 15mm，导线为 JL/G1A-240/40，地线为 JLB20A-80 的双回路杆塔。按山地规划设计，杆塔形式为直线塔及耐张塔。35-CC31S 模块共计 7 种塔型。

14.1.2 气象条件

35-CC31S 子模块气象条件见表 14-1。

表 14-1　　　　　　　　35-CC31S 子模块气象条件

序号	气象工况	温度 t（℃）	风速 v（m/s）	冰厚 c（mm）
1	最高气温	40	0	0
2	最低气温	-10	0	0
3	覆冰	-5	10	15
4	基准风速	10	27	0
5	安装	-5	10	0
6	平均气温	15	0	0
7	雷电过电压	15	10	0
8	内部过电压	15	15	0

14.1.3 导地线型号及参数

35-CC31S 子模块导地线型号及参数见表 14-2。

表 14-2　　　　　　35-CC31S 子模块导地线型号及参数

项目	导线	地线
型号	JL/G1A-240/40	JLB20A-80
计算截面面积（mm²）	277.75	79.39
计算外径（mm）	21.70	11.4
计算重量（kg/m）	0.9628	0.528
计算拉断力（N）	83760	89310
弹性系数（MPa）	76000	147200
线膨胀系数（1/℃）	18.9×10^{-6}	13.0×10^{-6}

14.2 35-CC31S 子模块杆塔一览图

35-CC31S 子模块杆塔一览图如图 14-1 所示。

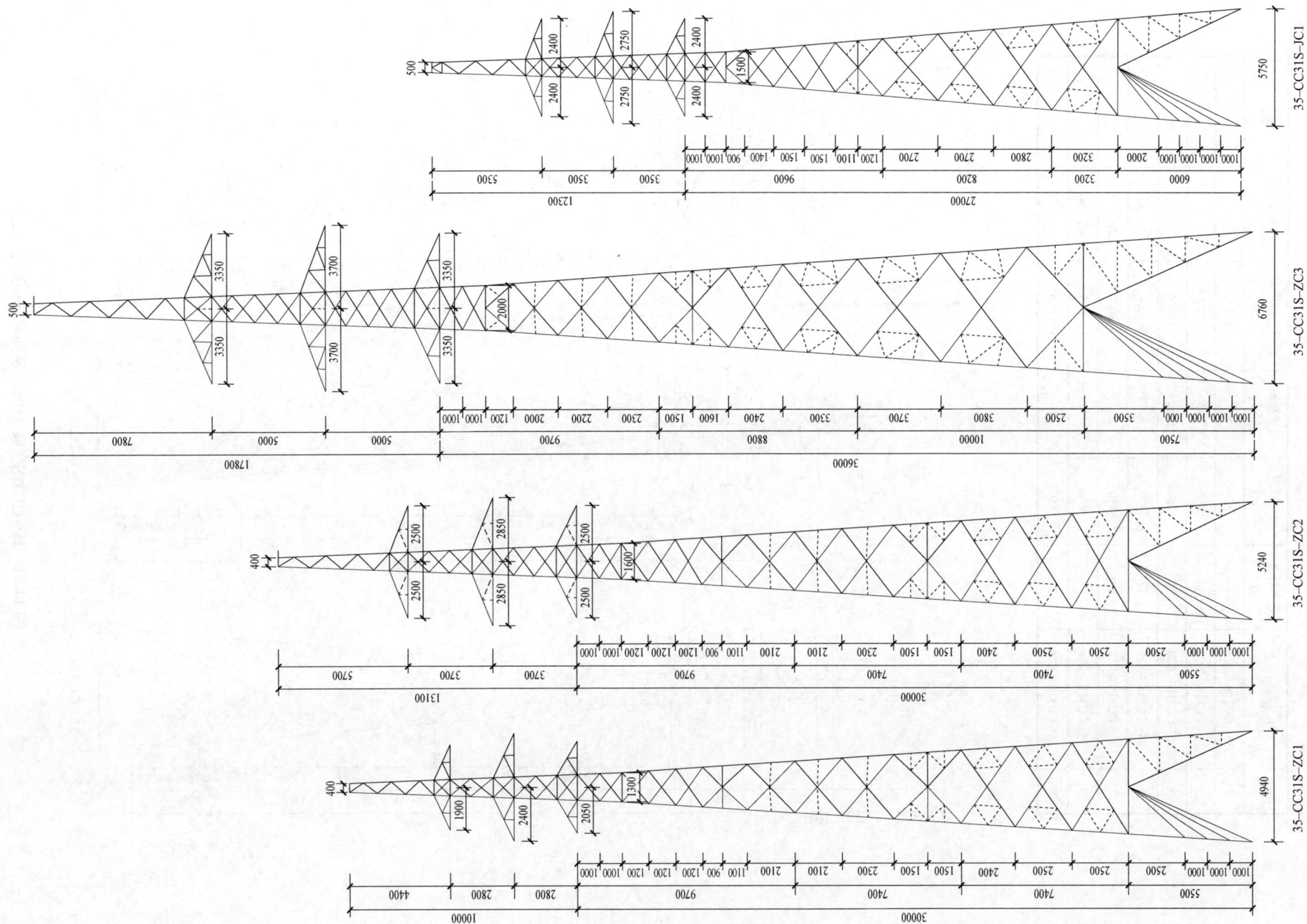

图 14－1 35－CC31S（原 35B5）系列杆塔一览图（一）

序号	塔型名称	标准呼高 （m）	水平档距 （m）	垂直档距 （m）	标准呼高塔重 （kg）	转角度数 （°）	备注
1	35-CC31S-ZC1	30	320	550	5873.3	0	
2	35-CC31S-ZC2	30	450	700	6717.3	0	
3	35-CC31S-ZC3	36	750	1200	10066.4	0	
4	35-CC31S-JC1	27	450	650	8440.4	0~20	
5	35-CC31S-JC2	27	450	650	9580.6	20~40	
6	35-CC31S-JC3	27	450	650	11146.5	40~60	
7	35-CC31S-JC4	27	450	650	14555.6	60~90	兼 0°~90°终端

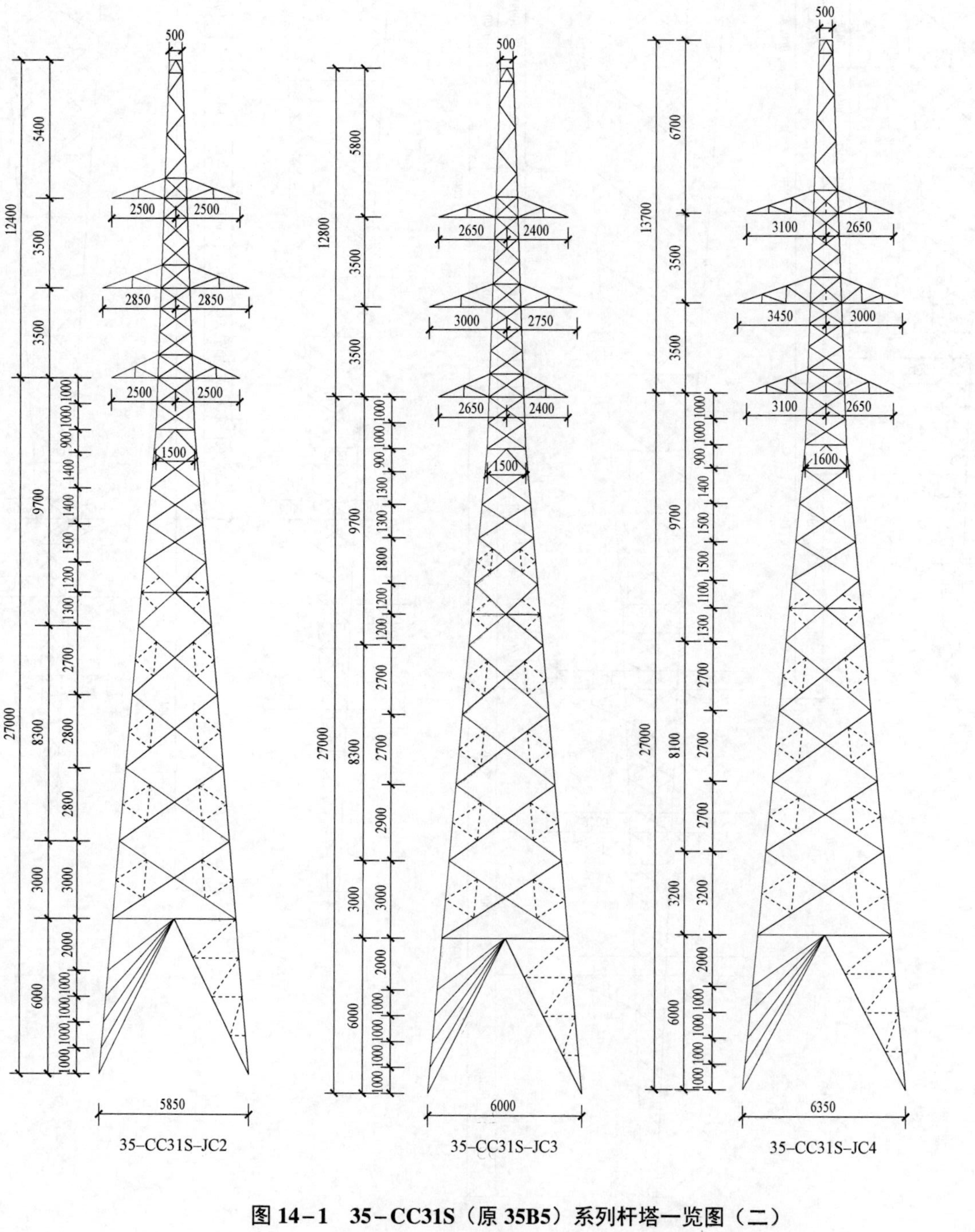

图 14-1 35-CC31S（原 35B5）系列杆塔一览图（二）

14.3 35-CC31S-ZC1 塔

14.3.1 设计条件

35-CC31S-ZC1 塔设计条件见表 14-3～表 14-6。

表 14-3　35-CC31S-ZC1 导地线型号及张力

导线型号	JL/G1A-240/40	最大使用张力（N）	31829	断线张力（%）	50
地线型号	JLB20A-80	最大使用张力（N）	25517	断线张力（%）	50

表 14-4　35-CC31S-ZC1 使用条件

水平档距（m）	垂直档距（m）	代表档距（m）	转角度数（°）	最大呼高（m）	K_v
320	550	200	0	33	0.85

表 14-5　35-CC31S-ZC1 基础力设计值

呼高 h（m）	基础力设计值（kN）					
	N_{max}	F_x	F_y	T_{max}	F_x	F_y
15	-287	-21	-16	219	-20	-10
18	-283	-21	-16	213	-19	-10
21	-294	-22	-17	228	-21	-20
24	-296	-22	-18	241	-23	-21
27	-298	-22	-21	251	-24	-22
30	-314	-30	-27	270	-26	-25
33	-319	-31	-27	272	-27	-25

表 14-6　35-CC31S-ZC1 地脚螺栓及铁塔半根开值

呼高 h（m）	地脚螺栓	铁塔半根开（mm）	呼高 h（m）	地脚螺栓	铁塔半根开（mm）
15	4M24	1495	27	4M30	2275
18	4M24	1690	30	4M30	2465
21	4M24	1885	33	4M30	2660
24	4M30	2080	—	—	—

14.3.2 35-CC31S-ZC1 铁塔单线图

35-CC31S-ZC1 铁塔单线图如图 14-2 所示。

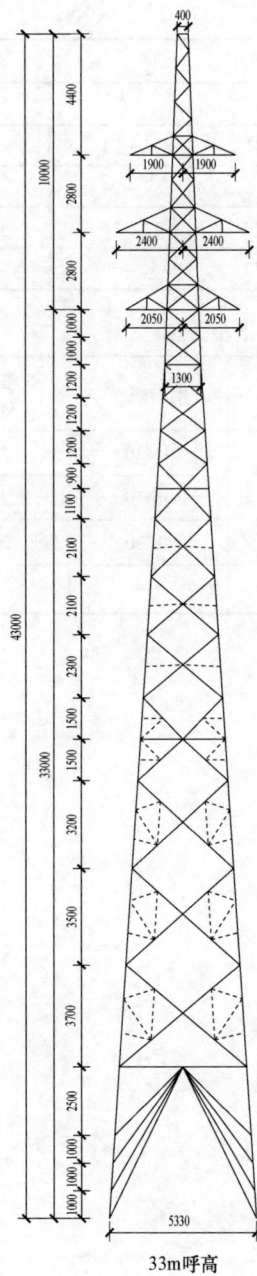

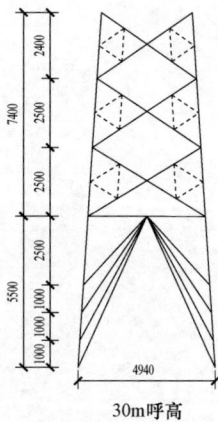

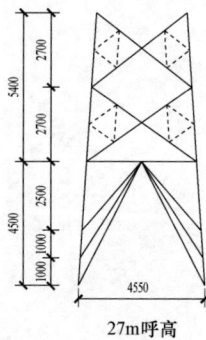

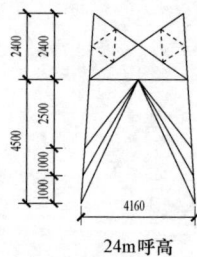

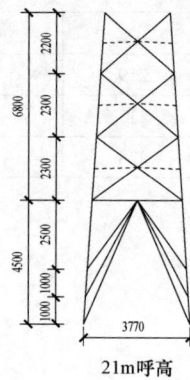

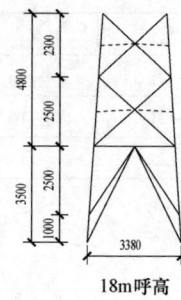

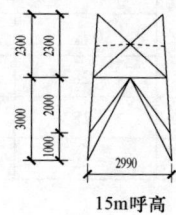

塔呼高（m）	15.0	18.0	21.0	24.0	27.0	30.0	33.0
塔重（kg）	3571.3	3940.2	4345.9	4935.4	5420.7	5873.3	6312.8

33m呼高

30m呼高

27m呼高

24m呼高

21m呼高

18m呼高

15m呼高

图 14-2 35-CC31S-ZC1 铁塔单线图

14.4　35-CC31S-ZC2 塔

14.4.1　设计条件

35-CC31S-ZC2 塔设计条件见表 14-7～表 14-10。

表 14-7　　　　　　　35-CC31S-ZC2 导地线型号及张力

导线型号	JL/G1A-240/40	最大使用张力（N）	31829	断线张力（%）	50
地线型号	JLB20A-80	最大使用张力（N）	25517	断线张力（%）	50

表 14-8　　　　　　　　35-CC31S-ZC2 使用条件

水平档距（m）	垂直档距（m）	代表档距（m）	转角度数（°）	最大呼高（m）	K_v
450	700	200	0	33	0.75

表 14-9　　　　　　　35-CC31S-ZC2 基础力设计值

呼高 h（m）	基础力设计值（kN）					
	N_{max}	F_x	F_y	T_{max}	F_x	F_y
15	-314	-23	-24	237	-19	-18
18	-319	-23	-23	244	-22	-20
21	-332	-26	-26	264	-25	-24

续表

呼高 h（m）	基础力设计值（kN）					
	N_{max}	F_x	F_y	T_{max}	F_x	F_y
24	-340	-25	-25	279	-27	-25
27	-350	-28	-27	298	-30	-29
30	-363	-35	-31	308	-30	-28
33	-376	-37	-34	319	-32	-30

表 14-10　　　　35-CC31S-ZC2 地脚螺栓及铁塔半根开值

呼高 h（m）	地脚螺栓	铁塔半根开（mm）	呼高 h（m）	地脚螺栓	铁塔半根开（mm）
15	4M30	1645	27	4M30	2420
18	4M30	1840	30	4M30	2615
21	4M30	2035	33	4M30	2805
24	4M30	2225	—	—	—

14.4.2　35-CC31S-ZC2 铁塔单线图

35-CC31S-ZC2 铁塔单线图如图 14-3 所示。

塔呼高（m）	15.0	18.0	21.0	24.0	27.0	30.0	33.0
塔重（kg）	4292.3	4764.9	5228.5	5757.9	6222.8	6717.3	7250.6

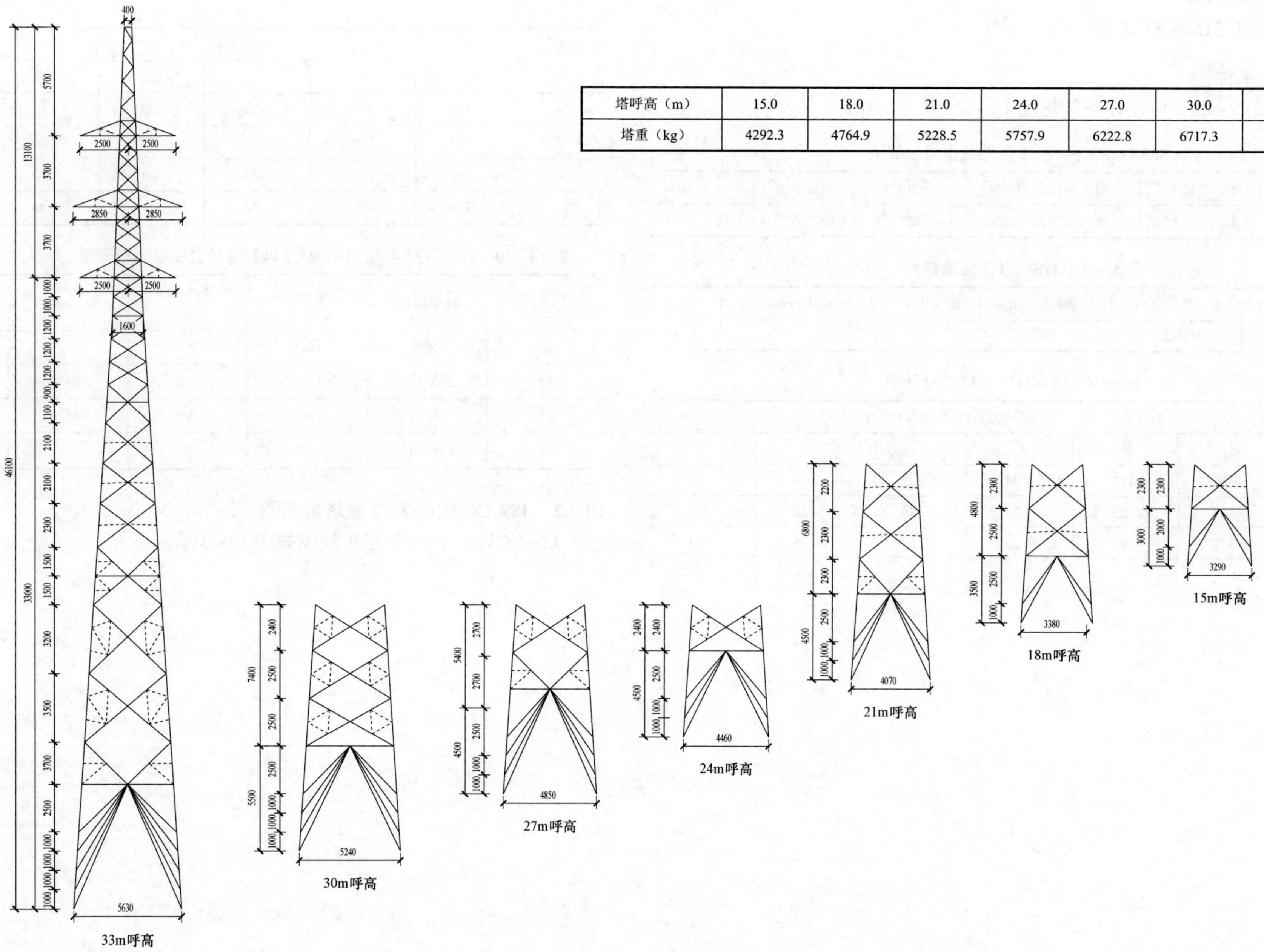

33m呼高

30m呼高

27m呼高

24m呼高

21m呼高

18m呼高

15m呼高

图 14-3 35-CC31S-ZC2 铁塔单线图

14.5 35-CC31S-ZC3 塔

14.5.1 设计条件

35-CC31S-ZC3 塔设计条件见表 14-11~表 14-14。

表 14-11　　　　35-CC31S-ZC3 导地线型号及张力

导线型号	JL/G1A-240/40	最大使用张力（N）	31829	断线张力（%）	50
地线型号	JLB20A-80	最大使用张力（N）	25517	断线张力（%）	50

表 14-12　　　　35-CC31S-ZC3 使用条件

水平档距（m）	垂直档距（m）	代表档距（m）	转角度数（°）	最大呼高（m）	K_v
750	1200	200	0	39	0.65

表 14-13　　　　35-CC31S-ZC3 基础力设计值

呼高 h (m)	基础力设计值（kN）					
	N_{max}	F_x	F_y	T_{max}	F_x	F_y
15	-407	-39	-32	342	-33	-29
18	-436	-43	-36	369	-36	-33
21	-458	-46	-40	389	-40	-36
24	-483	-48	-42	410	-42	-38

续表

呼高 h (m)	基础力设计值（kN）					
	N_{max}	F_x	F_y	T_{max}	F_x	F_y
27	-507	-52	-46	431	-45	-42
30	-520	-53	-47	440	-45	-42
33	-532	-53	-47	450	-46	-42
36	-543	-53	-47	456	-46	-42
39	-555	-54	-48	464	-47	-43

表 14-14　　　　35-CC31S-ZC3 地脚螺栓及铁塔半根开值

呼高 h (m)	地脚螺栓	铁塔半根开 (mm)	呼高 h (m)	地脚螺栓	铁塔半根开 (mm)
15	4M30	1910	30	4M36	2955
18	4M30	2120	33	4M36	3165
21	4M36	2325	36	4M36	3375
24	4M36	2535	39	4M36	3585
27	4M36	2745	—	—	—

14.5.2 35-CC31S-ZC3 铁塔单线图

35-CC31S-ZC3 铁塔单线图如图 14-4 所示。

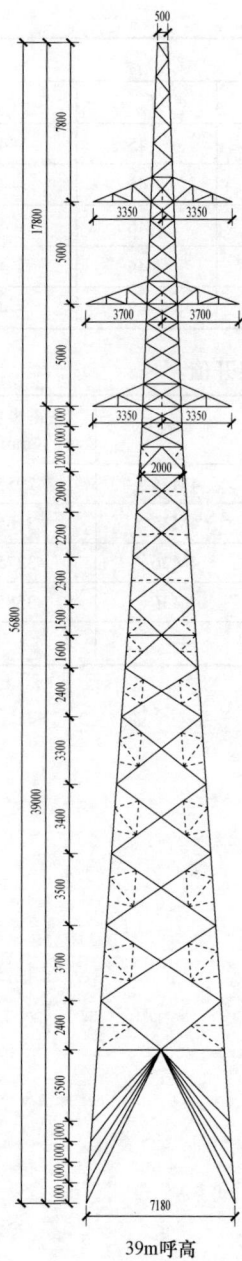

塔呼高（m）	15.0	18.0	21.0	24.0	27.0	30.0	33.0	36.0	39.0
塔重（kg）	5874.2	6432.5	7044.3	7735.6	8274.7	8907.4	9524.1	10066.4	10848.0

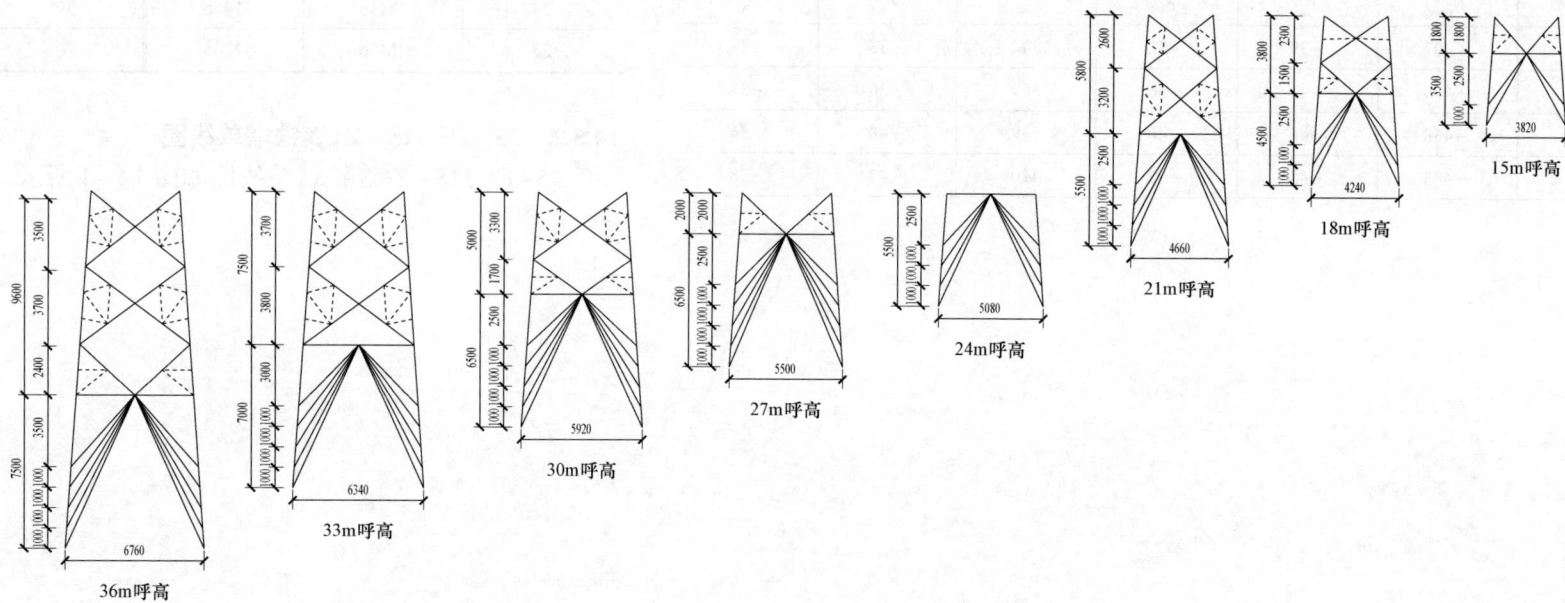

39m呼高

36m呼高

33m呼高

30m呼高

27m呼高

24m呼高

21m呼高

18m呼高

15m呼高

图 14-4 35-CC31S-ZC3 铁塔单线图

14.6　35−CC31S−JC1 塔

14.6.1　设计条件

35−CC31S−JC1 塔设计条件见表 14−15～表 14−18。

表 14−15　　　　　35−CC31S−JC1 导地线型号及张力

导线型号	JL/G1A−240/40	最大使用张力（N）	31829	断线张力（%）	70
地线型号	JLB20A−80	最大使用张力（N）	25517	断线张力（%）	80

表 14−16　　　　　　35−CC31S−JC1 使用条件

水平档距（m）	垂直档距（m）	代表档距（m）	转角度数（°）	最大呼高（m）	K_v
450	650	450/150	0～20	33	—

表 14−17　　　　　　35−CC31S−JC1 基础力设计值

呼高 h（m）	基础力设计值（kN）					
	N_{max}	F_x	F_y	T_{max}	F_x	F_y
12	−644	−60	−59	559	−49	−55
15	−678	−63	−62	590	−52	−57
18	−689	−64	−63	598	−53	−57

续表

呼高 h（m）	基础力设计值（kN）					
	N_{max}	F_x	F_y	T_{max}	F_x	F_y
21	−713	−67	−65	619	−55	−59
24	−733	−69	−67	636	−57	−60
27	−730	−68	−66	629	−56	−59
30	−727	−67	−65	623	−56	−58
33	−722	−66	−64	616	−54	−56

表 14−18　　　　35−CC31S−JC1 地脚螺栓及铁塔半根开值

呼高 h（m）	地脚螺栓	铁塔半根开（mm）	呼高 h（m）	地脚螺栓	铁塔半根开（mm）
12	4M42	1600	24	4M42	2615
15	4M42	1855	27	4M42	2870
18	4M42	2110	30	4M42	3125
21	4M42	2360	33	4M42	3380

14.6.2　35−CC31S−JC1 铁塔单线图

35−CC31S−JC1 铁塔单线图如图 14−5 所示。

塔呼高（m）	12.0	15.0	18.0	21.0	24.0	27.0	30.0	33.0
塔重（kg）	5254.1	5755.9	6454.3	7202.6	7697.2	8440.4	9014.9	9790.0

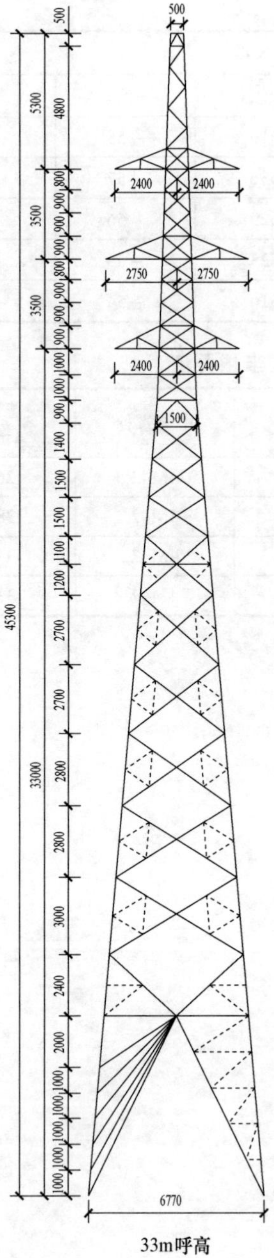

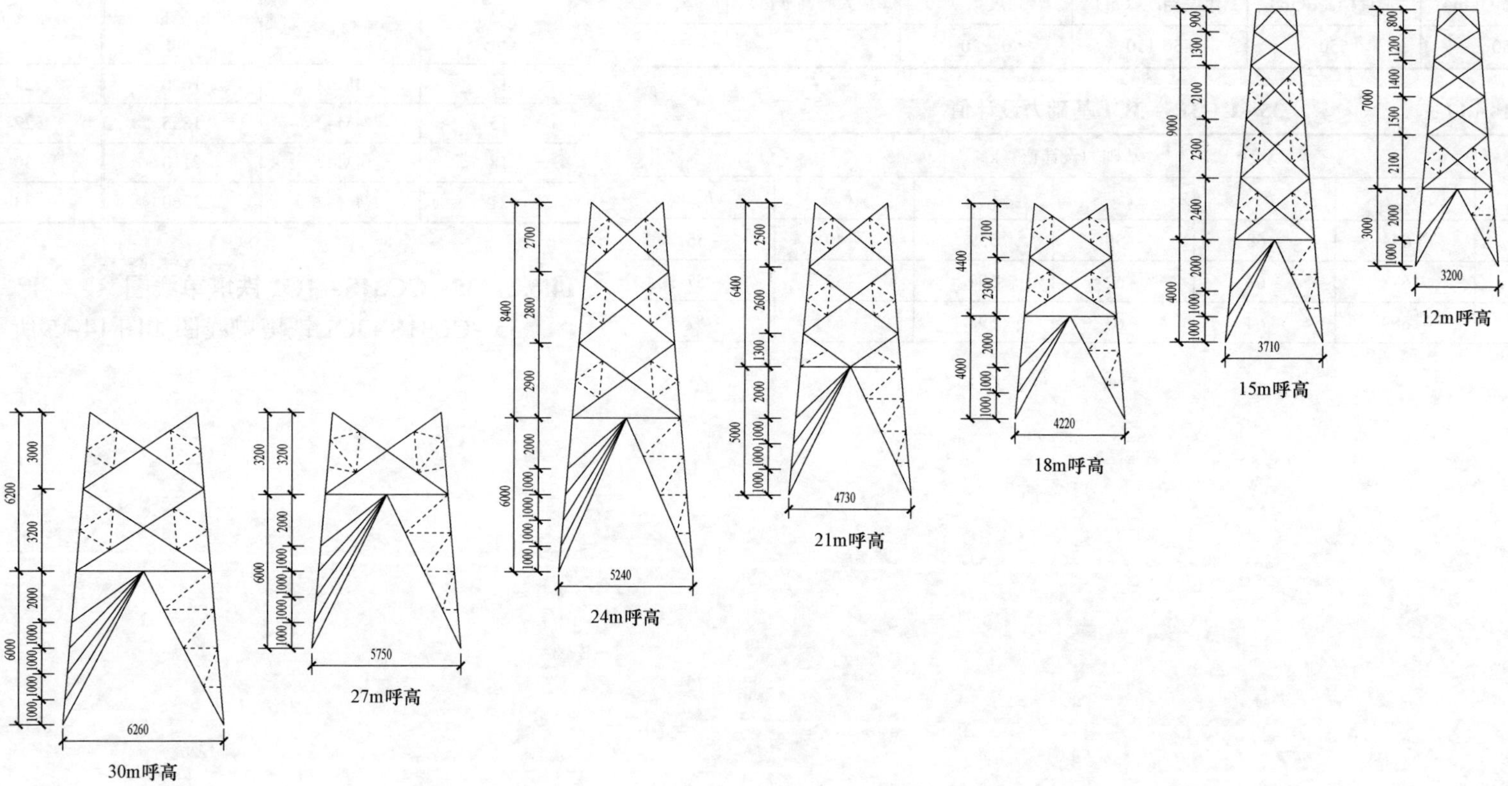

33m呼高

30m呼高

27m呼高

24m呼高

21m呼高

18m呼高

15m呼高

12m呼高

图 14-5　35-CC31S-JC1 铁塔单线图

14.7 35-CC31S-JC2 塔

14.7.1 设计条件

35-CC31S-JC2 塔设计条件见表 14-19～表 14-22。

表 14-19　35-CC31S-JC2 导地线型号及张力

导线型号	JL/G1A-240/40	最大使用张力（N）	31829	断线张力（%）	70
地线型号	JLB20A-80	最大使用张力（N）	25517	断线张力（%）	80

表 14-20　35-CC31S-JC2 使用条件

水平档距（m）	垂直档距（m）	代表档距（m）	转角度数（°）	最大呼高（m）	K_v
450	650	450/150	20～40	33	—

表 14-21　35-CC31S-JC2 基础力设计值

呼高 h （m）	基础力设计值（kN）					
	N_{max}	F_x	F_y	T_{max}	F_x	F_y
12	-830	-81	-72	739	-72	-65
15	-873	-85	-77	779	-76	-69
18	-884	-85	-79	784	-76	-70

呼高 h （m）	基础力设计值（kN）					
	N_{max}	F_x	F_y	T_{max}	F_x	F_y
21	-918	-88	-83	815	-79	-74
24	-947	-91	-86	839	-81	-77
27	-932	-89	-84	818	-79	-74
30	-930	-88	-83	810	-77	-73
33	-952	-90	-86	825	-79	-75

表 14-22　35-CC31S-JC2 地脚螺栓及铁塔半根开值

呼高 h （m）	地脚螺栓	铁塔半根开（mm）	呼高 h （m）	地脚螺栓	铁塔半根开（mm）
12	4M48	1620	24	4M48	2664
15	4M48	1881	27	4M48	2920
18	4M48	2142	30	4M48	3181
21	4M48	2403	33	4M48	3442

14.7.2 35-CC31S-JC2 铁塔单线图

35-CC31S-JC2 铁塔单线图如图 14-6 所示。

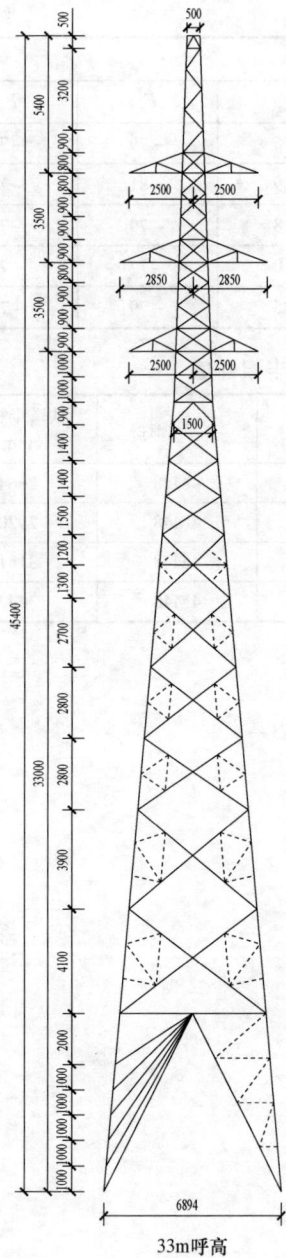

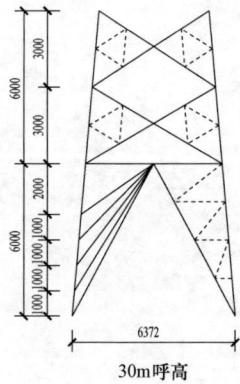

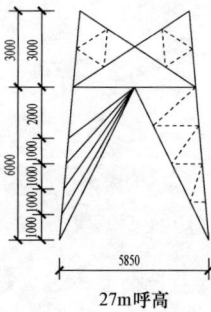

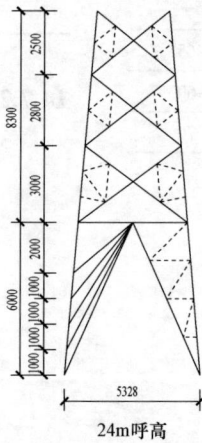

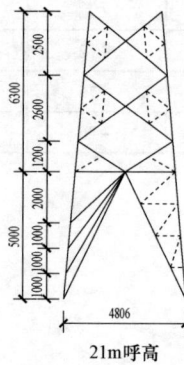

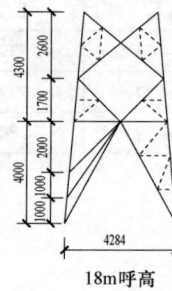

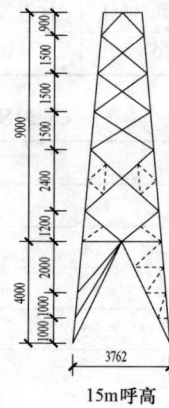

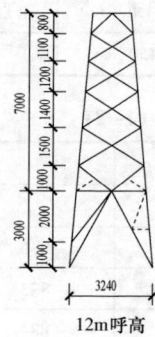

塔呼高（m）	12.0	15.0	18.0	21.0	24.0	27.0	30.0	33.0
塔重（kg）	6094.9	6662.4	7456.0	8146.2	8787.6	9580.6	10469.9	11351.8

图 14-6　35-CC31S-JC2 铁塔单线图

14.8 35-CC31S-JC3 塔

14.8.1 设计条件

35-CC31S-JC3 塔设计条件见表 14-23~表 14-26。

表 14-23　　　　35-CC31S-JC3 导地线型号及张力

导线型号	JL/G1A-240/40	最大使用张力（N）	31829	断线张力（%）	70
地线型号	JLB20A-80	最大使用张力（N）	25517	断线张力（%）	80

表 14-24　　　　35-CC31S-JC3 使用条件

水平档距（m）	垂直档距（m）	代表档距（m）	转角度数（°）	最大呼高（m）	K_v
450	650	450/150	40~60	33	—

表 14-25　　　　35-CC31S-JC3 基础力设计值

呼高 h (m)	基础力设计值（kN）					
	N_{max}	F_x	F_y	T_{max}	F_x	F_y
12	-1100	-109	-99	1010	-100	-91
15	-1145	-113	-104	1050	-104	-96
18	-1165	-115	-107	1062	-105	-98

续表

呼高 h (m)	基础力设计值（kN）					
	N_{max}	F_x	F_y	T_{max}	F_x	F_y
21	-1206	-119	-112	1098	-108	-102
24	-1246	-122	-116	1132	-111	-106
27	-1238	-120	-115	1117	-109	-104
30	-1230	-119	-114	1103	-107	-102
33	-1256	-122	-117	1122	-109	-105

表 14-26　　　　35-CC31S-JC3 地脚螺栓及铁塔半根开值

呼高 h (m)	地脚螺栓	铁塔半根开 (mm)	呼高 h (m)	地脚螺栓	铁塔半根开 (mm)
12	4M56	1650	24	4M56	2730
15	4M56	1920	27	4M56	3000
18	4M56	2190	30	4M56	3270
21	4M56	2460	33	4M56	3540

14.8.2　35-CC31S-JC3 铁塔单线图

35-CC31S-JC3 铁塔单线图如图 14-7 所示。

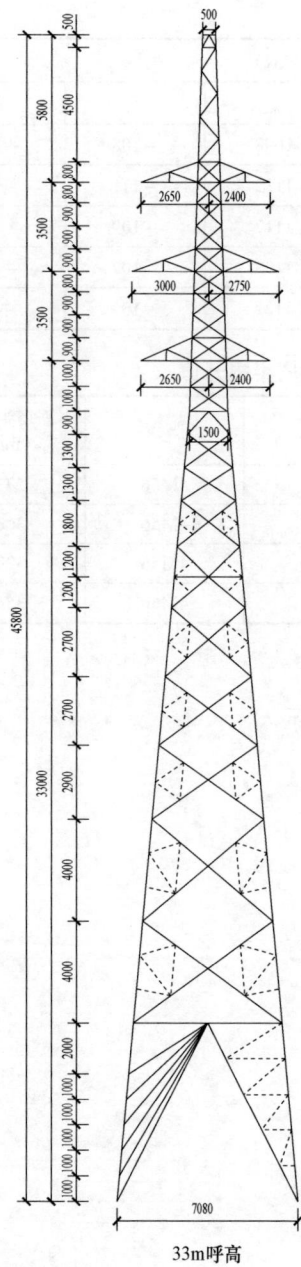

塔呼高（m）	12.0	15.0	18.0	21.0	24.0	27.0	30.0	33.0
塔重（kg）	6948.4	7749.5	8726.5	9417.0	10312.6	11146.5	12176.3	13188.1

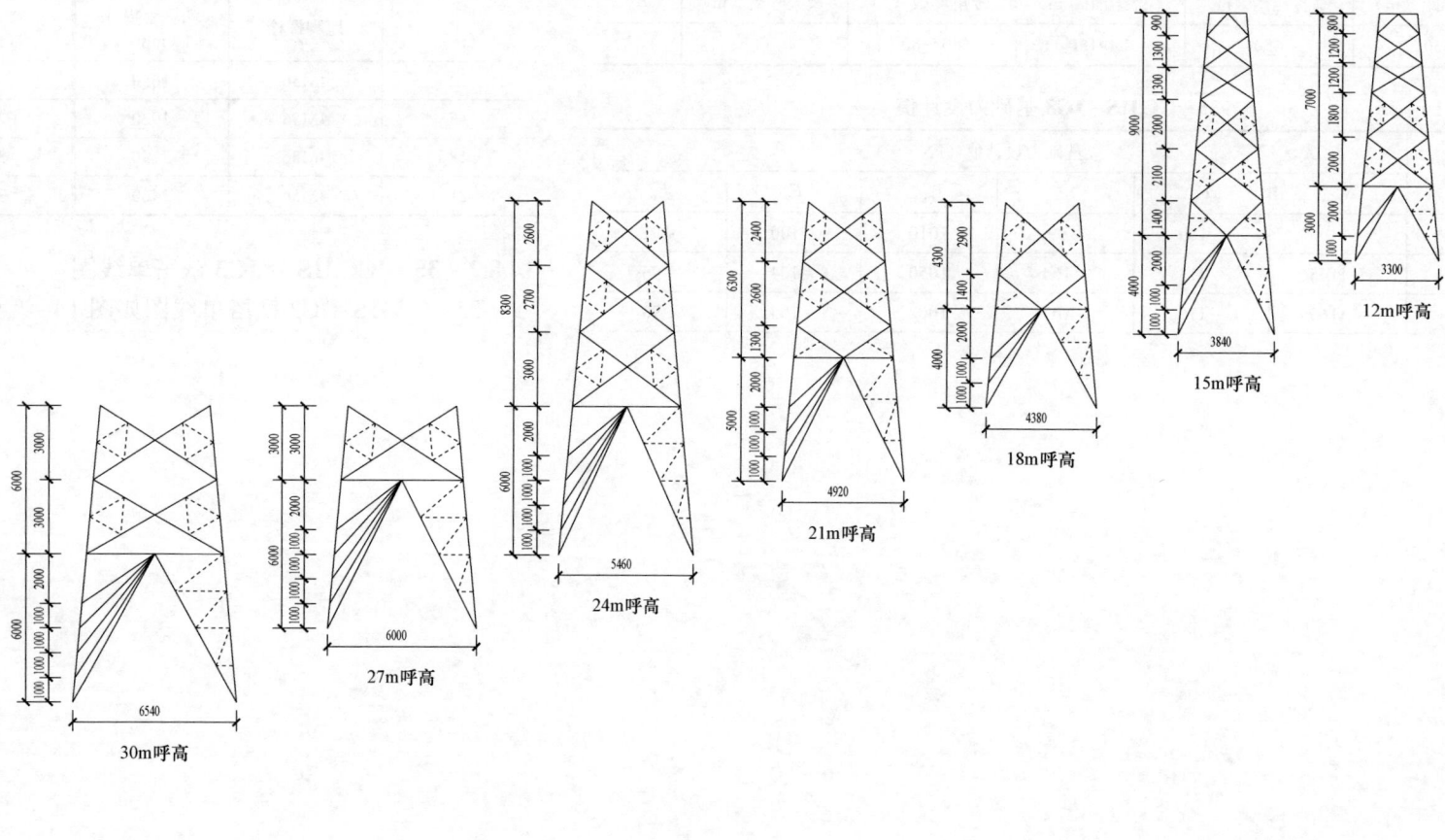

33m呼高

30m呼高

27m呼高

24m呼高

21m呼高

18m呼高

15m呼高

12m呼高

图14-7 35-CC31S-JC3 铁塔单线图

14.9 35-CC31S-JC4 塔

14.9.1 设计条件

35-CC31S-JC4 塔设计条件见表 14-27～表 14-30。

表 14-27　　　35-CC31S-JC4 导地线型号及张力

导线型号	JL/G1A-240/40	最大使用张力（N）	31829	断线张力（%）	70
地线型号	JLB20A-80	最大使用张力（N）	25517	断线张力（%）	80

表 14-28　　　35-CC31S-JC4 使用条件

水平档距（m）	垂直档距（m）	代表档距（m）	转角度数（°）	最大呼高（m）	K_v
450	650	450/150	60～90 兼 0～90 终端	33	—

表 14-29　　　35-CC31S-JC4 基础力设计值

呼高 h（m）	基础力设计值（kN）					
	N_{max}	F_x	F_y	T_{max}	F_x	F_y
12	-1406	-146	-135	1305	-135	-126
15	-1479	-153	-144	1371	-142	-134
18	-1495	-155	-147	1379	-143	-136

续表

呼高 h（m）	基础力设计值（kN）					
	N_{max}	F_x	F_y	T_{max}	F_x	F_y
21	-1536	-159	-152	1413	-146	-140
24	-1593	-164	-159	1462	-151	-146
27	-1574	-161	-155	1436	-147	-142
30	-1566	-159	-154	1420	-145	-140
33	-1598	-162	-157	1445	-147	-143

表 14-30　　　35-CC31S-JC4 地脚螺栓及铁塔半根开值

呼高 h（m）	地脚螺栓	铁塔半根开（mm）	呼高 h（m）	地脚螺栓	铁塔半根开（mm）
12	4M64	1750	24	4M64	2890
15	4M64	2035	27	4M64	3175
18	4M64	2320	30	4M64	3460
21	4M64	2605	33	4M64	3745

14.9.2 35-CC31S-JC4 铁塔单线图

35-CC31S-JC4 铁塔单线图如图 14-8 所示。

塔呼高（m）	12.0	15.0	18.0	21.0	24.0	27.0	30.0	33.0
塔重（kg）	9306.9	10173.4	11306.1	12394.3	13513.8	14555.6	15686.2	16733.0

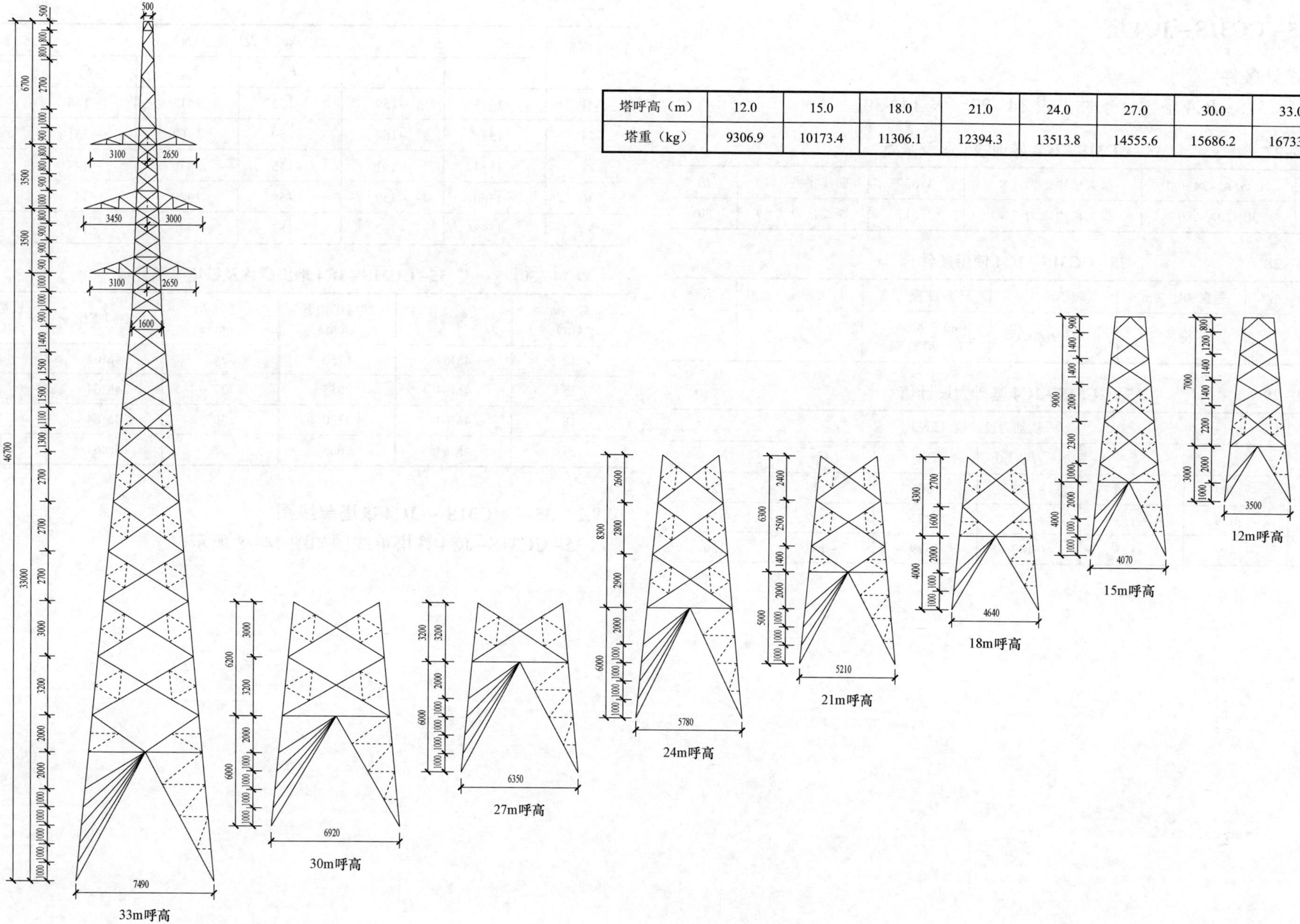

12m呼高

15m呼高

18m呼高

21m呼高

24m呼高

27m呼高

30m呼高

33m呼高

图14-8　35-CC31S-JC4铁塔单线图

15 35-CF11S 子模块说明

15.1 模块说明

15.1.1 概述

本系列杆塔为海拔 1000m 以内，设计风速为 33m/s，覆冰厚度为 5mm，导线为 JL/G1A-240/30，地线为 JLB20A-80 的双回路杆塔。按山地规划设计，杆塔形式为直线塔及耐张塔。35-CF11S 模块共计 7 种塔型。

15.1.2 气象条件

35-CF11S 子模块气象条件见表 15-1。

表 15-1　　　　　35-CF11S 子模块气象条件

序号	气象工况	温度 t（℃）	风速 v（m/s）	冰厚 c（mm）
1	最高气温	40	0	0
2	最低气温	-5	0	0
3	覆冰	-5	10	5
4	基准风速	10	33	0
5	安装	-5	10	0
6	平均气温	15	0	0
7	雷电过电压	15	10	0
8	内部过电压	15	18	0

15.1.3 导地线型号及参数

35-CF11S 子模块导地线型号及参数见表 15-2。

表 15-2　　　　　35-CF11S 子模块导地线型号及参数

项目	导线	地线
型号	JL/G1A-240/30	JLB20A-80
计算截面面积（mm²）	275.96	79.39
计算外径（mm）	21.60	11.4
计算重量（kg/m）	0.9207	0.528
计算拉断力（N）	75190	89310
弹性系数（MPa）	73000	147200
线膨胀系数（1/℃）	19.6×10^{-6}	13.0×10^{-6}

15.2 35-CF11S 子模块杆塔一览图

35-CF11S 子模块杆塔一览图如图 15-1 所示。

序号	塔型名称	标准呼高 （m）	水平档距 （m）	垂直档距 （m）	标准呼高塔重 （kg）	转角度数 （°）	备注
1	35-CF11S-ZC1	30	320	550	5691.2	0	
2	35-CF11S-ZC2	30	450	700	6645.3	0	
3	35-CF11S-ZC3	36	750	1200	10310.9	0	
4	35-CF11S-JC1	27	450	650	8183.5	0～20	
5	35-CF11S-JC2	27	450	650	9485.7	20～40	
6	35-CF11S-JC3	27	450	650	11180.0	40～60	
7	35-CF11S-JC4	27	450	650	13520.5	60～90	兼 0°～90°终端

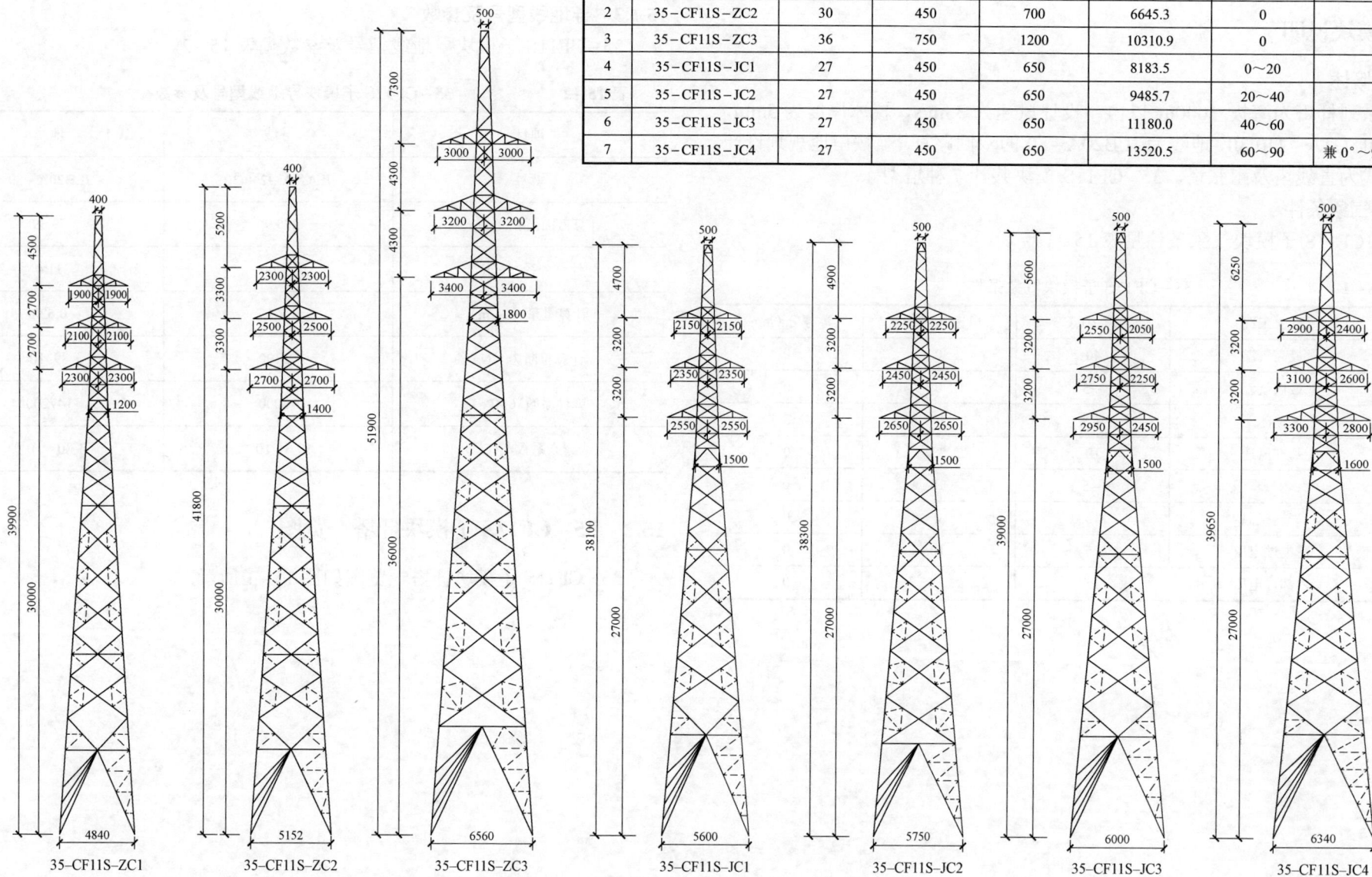

图 15-1　35-CF11S（原 35B6）子模块杆塔一览图

15.3 35-CF11S-ZC1 塔

15.3.1 设计条件

35-CF11S-ZC1 塔设计条件见表 15-3～表 15-6。

表 15-3   35-CF11S-ZC1 导地线型号及张力

导线型号	JL/G1A-240/30	最大使用张力（N）	28572	断线张力（%）	50
地线型号	JLB20A-80	最大使用张力（N）	25517	断线张力（%）	50

表 15-4   35-CF11S-ZC1 使用条件

水平档距（m）	垂直档距（m）	代表档距（m）	转角度数（°）	最大呼高（m）	K_v
320	550	200	0	30	0.85

表 15-5   35-CF11S-ZC1 基础力设计值

呼高 h（m）	基础力设计值（kN）					
	N_{max}	F_x	F_y	T_{max}	F_x	F_y
12	-277	-25	-21	248	-22	-20
15	-293	-27	-23	263	-24	-22
18	-328	-31	-27	295	-28	-26

续表

呼高 h（m）	基础力设计值（kN）					
	N_{max}	F_x	F_y	T_{max}	F_x	F_y
21	-343	-32	-28	307	-29	-27
24	-356	-33	-29	319	-30	-27
27	-377	-37	-33	338	-33	-31
30	-399	-39	-35	355	-35	-33

表 15-6   35-CF11S-ZC1 地脚螺栓及铁塔半根开值

呼高 h（m）	地脚螺栓	铁塔半根开（mm）	呼高 h（m）	地脚螺栓	铁塔半根开（mm）
12	4M30	1250	24	4M30	2025
15	4M30	1445	27	4M30	2220
18	4M30	1640	30	4M30	2415
21	4M30	1830	—	—	—

15.3.2 35-CF11S-ZC1 铁塔单线图

35-CF11S-ZC1 铁塔单线图如图 15-2 所示。

塔呼高（m）	12.0	15.0	18.0	21.0	24.0	27.0	30.0
塔重（kg）	2684.2	3122.0	3542.3	4007.1	4315.5	4894.1	5691.2

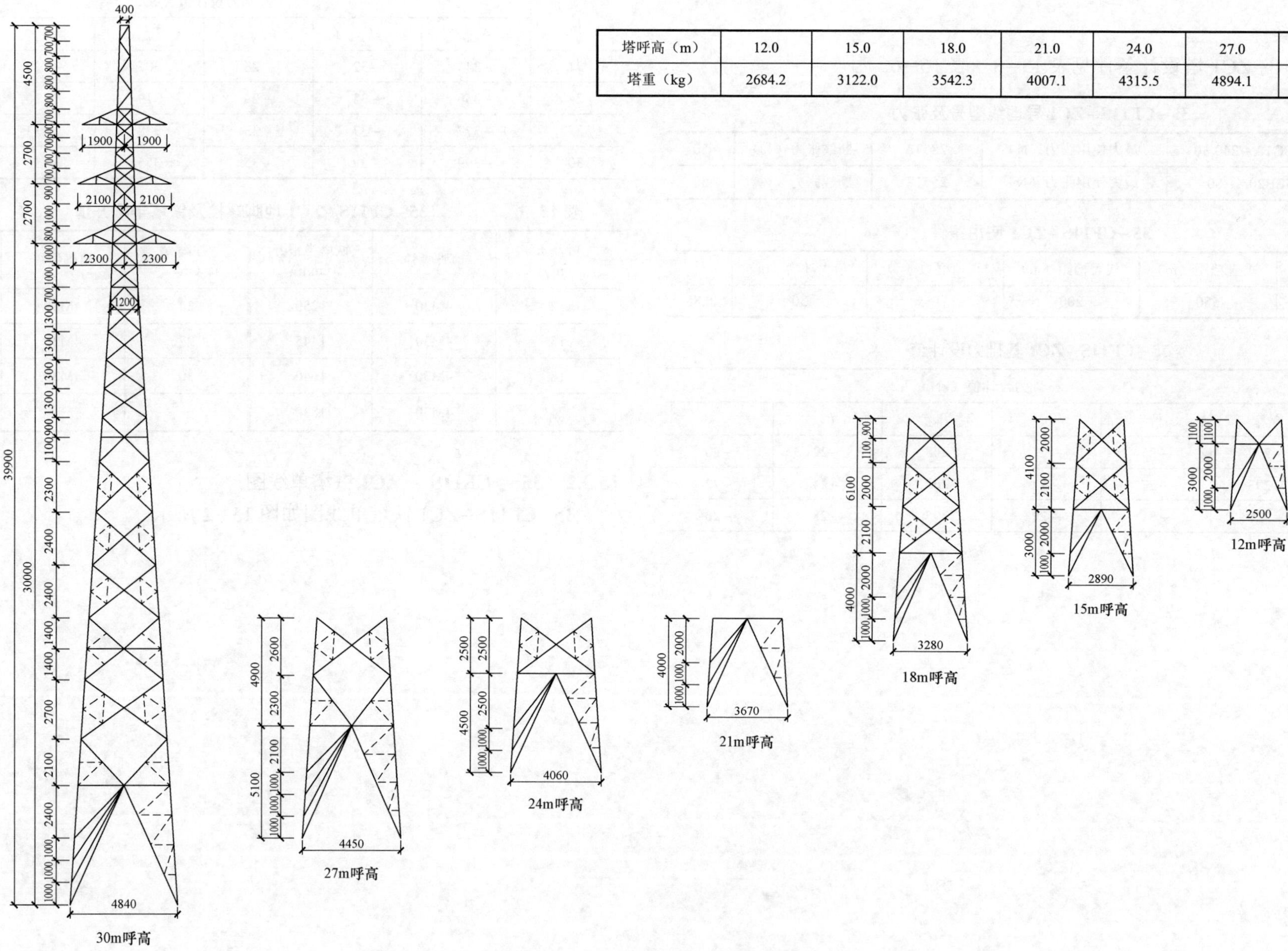

30m呼高

27m呼高

24m呼高

21m呼高

18m呼高

15m呼高

12m呼高

图15-2　35-CF11S-ZC1铁塔单图

15.4 35–CF11S–ZC2 塔

15.4.1 设计条件

35–CF11S–ZC2 塔设计条件见表 15–7～表 15–10。

表 15–7   **35–CF11S–ZC2 导地线型号及张力**

导线型号	JL/G1A–240/30	最大使用张力（N）	28572	断线张力（%）	50
地线型号	JLB20A–80	最大使用张力（N）	25517	断线张力（%）	50

表 15–8   **35–CF11S–ZC2 使用条件**

水平档距（m）	垂直档距（m）	代表档距（m）	转角度数（°）	最大呼高（m）	K_v
450	700	200	0	30	0.75

表 15–9   **35–CF11S–ZC2 基础力设计值**

呼高 h （m）	基础力设计值（kN）					
	N_{max}	F_x	F_y	T_{max}	F_x	F_y
12	−341	−32	−27	306	−28	−26
15	−360	−34	−28	322	−30	−27
18	−395	−38	−33	355	−34	−32

呼高 h （m）	基础力设计值（kN）					
	N_{max}	F_x	F_y	T_{max}	F_x	F_y
21	−414	−40	−35	371	−36	−33
24	−439	−44	−38	394	−39	−37
27	−450	−44	−39	402	−40	−37
30	−478	−47	−42	425	−42	−39

表 15–10   **35–CF11S–ZC2 地脚螺栓及铁塔半根开值**

呼高 h （m）	地脚螺栓	铁塔半根开（mm）	呼高 h （m）	地脚螺栓	铁塔半根开（mm）
12	4M30	1370	24	4M36	2174
15	4M30	1571	27	4M36	2370
18	4M36	1772	30	4M36	2571
21	4M36	1973	—	—	—

15.4.2 35–CF11S–ZC2 铁塔单线图

35–CF11S–ZC2 铁塔单线图如图 15–3 所示。

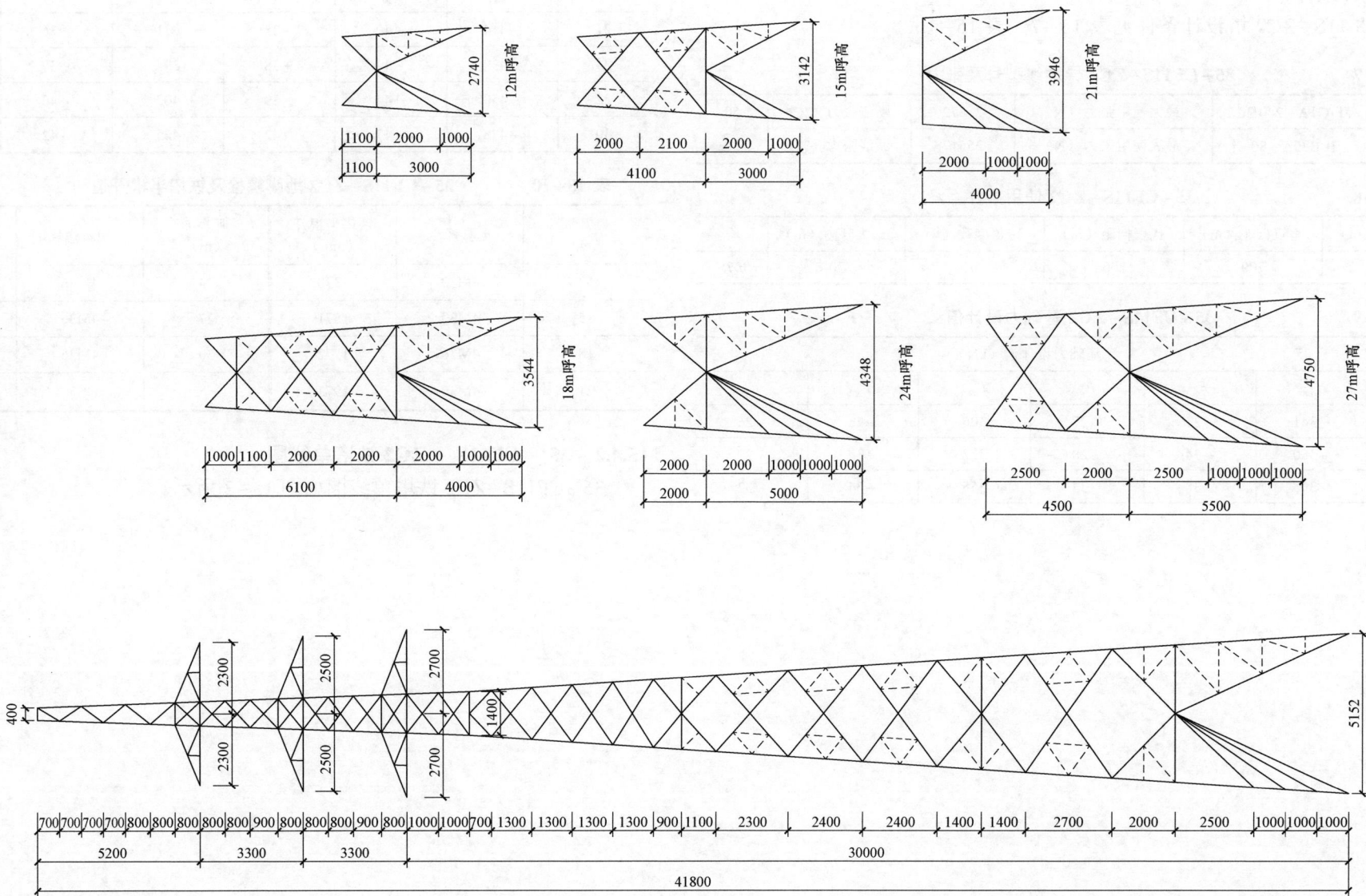

图 15-3　35-CF11S-ZC2 铁塔单线图

塔呼高（m）	12.0	15.0	18.0	21.0	24.0	27.0	30.0
塔重（kg）	3191.5	3678.3	4318.9	4788.0	5278.5	5919.3	6645.3

15.5 35－CF11S－ZC3 塔

15.5.1 设计条件

35－CF11S－ZC3 塔设计条件见表 15－11～表 15－14。

表 15－11   35－CF11S－ZC3 导地线型号及张力

导线型号	JL/G1A－240/30	最大使用张力（N）	28572	断线张力（%）	50
地线型号	JLB20A－80	最大使用张力（N）	25517	断线张力（%）	50

表 15－12   35－CF11S－ZC3 使用条件

水平档距（m）	垂直档距（m）	代表档距（m）	转角度数（°）	最大呼高（m）	K_v
750	1200	200	0	36	0.65

表 15－13   35－CF11S－ZC3 基础力设计值

呼高 h (m)	基础力设计值（kN）					
	N_{max}	F_x	F_y	T_{max}	F_x	F_y
12	－518	－52	－42	462	－45	－40
15	－563	－58	－48	505	－51	－47
18	－594	－59	－51	532	－53	－49
21	－632	－64	－56	568	－58	－54
24	－652	－66	－58	584	－59	－55
27	－670	－68	－59	599	－61	－56
30	－702	－72	－64	627	－65	－61
33	－721	－73	－65	642	－66	－61
36	－753	－77	－69	669	－69	－65

表 15－14   35－CF11S－ZC3 地脚螺栓及铁塔半根开值

呼高 h (m)	地脚螺栓	铁塔半根开（mm）	呼高 h (m)	地脚螺栓	铁塔半根开（mm）
12	4M36	1600	27	4M42	2645
15	4M36	1810	30	4M42	2855
18	4M36	2020	33	4M42	3065
21	4M42	2230	36	4M42	3275
24	4M42	2440	—	—	—

15.5.2 35－CF11S－ZC3 铁塔单线图

35－CF11S－ZC3 铁塔单线图如图 15－4 所示。

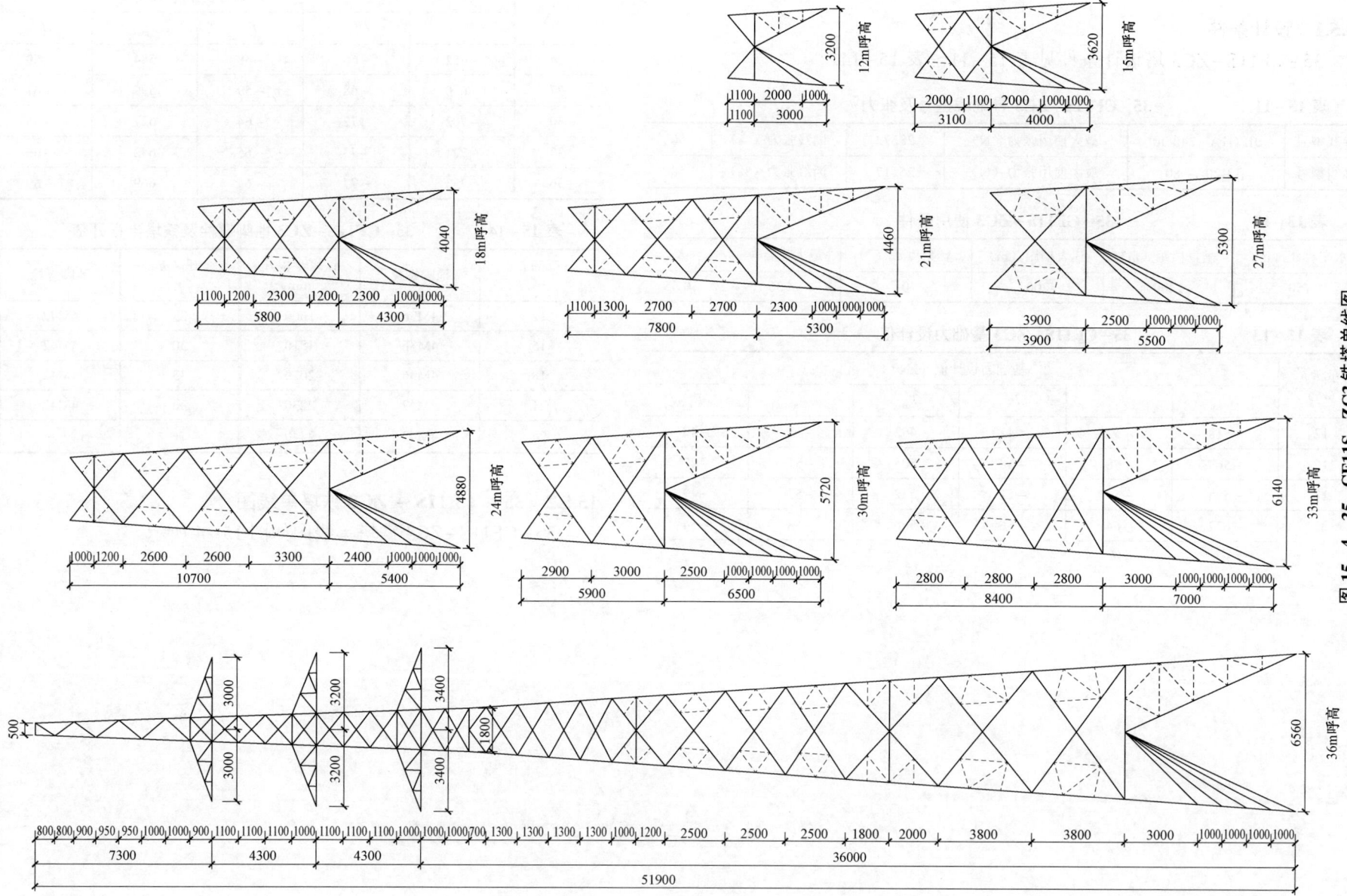

图 15－4　35－CF11S－ZC3 铁塔单线图

塔呼高（m）	12.0	15.0	18.0	21.0	24.0	27.0	30.0	33.0	36.0
塔重（kg）	4745.9	5335.3	6040.8	6582.0	7153.2	7904.5	8733.0	9289.9	10310.9

15.6 35-CF11S-JC1 塔

15.6.1 设计条件

35-CF11S-JC1 塔设计条件见表 15-15～表 15-18。

表 15-15　35-CF11S-JC1 导地线型号及张力

导线型号	JL/G1A-240/30	最大使用张力（N）	28572	断线张力（%）	70
地线型号	JLB20A-80	最大使用张力（N）	25517	断线张力（%）	80

表 15-16　35-CF11S-JC1 使用条件

水平档距（m）	垂直档距（m）	代表档距（m）	转角度数（°）	最大呼高（m）	K_v
450	650	450/150	0～20	30	—

表 15-17　35-CF11S-JC1 基础力设计值

呼高 h (m)	基础力设计值（kN）					
	N_{max}	F_x	F_y	T_{max}	F_x	F_y
9	-645	-67	-57	606	-62	-56
12	-665	-68	-58	623	-62	-57
15	-710	-73	-63	666	-67	-62

续表

呼高 h (m)	基础力设计值（kN）					
	N_{max}	F_x	F_y	T_{max}	F_x	F_y
18	-731	-74	-65	684	-68	-63
21	-763	-78	-69	713	-72	-67
24	-774	-79	-69	720	-73	-67
27	-800	-82	-72	743	-76	-70
30	-804	-83	-72	742	-76	-69

表 15-18　35-CF11S-JC1 地脚螺栓及铁塔半根开值

呼高 h (m)	地脚螺栓	铁塔半根开 (mm)	呼高 h (m)	地脚螺栓	铁塔半根开 (mm)
9	4M42	1324	21	4M42	2303
12	4M42	1570	24	4M42	2549
15	4M42	1816	27	4M42	2795
18	4M42	2062	30	4M42	3041

15.6.2 35-CF11S-JC1 铁塔单线图

35-CF11S-JC1 铁塔单线图如图 15-5 所示。

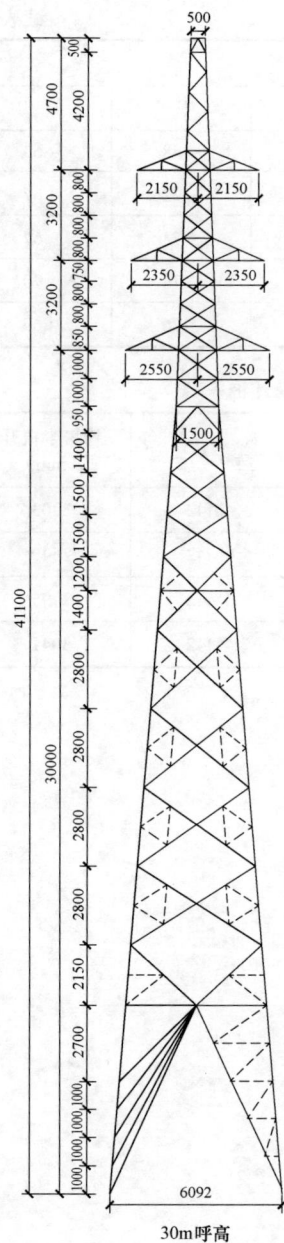

塔呼高（m）	9.0	12.0	15.0	18.0	21.0	24.0	27.0	30.0
塔重（kg）	4441.5	4962.6	5475.4	6221.6	6775.7	7428.7	8183.5	9076.6

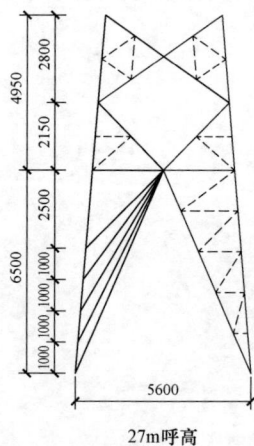

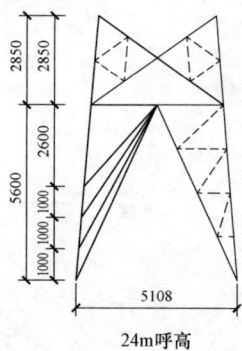

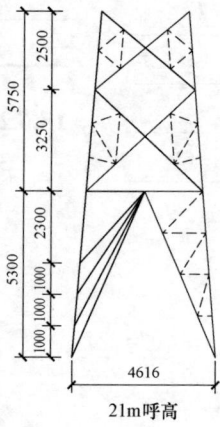

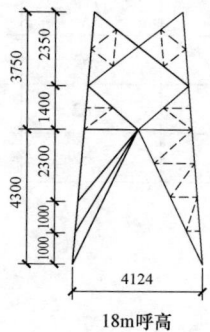

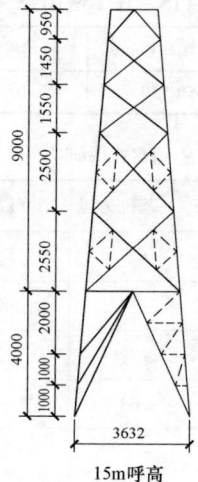

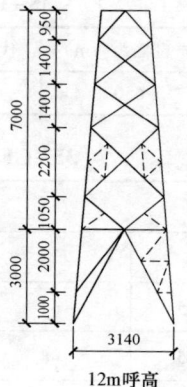

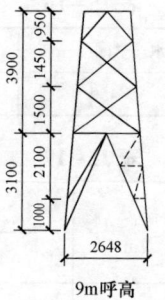

图 15－5　35－CF11S－JC1 铁塔单线图

15.7 35-CF11S-JC2 塔

15.7.1 设计条件

35-CF11S-JC2 塔设计条件见表 15-19～表 15-22。

表 15-19　35-CF11S-JC2 导地线型号及张力

导线型号	JL/G1A-240/30	最大使用张力（N）	28572	断线张力（%）	70
地线型号	JLB20A-80	最大使用张力（N）	25517	断线张力（%）	80

表 15-20　35-CF11S-JC2 使用条件

水平档距（m）	垂直档距（m）	代表档距（m）	转角度数（°）	最大呼高（m）	K_v
450	650	450/150	20～40	30	—

表 15-21　35-CF11S-JC2 基础力设计值

呼高 h (m)	基础力设计值（kN）					
	N_{max}	F_x	F_y	T_{max}	F_x	F_y
9	-874	-92	-78	833	-86	-78
12	-894	-92	-79	850	-86	-78
15	-952	-99	-86	905	-92	-85
18	-974	-99	-88	923	-93	-86
21	-1022	-105	-94	968	-98	-92
24	-1026	-104	-93	968	-97	-90
27	-1024	-103	-92	961	-96	-88
30	-1061	-108	-97	995	-101	-93

表 15-22　35-CF11S-JC2 地脚螺栓及铁塔半根开值

呼高 h (m)	地脚螺栓	铁塔半根开 (mm)	呼高 h (m)	地脚螺栓	铁塔半根开 (mm)
9	4M48	1345	21	4M48	2365
12	4M48	1600	24	4M48	2620
15	4M48	1855	27	4M48	2870
18	4M48	2110	30	4M48	3125

15.7.2 35-CF11S-JC2 铁塔单线图

35-CF11S-JC2 铁塔单线图如图 15-6 所示。

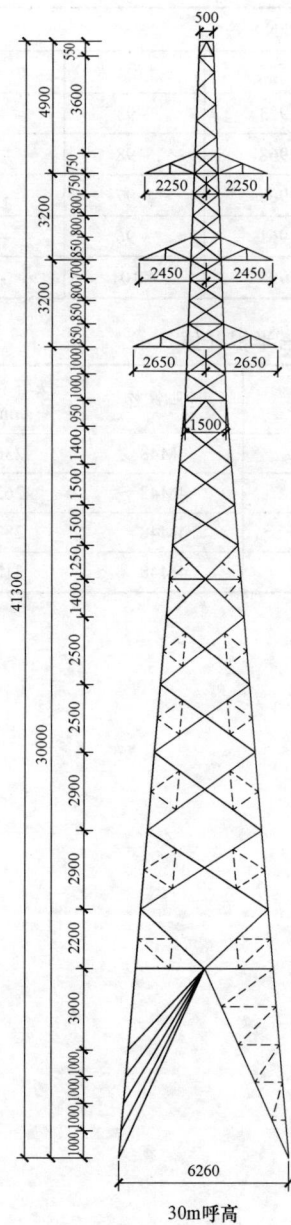

塔呼高（m）	9.0	12.0	15.0	18.0	21.0	24.0	27.0	30.0
塔重（kg）	5130.1	5670.6	6282.6	7152.9	7784.1	8571.9	9485.7	10244.4

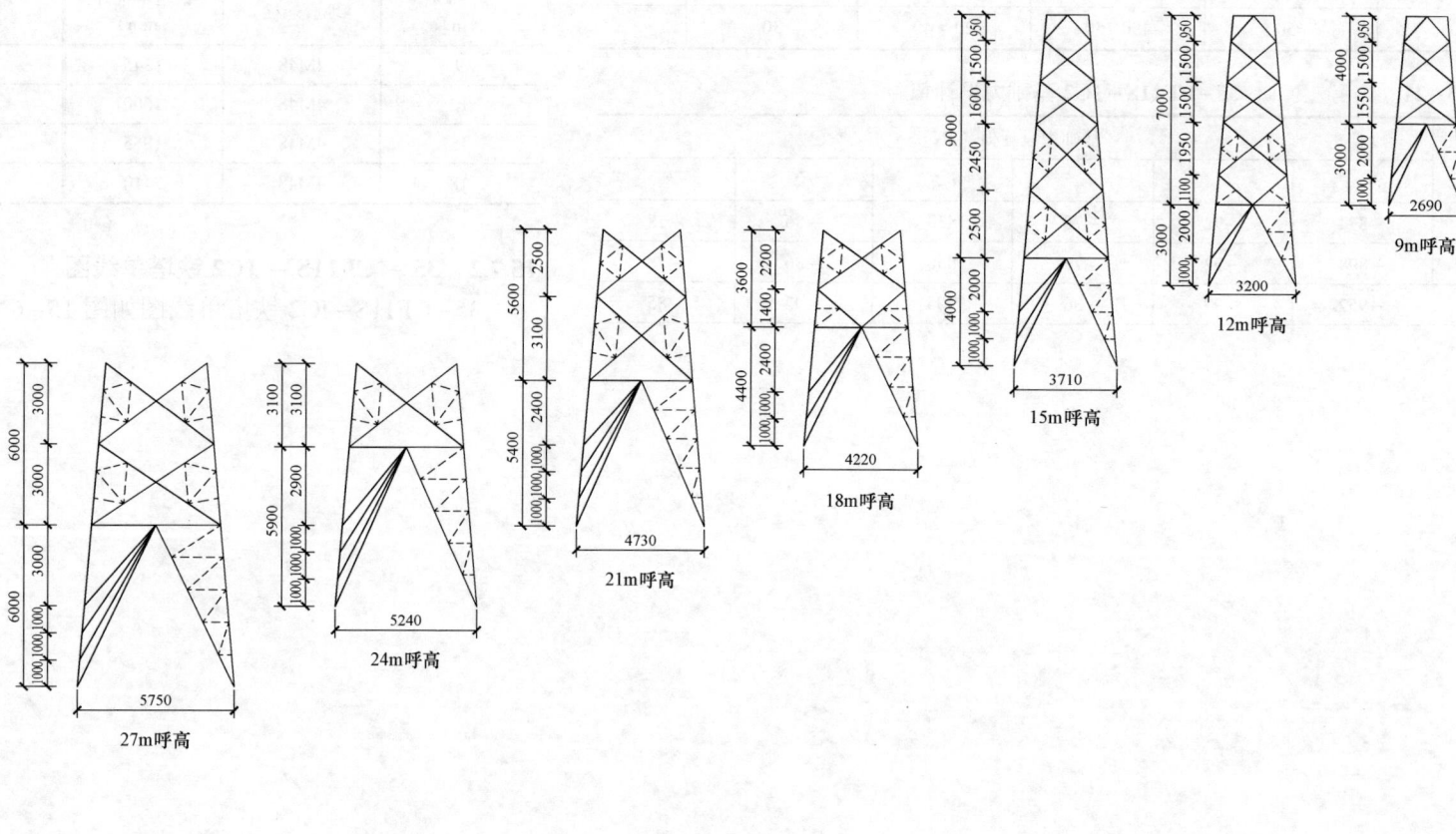

30m呼高

27m呼高

24m呼高

21m呼高

18m呼高

15m呼高

12m呼高

9m呼高

图 15-6　35-CF11S-JC2 铁塔单线图

15.8 35-CF11S-JC3 塔

15.8.1 设计条件

35-CF11S-JC3 塔设计条件见表 15-23～表 15-26。

表 15-23   **35-CF11S-JC3 导地线型号及张力**

导线型号	JL/G1A-240/30	最大使用张力（N）	28572	断线张力（%）	70
地线型号	JLB20A-80	最大使用张力（N）	25517	断线张力（%）	80

表 15-24   **35-CF11S-JC3 使用条件**

水平档距（m）	垂直档距（m）	代表档距（m）	转角度数（°）	最大呼高（m）	K_v
450	650	450/150	40～60	30	—

表 15-25   **35-CF11S-JC3 基础力设计值**

呼高 h (m)	基础力设计值（kN）					
	N_{max}	F_x	F_y	T_{max}	F_x	F_y
9	-1084	-118	-99	1044	-109	-103
12	-1103	-118	-100	1057	-108	-102
15	-1170	-125	-109	1122	-116	-111

续表

呼高 h (m)	基础力设计值（kN）					
	N_{max}	F_x	F_y	T_{max}	F_x	F_y
18	-1196	-127	-112	1143	-119	-113
21	-1247	-133	-118	1189	-124	-119
24	-1288	-138	-124	1227	-129	-124
27	-1291	-137	-123	1224	-128	-122
30	-1292	-136	-122	1220	-127	-120

表 15-26   **35-CF11S-JC3 地脚螺栓及铁塔半根开值**

呼高 h (m)	地脚螺栓	铁塔半根开（mm）	呼高 h (m)	地脚螺栓	铁塔半根开（mm）
9	4M56	1380	21	4M56	2460
12	4M56	1650	24	4M56	2730
15	4M56	1920	27	4M56	3000
18	4M56	2190	30	4M56	3270

15.8.2 35-CF11S-JC3 铁塔单线图

35-CF11S-JC3 铁塔单线图如图 15-7 所示。

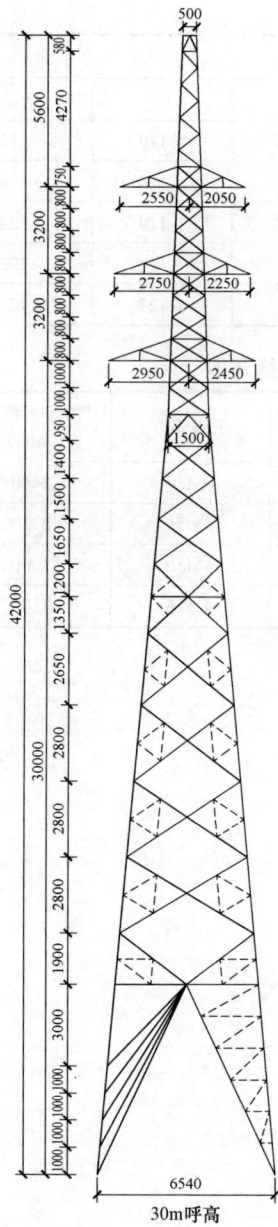

塔呼高（m）	9.0	12.0	15.0	18.0	21.0	24.0	27.0	30.0
塔重（kg）	5960.5	6543.3	7327.8	8263.0	9295.6	10172.5	11181.4	12237.4

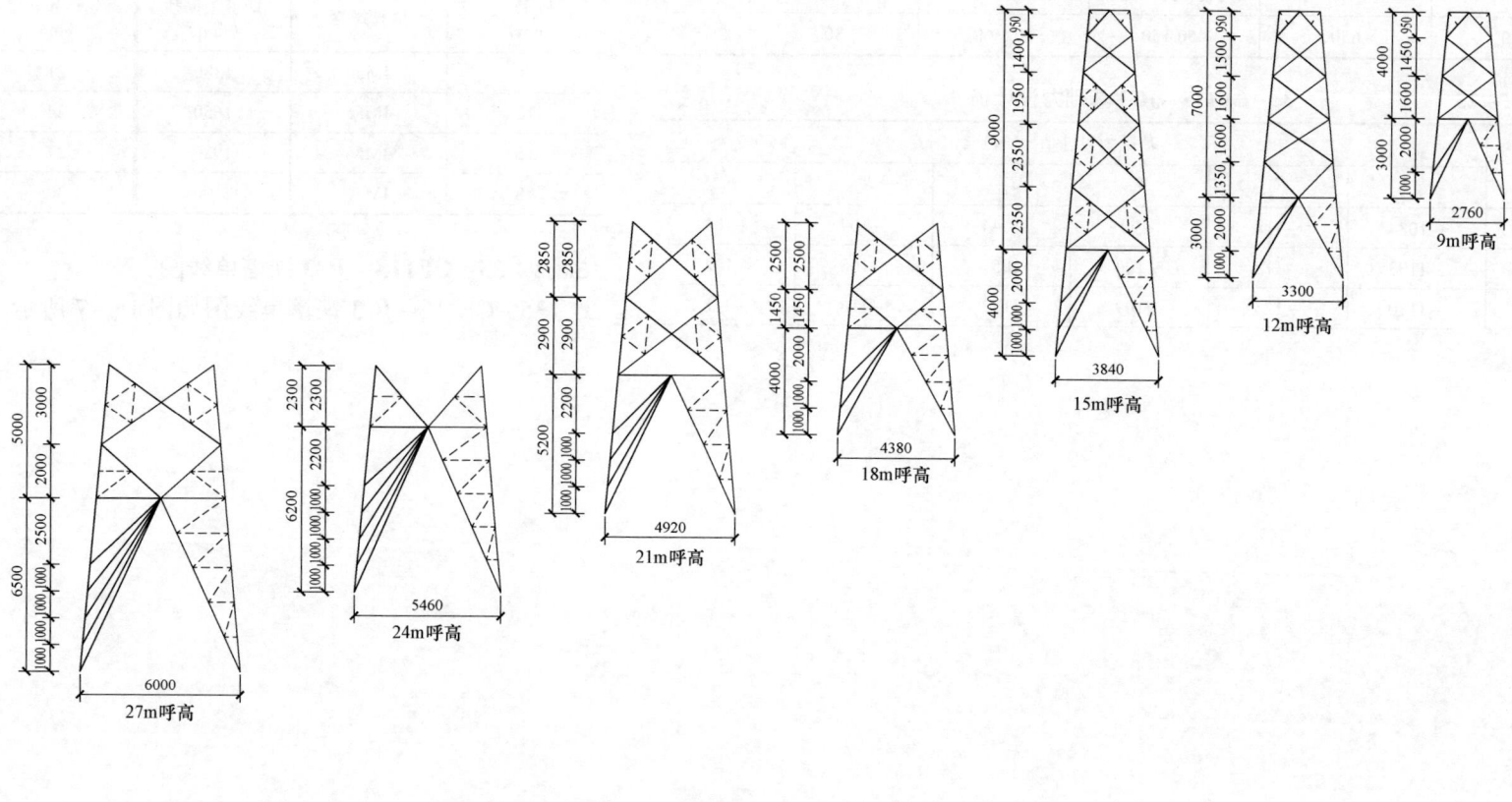

图 15-7 35-CF11S-JC3 铁塔单线图

15.9　35-CF11S-JC4 塔

15.9.1　设计条件

35-CF11S-JC4 塔设计条件见表 15-27～表 15-30。

表 15-27　　　　　　35-CF11S-JC4 导地线型号及张力

导线型号	JL/G1A-240/30	最大使用张力（N）	28572	断线张力（%）	70
地线型号	JLB20A-80	最大使用张力（N）	25517	断线张力（%）	80

表 15-28　　　　　　35-CF11S-JC4 使用条件

水平档距（m）	垂直档距（m）	代表档距（m）	转角度数（°）	最大呼高（m）	K_v
450	650	450/150	60～90 兼 0～90 终端	30	—

表 15-29　　　　　　35-CF11S-JC4 基础力设计值

呼高 h （m）	基础力设计值（kN）					
	N_{max}	F_x	F_y	T_{max}	F_x	F_y
9	-1289	-147	-126	1243	-140	-124
12	-1308	-145	-127	1256	-138	-124
15	-1390	-154	-137	1334	-147	-134

呼高 h （m）	基础力设计值（kN）					
	N_{max}	F_x	F_y	T_{max}	F_x	F_y
18	-1471	-165	-150	1410	-158	-146
21	-1478	-163	-148	1410	-156	-144
24	-1530	-169	-155	1458	-161	-150
27	-1529	-168	-154	1451	-160	-148
30	-1564	-172	-159	1479	-163	-152

表 15-30　　　35-CF11S-JC4 地脚螺栓及铁塔半根开值

呼高 h （m）	地脚螺栓	铁塔半根开 （mm）	呼高 h （m）	地脚螺栓	铁塔半根开 （mm）
9	4M56	1465	21	4M64	2600
12	4M56	1750	24	4M64	2885
15	4M56	2035	27	4M64	3170
18	4M64	2315	30	4M64	3455

15.9.2　35-CF11S-JC4 铁塔单线图

35-CF11S-JC4 铁塔单线图如图 15-8 所示。

塔呼高（m）	9.0	12.0	15.0	18.0	21.0	24.0	27.0	30.0
塔重（kg）	7348.4	8127.5	8889.8	10136.9	11259.7	12337.8	13520.5	14936.6

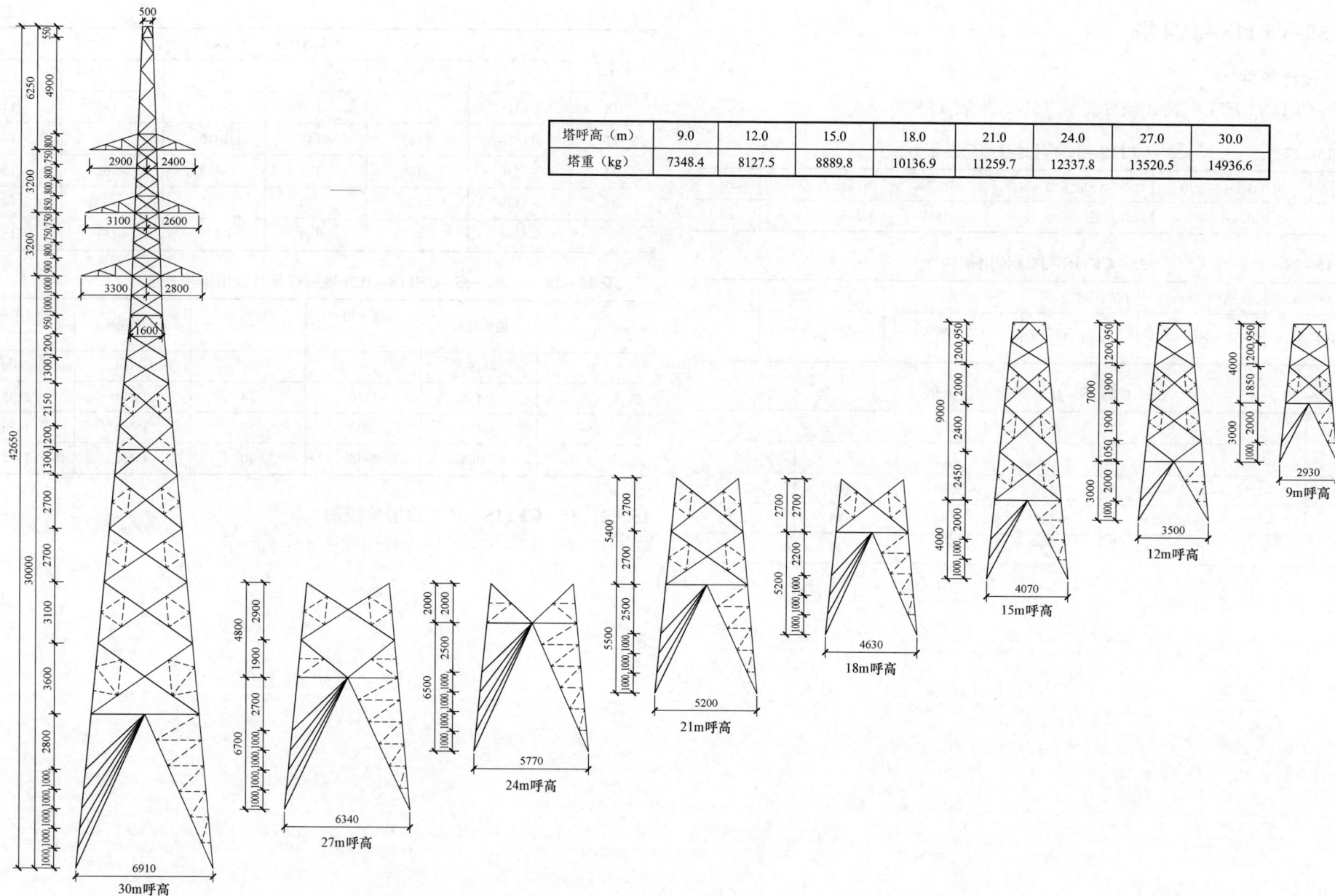

30m呼高

27m呼高

24m呼高

21m呼高

18m呼高

15m呼高

12m呼高

9m呼高

图 15-8　35-CF11S-JC4 铁塔单线图

16 35-CH11D 子模块说明

16.1 模块说明

16.1.1 概述

本系列杆塔为海拔 1000m 以内，设计风速为 37m/s，覆冰厚度为 0mm，导线为 JL/G1A-240/30，地线为 GJ-55 的单回路杆塔。按山地规划设计，杆塔形式为直线塔及耐张塔。35-CH11D 模块共计 7 种塔型。

16.1.2 气象条件

35-CH11D 子模块气象条件见表 16-1。

表 16-1　35-CH11D 子模块气象条件

序号	气象工况	温度 t（℃）	风速 v（m/s）	冰厚 c（mm）
1	最高气温	40	0	0
2	最低气温	-5	0	0
3	覆冰	-5	10	0
4	基准风速	10	37	0
5	安装	0	10	0
6	平均气温	15	0	0
7	雷电过电压	15	15	0
8	内部过电压	15	20	0

16.1.3 导地线型号及参数

35-CH11D 子模块导地线型号及参数见表 16-2。

表 16-2　35-CH11D 子模块导地线型号及参数

项目	导线	地线
型号	JL/G1A-240/30	GJ-55
计算截面面积（mm²）	275.96	56.3
计算外径（mm）	21.60	9.6
计算重量（kg/m）	0.9207	0.447
计算拉断力（N）	75190	65780
弹性系数（MPa）	73000	185000
线膨胀系数（1/℃）	19.6×10^{-6}	11.5×10^{-6}

16.2 35-CH11D 子模块杆塔一览图

35-CH11D 子模块杆塔一览图如图 16-1 所示。

序号	塔型名称	标准呼高（m）	水平档距（m）	垂直档距（m）	标准呼高塔重（kg）	转角度数（°）	备注
1	35-CH11D-ZC1	30	320	550	4438.4	0	
2	35-CH11D-ZC2	30	450	700	4704.5	0	
3	35-CH11D-ZC3	36	750	1200	8114.5	0	
4	35-CH11D-JC1	27	450	650	5666.5	0~20	
5	35-CH11D-JC2	27	450	650	6315.0	20~40	
6	35-CH11D-JC3	27	450	650	6941.0	40~60	
7	35-CH11D-JC4	27	450	650	8183.0	60~90	兼0°~90°终端

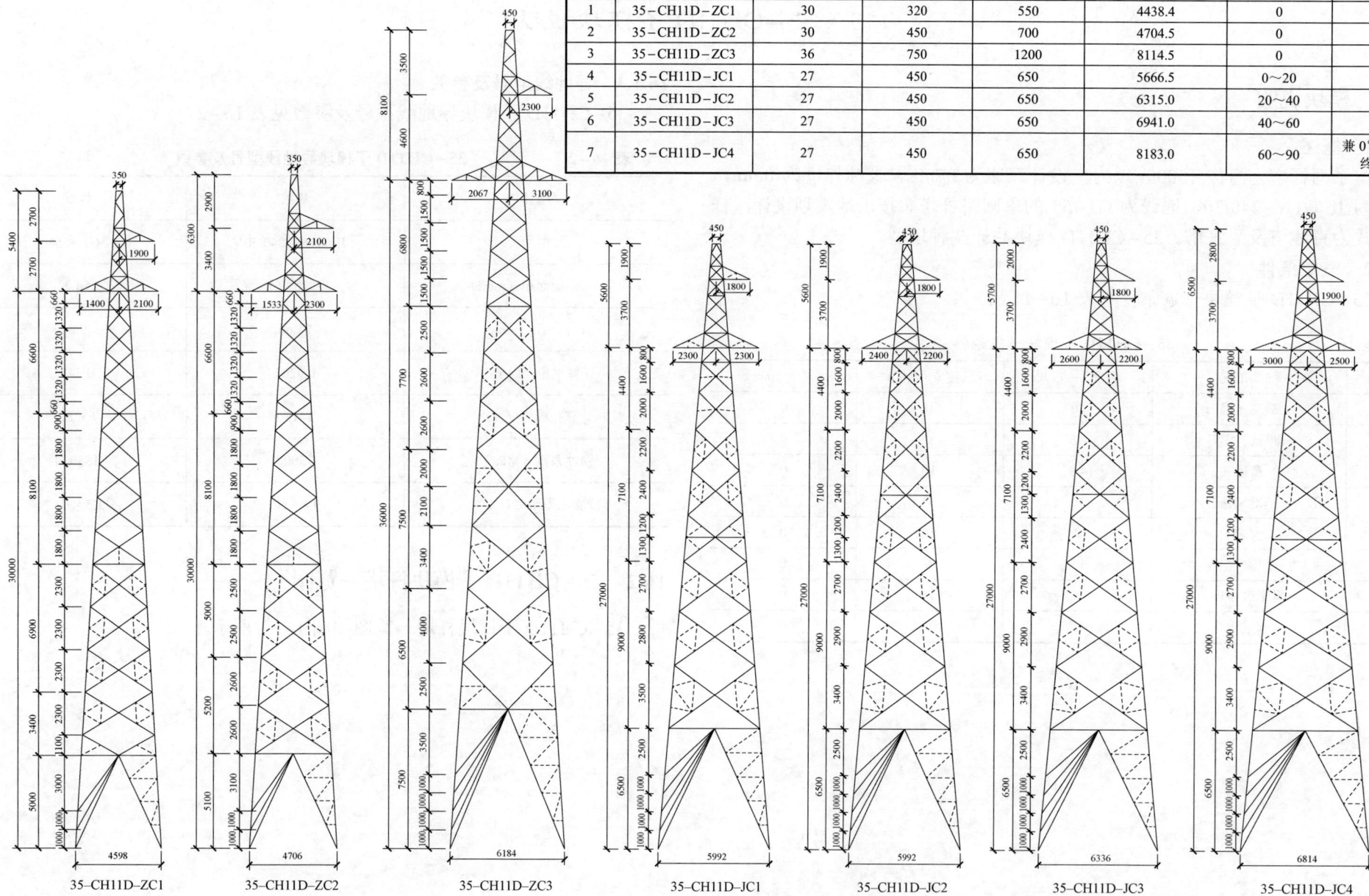

图 16-1 35-CH11D（原 35B7）子模块杆塔一览图

16.3　35-CH11D-ZC1 塔

16.3.1　设计条件

35-CH11D-ZC1 塔设计条件见表 16-3～表 16-6。

表 16-3　35-CH11D-ZC1 导地线型号及张力

导线型号	JL/G1A-240/30	最大使用张力（N）	28572	断线张力（%）	50
地线型号	GJ-55	最大使用张力（N）	21926	断线张力（%）	50

表 16-4　35-CH11D-ZC1 使用条件

水平档距（m）	垂直档距（m）	代表档距（m）	转角度数（°）	最大呼高（m）	K_v
320	550	200	0	30	0.95

表 16-5　35-CH11D-ZC1 基础力设计值

呼高 h (m)	基础力设计值（kN）					
	N_{max}	F_x	F_y	T_{max}	F_x	F_y
12	−192	−20	−17	173	−18	−16
15	−213	−20	−17	193	−19	−16
18	−239	−23	−20	217	−21	−19
21	−271	−28	−24	246	−26	−23
24	−289	−30	−28	263	−28	−27
27	−305	−30	−26	276	−28	−25
30	−324	−32	−29	293	−30	−27

表 16-6　35-CH11D-ZC1 地脚螺栓及铁塔半根开值

呼高 h (m)	地脚螺栓	铁塔半根开 (mm)	呼高 h (m)	地脚螺栓	铁塔半根开 (mm)
12	4M30	1210	24	4M30	1925
15	4M30	1390	27	4M30	2105
18	4M30	1565	30	4M30	2285
21	4M30	1745	—	—	—

16.3.2　35-CH11D-ZC1 铁塔单线图

35-CH11D-ZC1 铁塔单线图如图 16-2 所示。

塔呼高（m）	12.0	15.0	18.0	21.0	24.0	27.0	30.0
塔重（kg）	1879.8	2210.6	2546.0	3109.0	3501.1	3930.2	4438.4

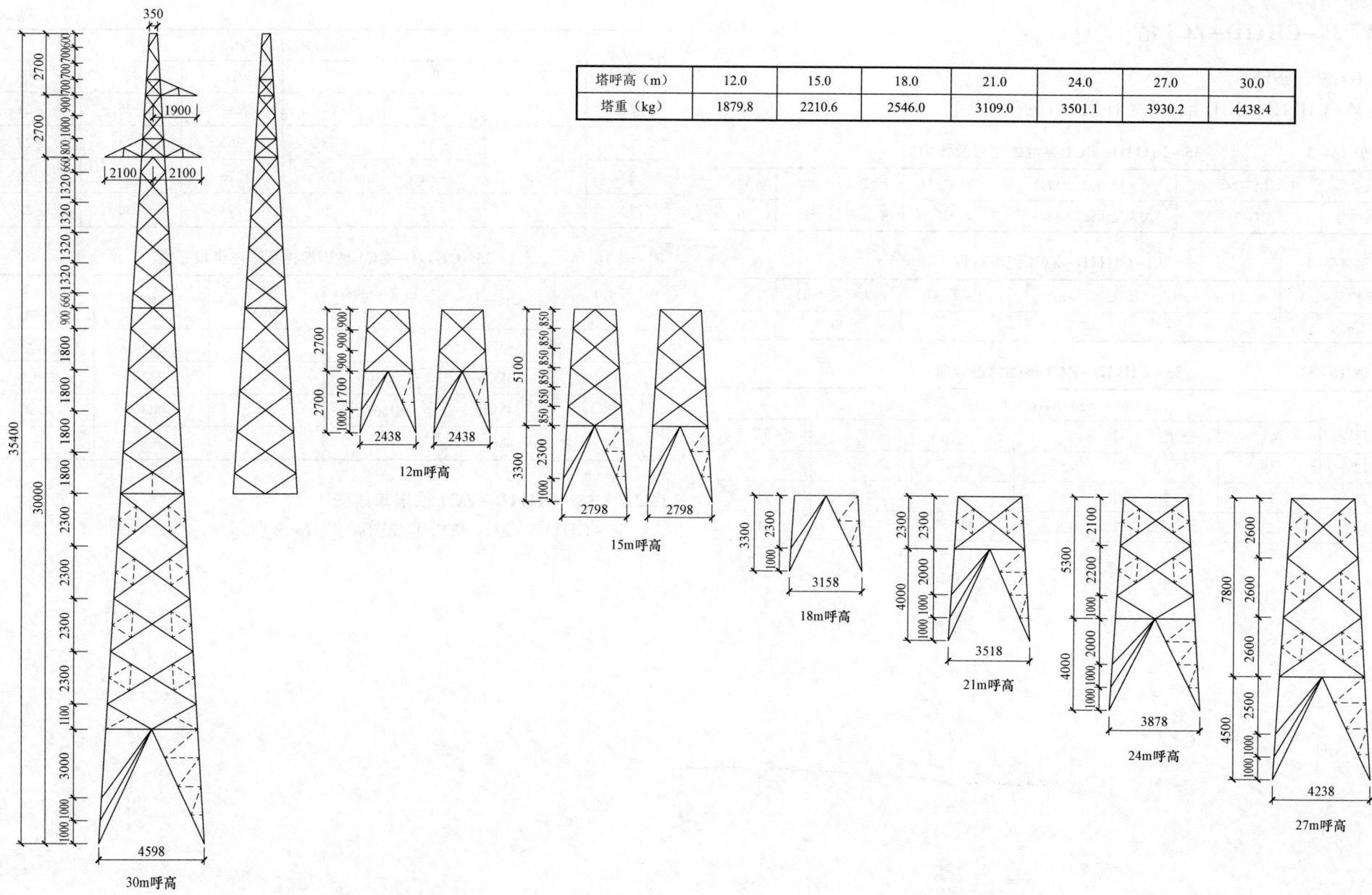

图 16－2　35－CH11D－ZC1 铁塔单图

16.4 35-CH11D-ZC2 塔

16.4.1 设计条件

35-CH11D-ZC2 塔设计条件见表 16-7 表 16-10。

表 16-7　　　　　　**35-CH11D-ZC2 导地线型号及张力**

导线型号	JL/G1A-240/30	最大使用张力（N）	28572	断线张力（%）	50
地线型号	GJ-55	最大使用张力（N）	21926	断线张力（%）	50

表 16-8　　　　　　**35-CH11D-ZC2 使用条件**

水平档距（m）	垂直档距（m）	代表档距（m）	转角度数（°）	最大呼高（m）	K_v
450	700	200	0	30	0.85

表 16-9　　　　　　**35-CH11D-ZC2 基础力设计值**

呼高 h (m)	基础力设计值（kN）					
	N_{max}	F_x	F_y	T_{max}	F_x	F_y
12	-232	-24	-20	209	-22	-20
15	-256	-25	-20	232	-23	-19
18	-283	-27	-23	257	-25	-22

呼高 h (m)	基础力设计值（kN）					
	N_{max}	F_x	F_y	T_{max}	F_x	F_y
21	-319	-32	-28	290	-30	-26
24	-340	-36	-34	309	-33	-32
27	-356	-35	-30	323	-33	-28
30	-374	-36	-31	339	-33	-29

表 16-10　　　　　　**35-CH11D-ZC2 地脚螺栓及铁塔半根开值**

呼高 h (m)	地脚螺栓	铁塔半根开 (mm)	呼高 h (m)	地脚螺栓	铁塔半根开 (mm)
12	4M30	1264	24	4M30	1979
15	4M30	1439	27	4M30	2154
18	4M30	1619	30	4M30	2334
21	4M30	1799	—	—	—

16.4.2 35-CH11D-ZC2 铁塔单线图

35-CH11D-ZC2 铁塔单线图如图 16-3 所示。

塔呼高（m）	12.0	15.0	18.0	21.0	24.0	27.0	30.0
塔重（kg）	2089.9	2429.6	2809.3	3398.5	3937.1	4183.5	4704.5

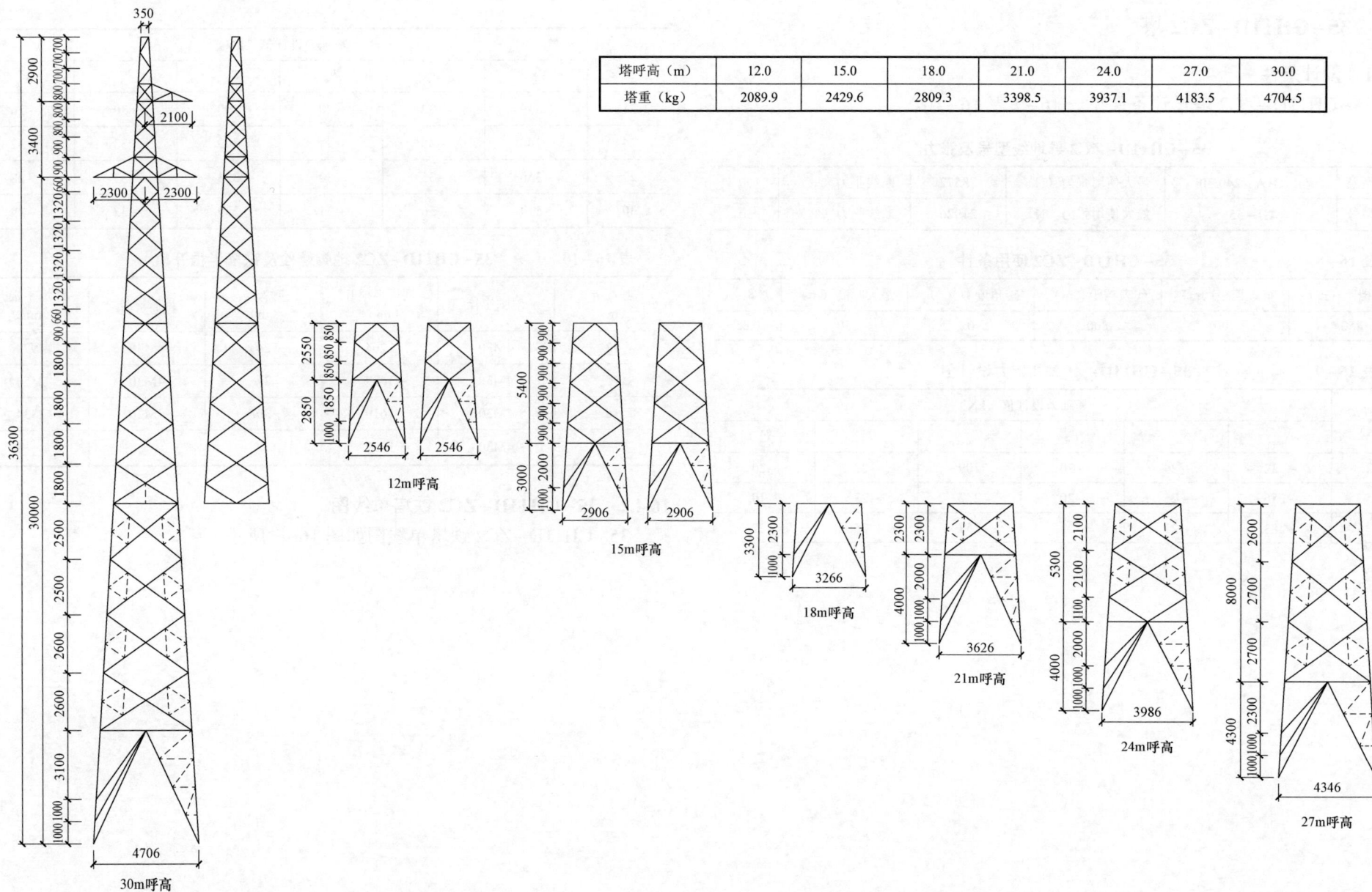

图 16-3　35-CH11D-ZC2 铁塔单线图

16.5 35-CH11D-ZC3 塔

16.5.1 设计条件

35-CH11D-ZC3 塔设计条件见表 16-11～表 16-14。

表 16-11　　　　35-CH11D-ZC3 导地线型号及张力

导线型号	JL/G1A-240/30	最大使用张力（N）	28572	断线张力（%）	50
地线型号	GJ-55	最大使用张力（N）	21926	断线张力（%）	50

表 16-12　　　　35-CH11D-ZC3 使用条件

水平档距（m）	垂直档距（m）	代表档距（m）	转角度数（°）	最大呼高（m）	K_v
750	1200	200	0	36	0.75

表 16-13　　　　35-CH11D-ZC3 基础力设计值

呼高 h (m)	基础力设计值（kN）					
	N_{max}	F_x	F_y	T_{max}	F_x	F_y
12	-318	-37	-28	281	-34	-27
15	-347	-38	-30	309	-35	-28
18	-386	-42	-33	344	-39	-32
21	-426	-50	-44	382	-46	-42

呼高 h (m)	基础力设计值（kN）					
	N_{max}	F_x	F_y	T_{max}	F_x	F_y
24	-454	-53	-50	407	-49	-46
27	-492	-54	-45	441	-50	-42
30	-530	-61	-54	477	-56	-51
33	-560	-61	-52	502	-57	-49
36	-589	-65	-58	529	-61	-54

表 16-14　　　　35-CH11D-ZC3 地脚螺栓及铁塔半根开值

呼高 h (m)	地脚螺栓	铁塔半根开 (mm)	呼高 h (m)	地脚螺栓	铁塔半根开 (mm)
12	4M30	1521.5	27	4M36	2486.5
15	4M30	1711.5	30	4M36	2681.5
18	4M36	1906.5	33	4M36	2876.5
21	4M36	2101.5	36	4M36	3071.5
24	4M36	2296.5	—	—	—

16.5.2 35-CH11D-ZC3 铁塔单线图

35-CH11D-ZC3 铁塔单线图如图 16-4 所示。

塔呼高 (m)	塔重 (kg)
12.0	2982.8
15.0	3400.2
18.0	4270.4
21.0	4773.8
24.0	5386.8
27.0	6161.7
30.0	6718.2
33.0	7490.5
36.0	8114.5

12m呼高
3063
2200 2000 1000
2200 3000

15m呼高
3453
2300 2300 2600 1000
4600 3600

18m呼高
3843
2500 1000
3500

21m呼高
4233
2000 2500 1000 1000
2000 4500

24m呼高
4623
2700 2300 2500 1000 1000
5000 4500

27m呼高
5013
3000 1000 1000
5000

30m呼高
5404
2000 3000 1000 1000 1000
2000 6000

33m呼高
5794
4500 3500 1000 1000 1000
4500 6500

36m呼高
6184
450 2300 3100 3100
600 600 600 700 1000 1200 1200 2200 800 1500 1500 1500 1500 2500 2600 2600 2000 2100 3400 4000 2500 3500 1000 1000 1000 1000
3500 4600 36000
44100

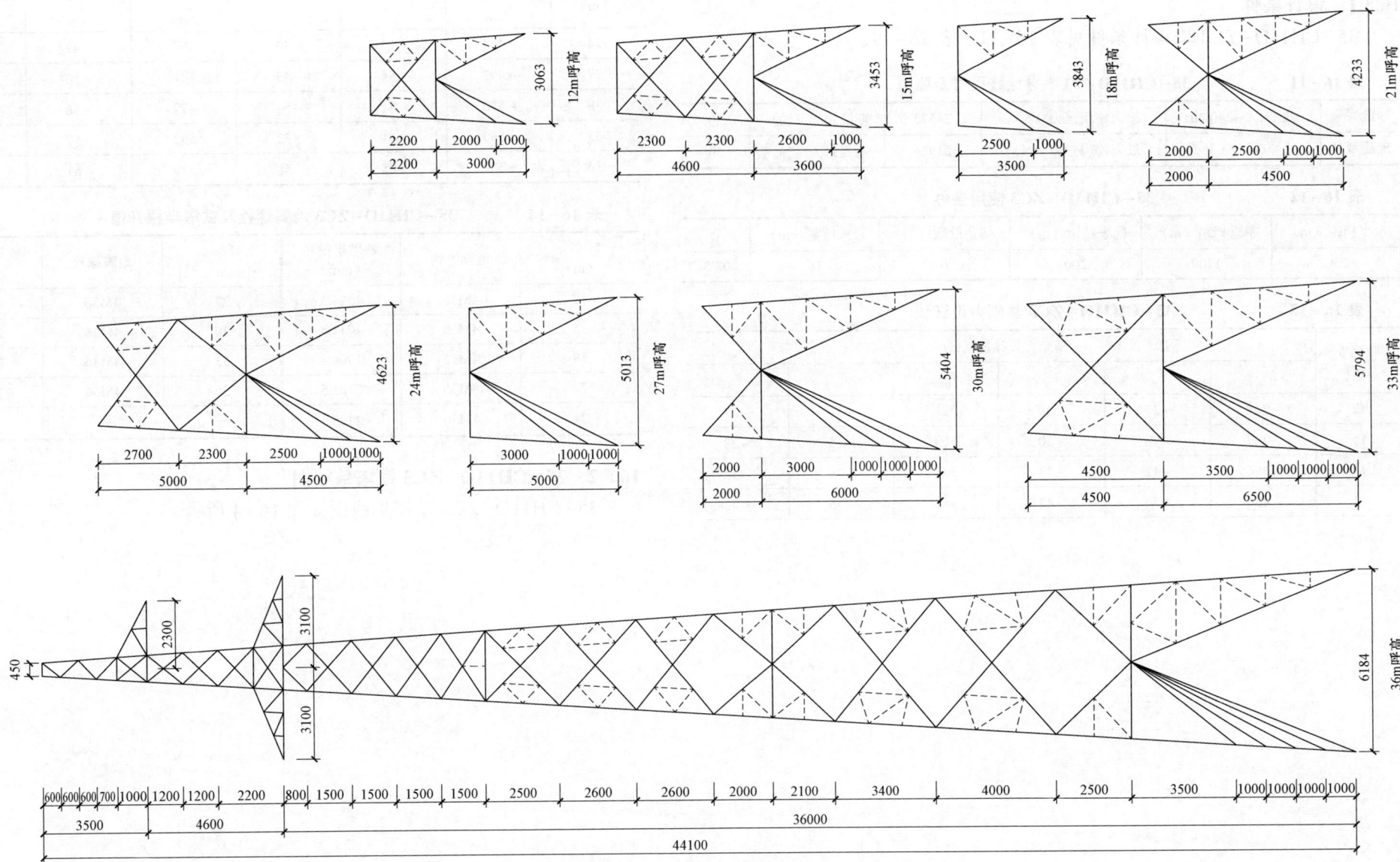

图 16-4　35-CH11D-ZC3 铁塔单线图

16.6 35-CH11D-JC1塔

16.6.1 设计条件

35-CH11D-JC1塔设计条件见表16-15～表16-18。

表16-15　　35-CH11D-JC1导地线型号及张力

导线型号	JL/G1A-240/30	最大使用张力（N）	28572	断线张力（%）	70
地线型号	GJ-55	最大使用张力（N）	21926	断线张力（%）	80

表16-16　　35-CH11D-JC1使用条件

水平档距（m）	垂直档距（m）	代表档距（m）	转角度数（°）	最大呼高（m）	K_v
450	650	450/150	0～20	30	—

表16-17　　35-CH11D-JC1基础力设计值

呼高 h （m）	基础力设计值（kN）					
	N_{max}	F_x	F_y	T_{max}	F_x	F_y
9	-282	-41	-28	262	-38	-27
12	-321	-48	-34	299	-44	-33
15	-343	-49	-35	318	-45	-34

续表

呼高 h （m）	基础力设计值（kN）					
	N_{max}	F_x	F_y	T_{max}	F_x	F_y
18	-387	-55	-42	359	-52	-40
21	-404	-55	-42	374	-52	-40
24	-425	-57	-44	390	-54	-41
27	-447	-62	-47	410	-58	-45
30	-459	-63	-46	418	-59	-43

表16-18　　35-CH11D-JC1地脚螺栓及铁塔半根开值

呼高 h （m）	地脚螺栓	铁塔半根开（mm）	呼高 h （m）	地脚螺栓	铁塔半根开（mm）
9	4M30	1457	21	4M36	2467
12	4M30	1707	24	4M36	2717
15	4M30	1962	27	4M36	2972
18	4M30	2217	30	4M36	3227

16.6.2　35-CH11D-JC1铁塔单线图

35-CH11D-JC1铁塔单线图如图16-5所示。

塔呼高（m）	9.0	12.0	15.0	18.0	21.0	24.0	27.0	30.0
塔重（kg）	2269.0	2770.1	3179.3	3729.1	4441.2	5045.7	5666.5	6232.4

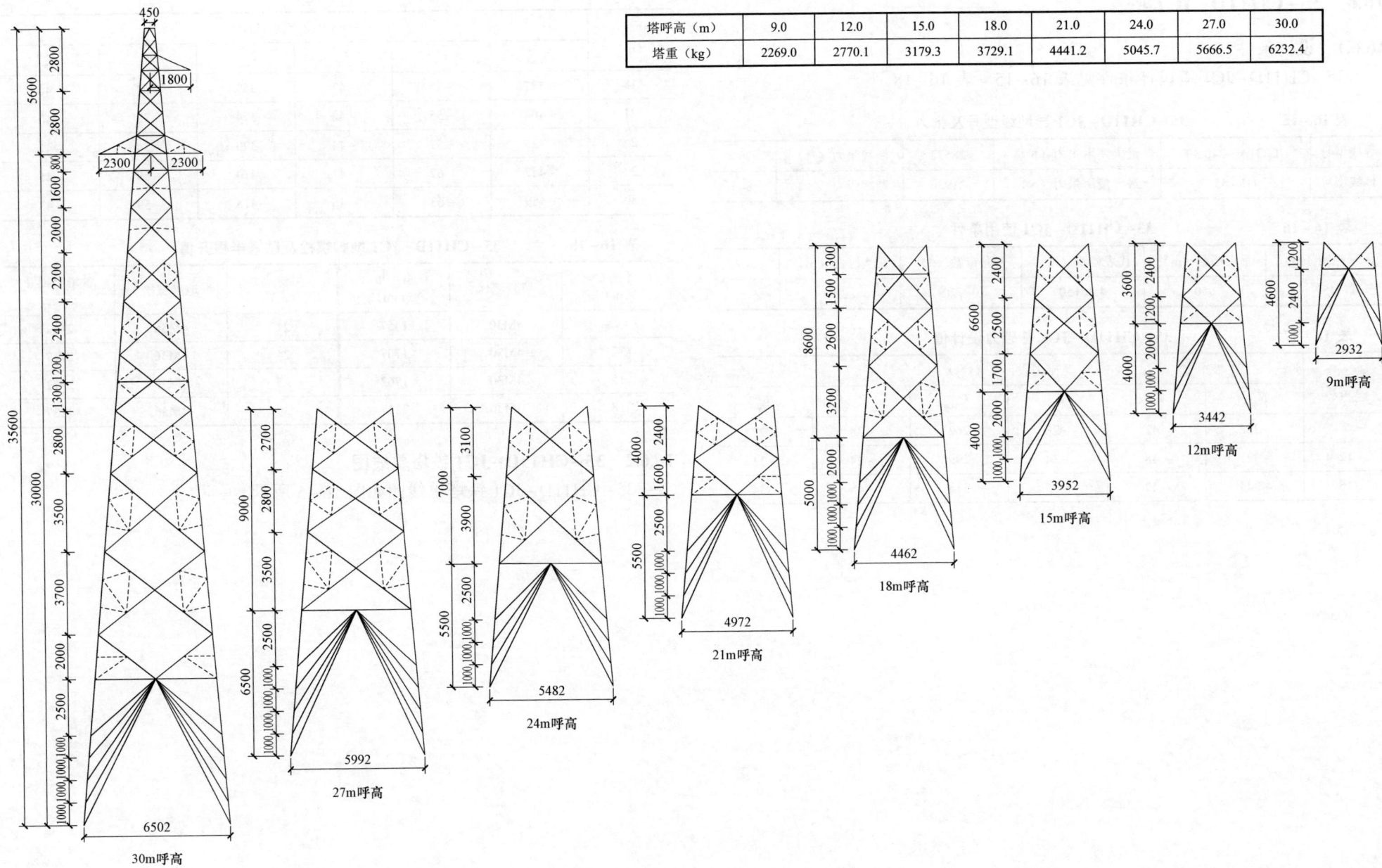

图 16-5　35-CH11D-JC1 铁塔单线图

16.7 35-CH11D-JC2 塔

16.7.1 设计条件

35-CH11D-JC2 塔设计条件见表 16-19～表 16-22。

表 16-19　35-CH11D-JC2 导地线型号及张力

导线型号	JL/G1A-240/30	最大使用张力（N）	28572	断线张力（%）	70
地线型号	GJ-55	最大使用张力（N）	21926	断线张力（%）	80

表 16-20　35-CH11D-JC2 使用条件

水平档距（m）	垂直档距（m）	代表档距（m）	转角度数（°）	最大呼高（m）	K_v
450	650	450/150	20～40	30	—

表 16-21　35-CH11D-JC2 基础力设计值

呼高 h（m）	基础力设计值（kN）					
	N_{max}	F_x	F_y	T_{max}	F_x	F_y
9	-379	-56	-37	358	-52	-37
12	-431	-64	-45	408	-59	-45
15	-455	-64	-46	429	-60	-45

续表

呼高 h（m）	基础力设计值（kN）					
	N_{max}	F_x	F_y	T_{max}	F_x	F_y
18	-510	-72	-54	480	-68	-53
21	-531	-71	-54	499	-67	-53
24	-553	-73	-55	517	-68	-54
27	-582	-77	-58	543	-72	-56
30	-594	-78	-58	550	-73	-55

表 16-22　35-CH11D-JC2 地脚螺栓及铁塔半根开值

呼高 h（m）	地脚螺栓	铁塔半根开（mm）	呼高 h（m）	地脚螺栓	铁塔半根开（mm）
9	4M36	1456	21	4M36	2466
12	4M36	1706	24	4M36	2721
15	4M36	1956	27	4M36	2976
18	4M36	2211	30	4M36	3231

16.7.2 35-CH11D-JC2 铁塔单线图

35-CH11D-JC2 铁塔单线图如图 16-6 所示。

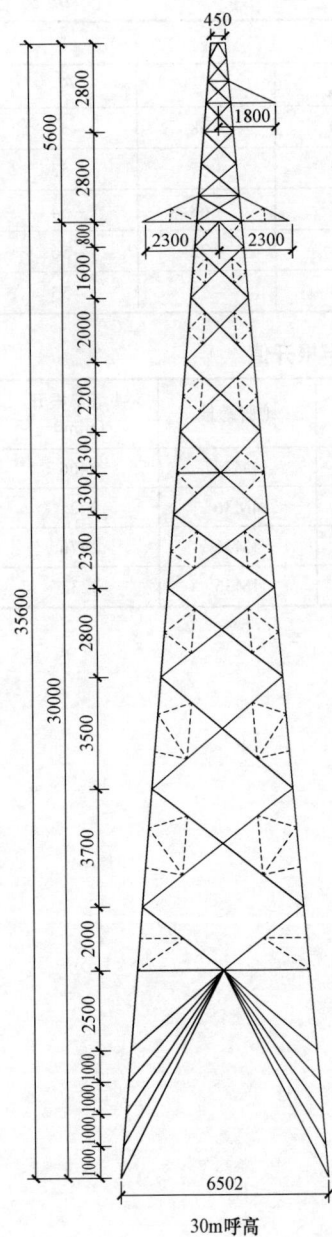

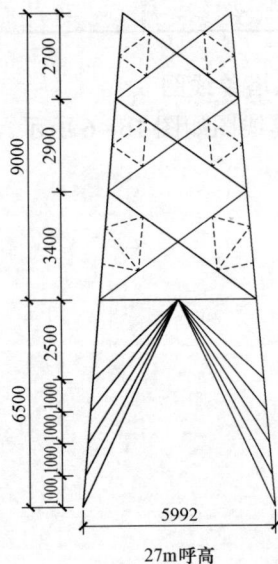

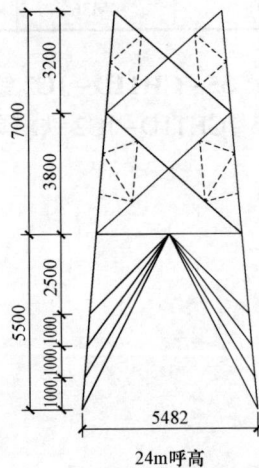

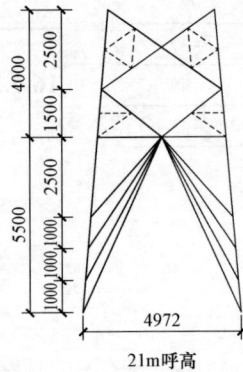

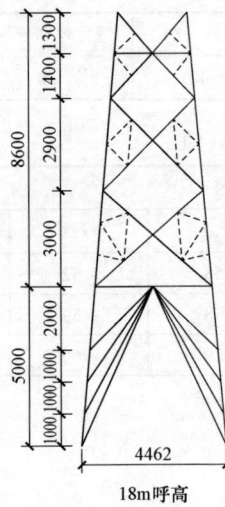

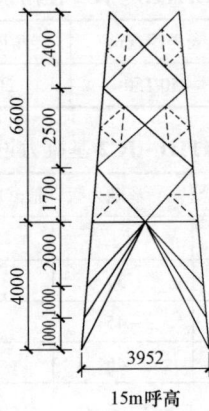

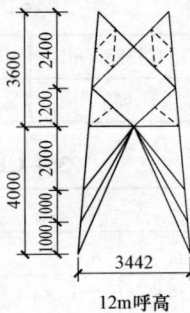

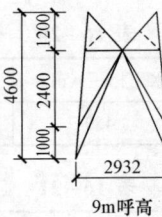

塔呼高（m）	9.0	12.0	15.0	18.0	21.0	24.0	27.0	30.0
塔重（kg）	2565.3	3115.6	3613.4	4449.4	5059.3	5629.3	6315.0	6980.8

图 16-6　35-CH11D-JC2 铁塔单线图

16.8 35-CH11D-JC3 塔

16.8.1 设计条件

35-CH11D-JC3 塔设计条件见表 16-23～表 16-26。

表 16-23　35-CH11D-JC3 导地线型号及张力

导线型号	JL/G1A-240/30	最大使用张力（N）	28572	断线张力（%）	70
地线型号	GJ-55	最大使用张力（N）	21926	断线张力（%）	80

表 16-24　35-CH11D-JC3 使用条件

水平档距（m）	垂直档距（m）	代表档距（m）	转角度数（°）	最大呼高（m）	K_v
450	650	450/150	40～60	30	—

表 16-25　35-CH11D-JC3 基础力设计值

呼高 h（m）	基础力设计值（kN）					
	N_{max}	F_x	F_y	T_{max}	F_x	F_y
9	-447	-69	-45	425	-65	-46
12	-506	-78	-54	482	-73	-55
15	-536	-79	-56	509	-74	-55

呼高 h（m）	基础力设计值（kN）					
	N_{max}	F_x	F_y	T_{max}	F_x	F_y
18	-603	-88	-66	571	-83	-65
21	-623	-86	-66	588	-81	-65
24	-645	-88	-67	605	-82	-65
27	-678	-92	-70	635	-87	-68
30	-690	-93	-70	644	-87	-67

表 16-26　35-CH11D-JC3 地脚螺栓及铁塔半根开值

呼高 h（m）	地脚螺栓	铁塔半根开（mm）	呼高 h（m）	地脚螺栓	铁塔半根开（mm）
9	4M36	1533	21	4M42	2608
12	4M36	1803	24	4M42	2878
15	4M36	2073	27	4M42	3148
18	4M42	2338	30	4M42	3418

16.8.2　35-CH11D-JC3 铁塔单线图

35-CH11D-JC3 铁塔单线图如图 16-7 所示。

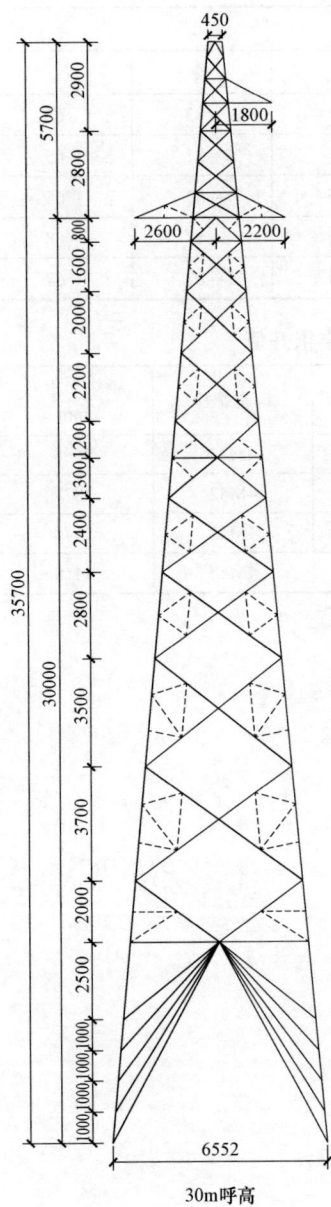

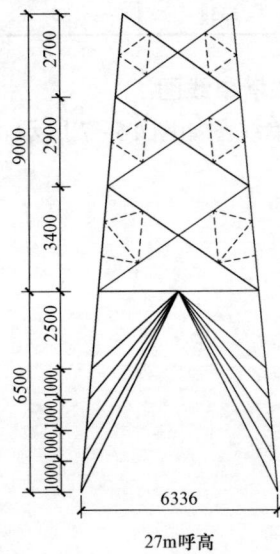

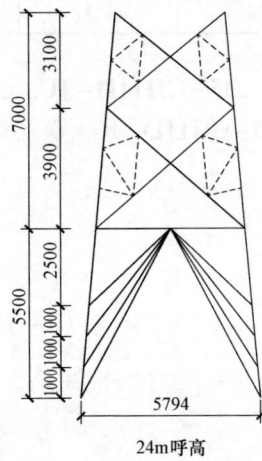

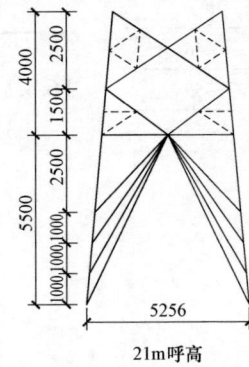

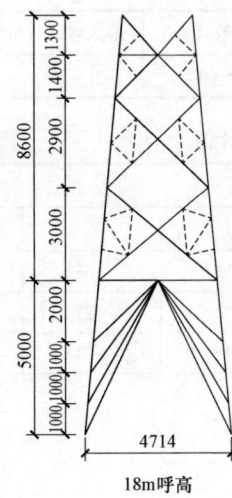

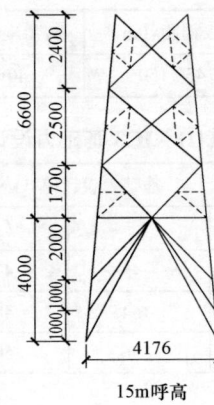

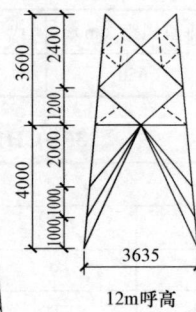

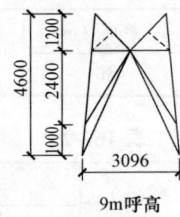

塔呼高（m）	9.0	12.0	15.0	18.0	21.0	24.0	27.0	30.0
塔重（kg）	2757.2	3451.1	3932.1	4906.1	5606.8	6185.7	6941.0	7712.1

图 16-7　35-CH11D-JC3 铁塔单线图

16.9 35-CH11D-JC4 塔

16.9.1 设计条件

35-CH11D-JC4 塔设计条件见表 16-27～表 16-30。

表 16-27　　　　　**35-CH11D-JC4 导地线型号及张力**

导线型号	JL/G1A-240/30	最大使用张力（N）	28572	断线张力（%）	70
地线型号	GJ-55	最大使用张力（N）	21926	断线张力（%）	80

表 16-28　　　　　**35-CH11D-JC4 使用条件**

水平档距（m）	垂直档距（m）	代表档距（m）	转角度数（°）	最大呼高（m）	K_v
450	650	450/150	60～90 兼 0～90 终端	30	—

表 16-29　　　　　**35-CH11D-JC4 基础力设计值**

呼高 h （m）	基础力设计值（kN）					
	N_{max}	F_x	F_y	T_{max}	F_x	F_y
9	-520	-89	-54	496	-85	-53
12	-594	-100	-66	566	-95	-65
15	-631	-100	-68	600	-95	-66

呼高 h （m）	基础力设计值（kN）					
	N_{max}	F_x	F_y	T_{max}	F_x	F_y
18	-708	-110	-81	673	-105	-79
21	-728	-108	-81	689	-103	-78
24	-755	-109	-82	712	-104	-79
27	-793	-116	-88	745	-110	-84
30	-805	-116	-86	752	-109	-82

表 16-30　　　　　**35-CH11D-JC4 地脚螺栓及铁塔半根开值**

呼高 h （m）	地脚螺栓	铁塔半根开 （mm）	呼高 h （m）	地脚螺栓	铁塔半根开 （mm）
9	4M42	1687.5	21	4M42	2822.5
12	4M42	1972.5	24	4M42	3107.5
15	4M42	2257.5	27	4M42	3392.5
18	4M42	2542.5	30	4M42	3677.5

16.9.2 35-CH11D-JC4 铁塔单线图

35-CH11D-JC4 铁塔单线图如图 16-8 所示。

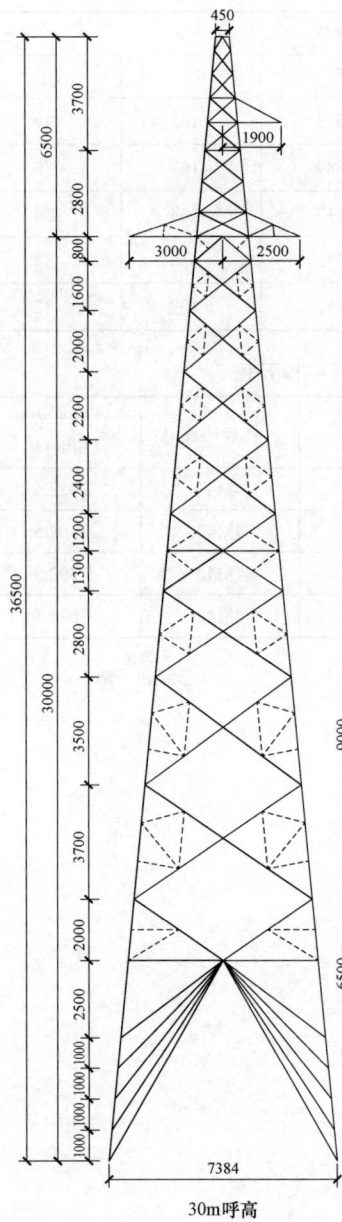

塔呼高（m）	9.0	12.0	15.0	18.0	21.0	24.0	27.0	30.0
塔重（kg）	3412.2	4085.2	4683.1	5481.5	6424.1	7069.3	8183.0	8921.8

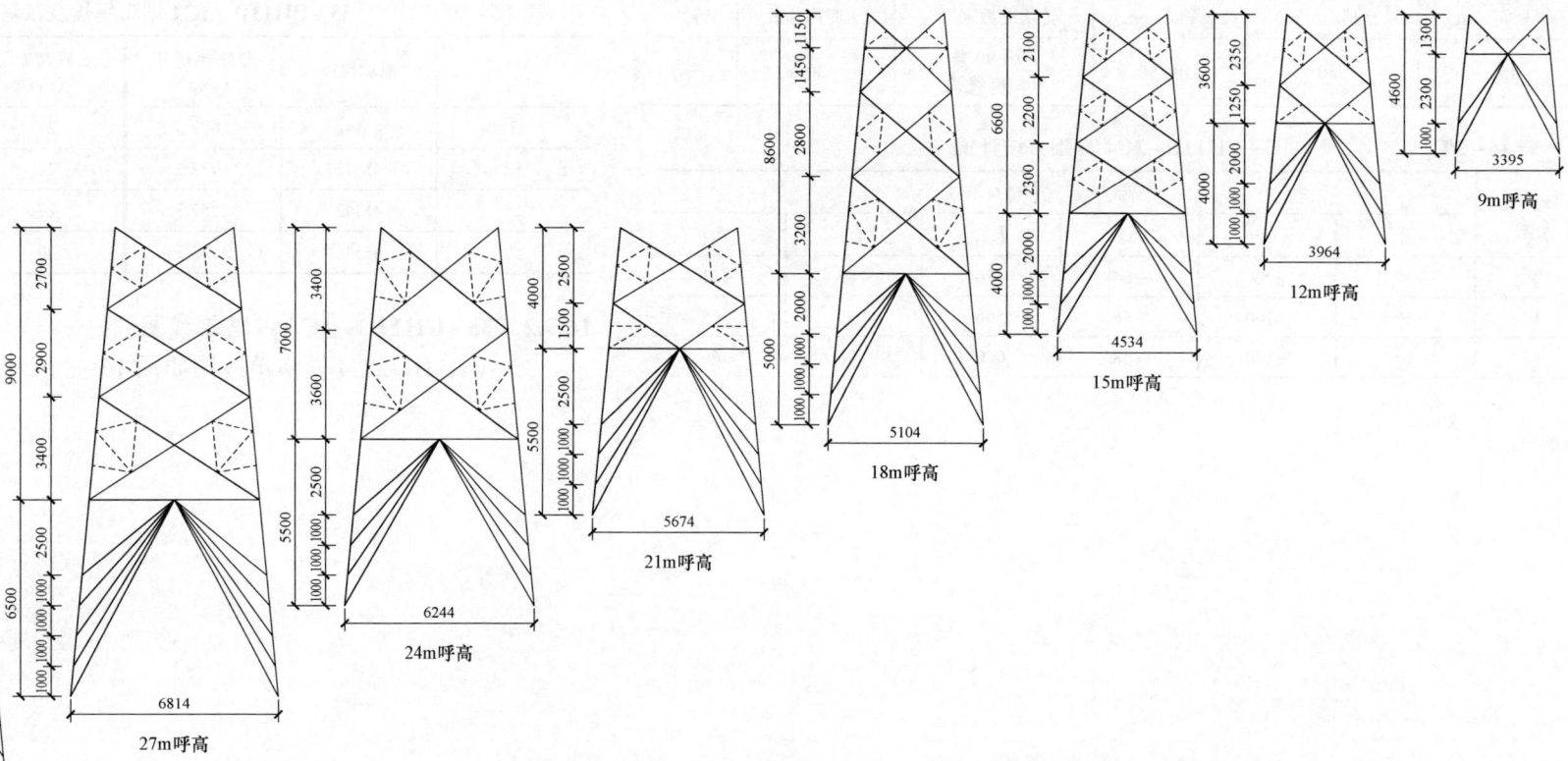

图 16-8　35-CH11D-JC4 铁塔单线图

17.1 模块说明

17.1.1 概述

本系列杆塔为海拔 1000m 以内，设计风速为 37m/s，覆冰厚度为 0mm，导线为 JL/G1A－240/30，地线为 JLB20A－80 的双回路杆塔。按山地规划设计，杆塔形式为直线塔及耐张塔。35－CH11S 模块共计 7 种塔型。

17.1.2 气象条件

35－CH11S 子模块气象条件见表 17－1。

表 17－1　　　　　　35－CH11S 子模块气象条件

序号	气象工况	温度 t（℃）	风速 v（m/s）	冰厚 c（mm）
1	最高气温	40	0	0
2	最低气温	－5	0	0
3	覆冰	－5	10	0
4	基准风速	10	37	0
5	安装	0	10	0
6	平均气温	15	0	0
7	雷电过电压	15	15	0
8	内部过电压	15	20	0

17.1.3 导地线型号及参数

35－CH11S 子模块导地线型号及参数见表 17－2。

表 17－2　　　　　35－CH11S 子模块导地线型号及参数

项目	导线	地线
型号	JL/G1A－240/30	JLB20A－80
计算截面面积（mm²）	275.96	79.39
计算外径（mm）	21.60	11.4
计算重量（kg/m）	0.9207	0.528
计算拉断力（N）	75190	89310
弹性系数（MPa）	73000	147200
线膨胀系数（1/℃）	19.6×10^{-6}	13.0×10^{-6}

17.2 35－CH11S 子模块杆塔一览图

35－CH11S 子模块杆塔一览图如图 17－1 所示。

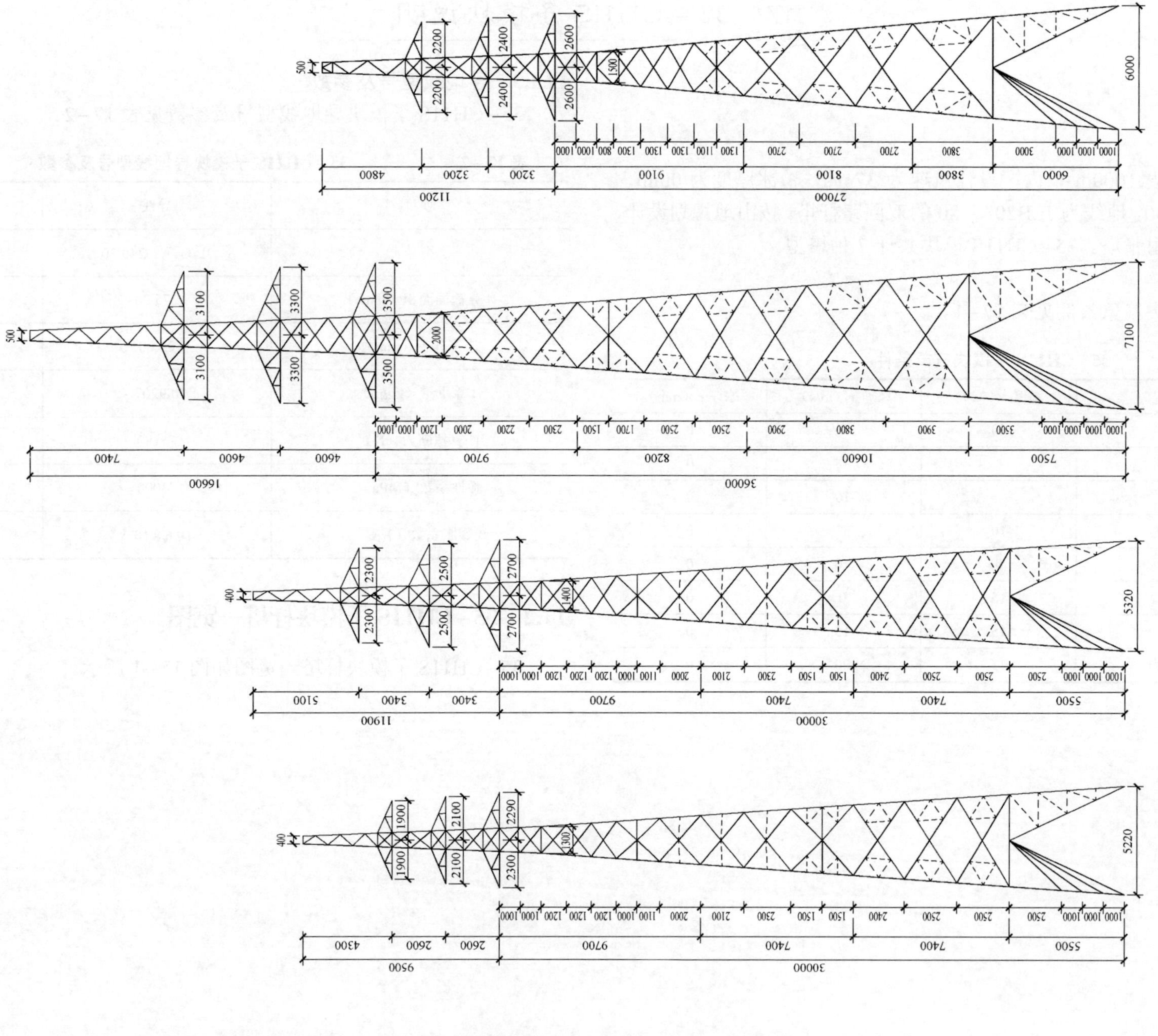

图 17-1 35-CH11S（原 35B8）子模块杆塔一览图（一）

序号	塔型名称	标准呼高 (m)	水平档距 (m)	垂直档距 (m)	标准呼高塔重 (kg)	转角度数 (°)	备注
1	35-CH11S-ZC1	30	320	550	5996.6	0	
2	35-CH11S-ZC2	30	450	700	6772.2	0	
3	35-CH11S-ZC3	36	750	1200	11402.8	0	
4	35-CH11S-JC1	27	450	650	8607.3	0~20	
5	35-CH11S-JC2	27	450	650	9750.3	20~40	
6	35-CH11S-JC3	27	450	650	11197.4	40~60	
7	35-CH11S-JC4	27	450	650	13555.6	60~90	兼 0°~90° 终端

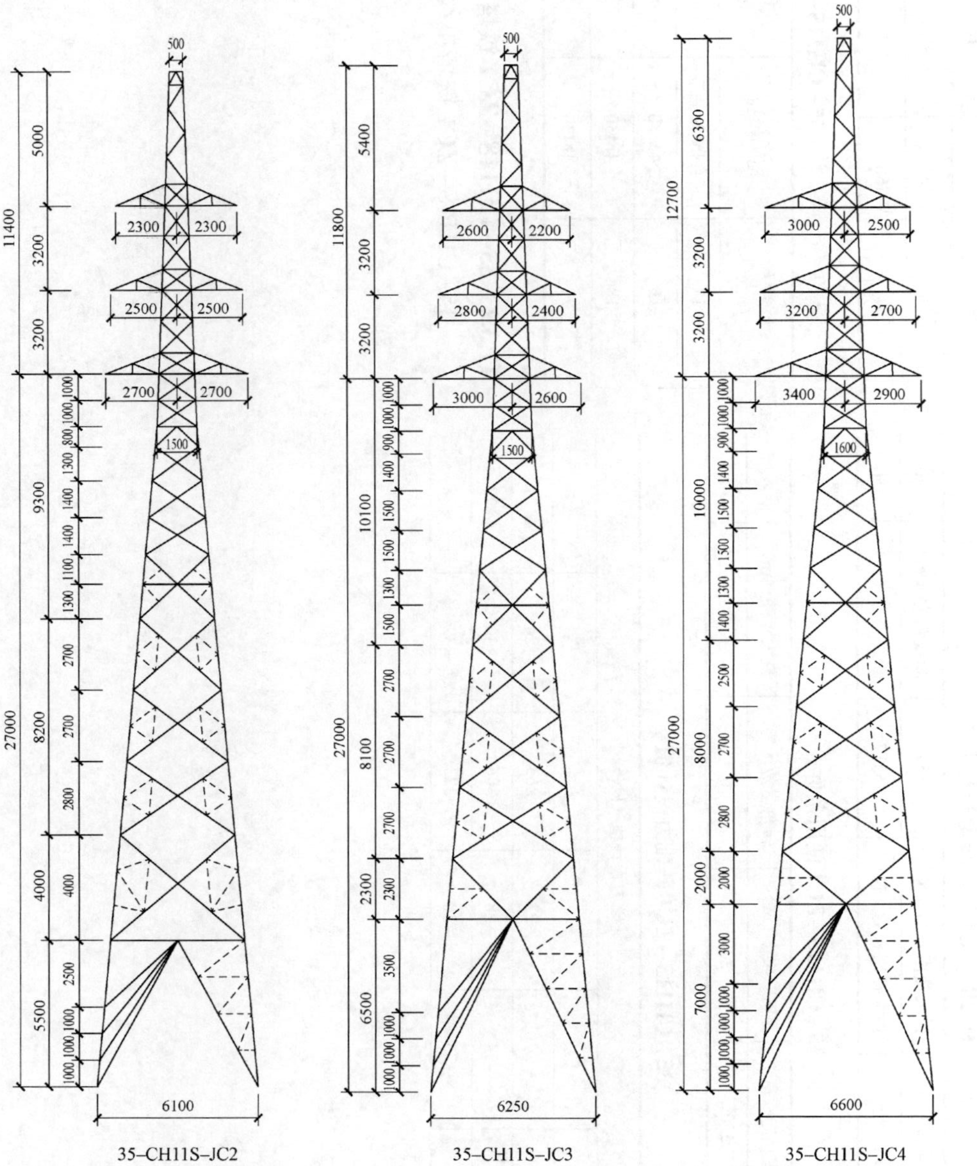

图 17-1 35-CH11S（原 35B8）子模块杆塔一览图（二）

17.3 35-CH11S-ZC1塔

17.3.1 设计条件

35-CH11S-ZC1塔设计条件见表17-3～表17-6。

表17-3 35-CH11S-ZC1导地线型号及张力

导线型号	JL/G1A-240/30	最大使用张力（N）	28572	断线张力（%）	50
地线型号	JLB20A-80	最大使用张力（N）	25517	断线张力（%）	50

表17-4 35-CH11S-ZC1使用条件

水平档距（m）	垂直档距（m）	代表档距（m）	转角度数（°）	最大呼高（m）	K_v
320	550	200	0	30	0.95

表17-5 35-CH11S-ZC1基础力设计值

呼高 h （m）	基础力设计值（kN）					
	N_{max}	F_x	F_y	T_{max}	F_x	F_y
12	-293	-27	-22	263	-24	-21
15	-338	-34	-28	306	-30	-27
18	-357	-35	-30	323	-32	-28

续表

呼高 h （m）	基础力设计值（kN）					
	N_{max}	F_x	F_y	T_{max}	F_x	F_y
21	-385	-39	-34	349	-36	-33
24	-412	-42	-37	373	-39	-35
27	-435	-47	-42	394	-43	-40
30	-456	-49	-43	411	-45	-41

表17-6 35-CH11S-ZC1地脚螺栓及铁塔半根开值

呼高 h （m）	地脚螺栓	铁塔半根开（mm）	呼高 h （m）	地脚螺栓	铁塔半根开（mm）
12	4M30	1350	24	4M30	2180
15	4M30	1560	27	4M36	2390
18	4M30	1765	30	4M36	2600
21	4M30	1970	—	—	—

17.3.2 35-CH11S-ZC1铁塔单线图

35-CH11S-ZC1铁塔单线图如图17-2所示。

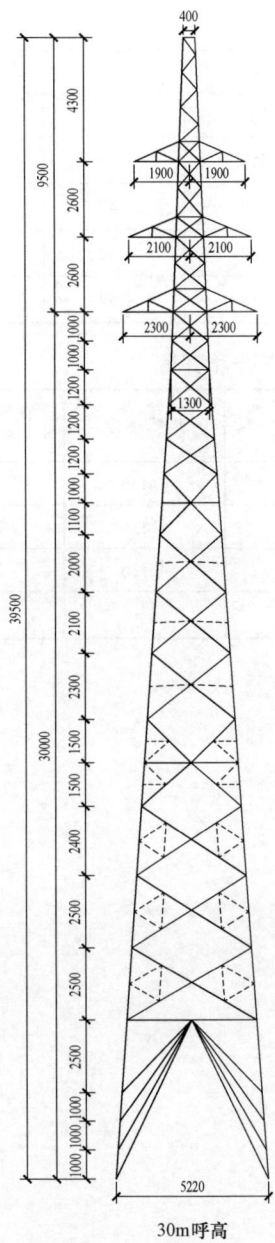

塔呼高（m）	12.0	15.0	18.0	21.0	24.0	27.0	30.0
塔重（kg）	2676.0	3150.1	3660.5	4167.9	4766.2	5466.9	5996.6

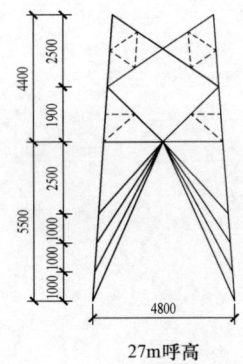

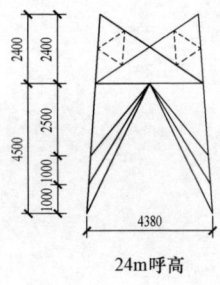

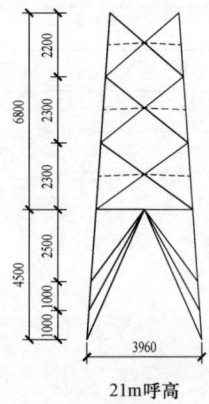

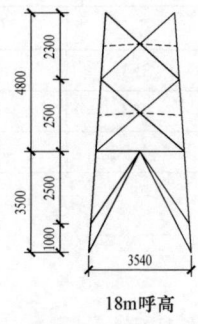

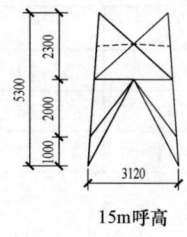

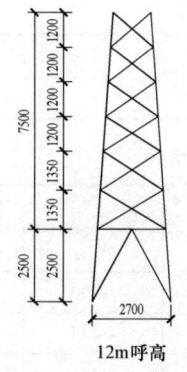

30m呼高

27m呼高

24m呼高

21m呼高

18m呼高

15m呼高

12m呼高

图 17-2　35-CH11S-ZC1 铁塔单图

17.4 35-CH11S-ZC2 塔

17.4.1 设计条件

35-CH11S-ZC2 塔设计条件见表 17-7～表 17-10。

表 17-7　　　　35-CH11S-ZC2 导地线型号及张力

导线型号	JL/G1A-240/30	最大使用张力（N）	28572	断线张力（%）	50
地线型号	JLB20A-80	最大使用张力（N）	25517	断线张力（%）	50

表 17-8　　　　35-CH11S-ZC2 使用条件

水平档距（m）	垂直档距（m）	代表档距（m）	转角度数（°）	最大呼高（m）	K_v
450	700	200	0	30	0.85

表 17-9　　　　35-CH11S-ZC2 基础力设计值

呼高 h（m）	基础力设计值（kN）					
	N_{max}	F_x	F_y	T_{max}	F_x	F_y
12	−390	−35	−29	353	−31	−28
15	−443	−42	−36	403	−38	−35
18	−461	−44	−37	419	−39	−36
21	−499	−49	−43	454	−44	−41
24	−524	−52	−46	476	−47	−44
27	−558	−57	−52	508	−52	−50
30	−577	−59	−53	523	−54	−50

表 17-10　　　　35-CH11S-ZC2 地脚螺栓及铁塔半根开值

呼高 h（m）	地脚螺栓	铁塔半根开（mm）	呼高 h（m）	地脚螺栓	铁塔半根开（mm）
12	4M36	1395	24	4M36	2230
15	4M36	1605	27	4M36	2440
18	4M36	1810	30	4M36	2650
21	4M36	2020	—	—	—

17.4.2 35-CH11S-ZC2 铁塔单线图

35-CH11S-ZC2 铁塔单线图如图 17-3 所示。

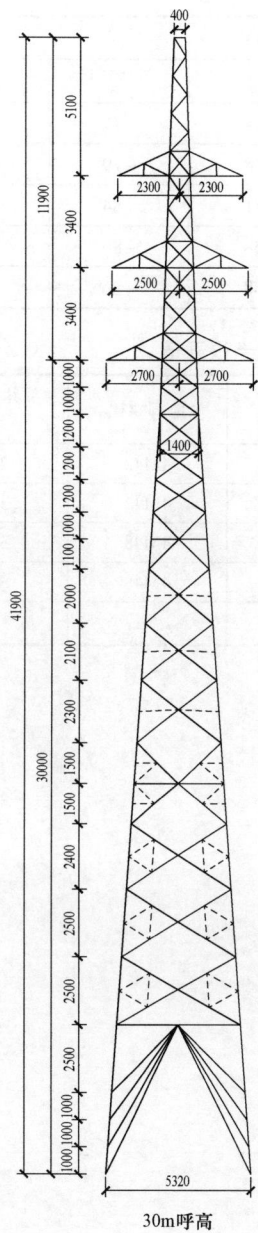

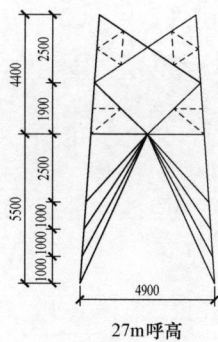

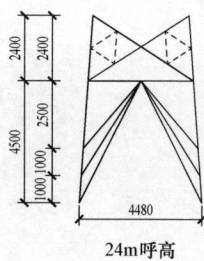

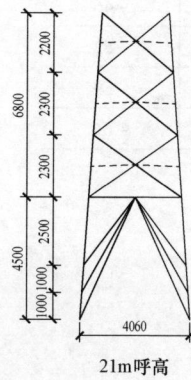

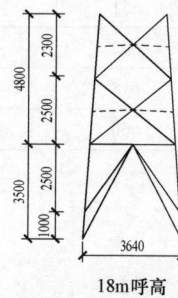

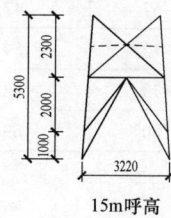

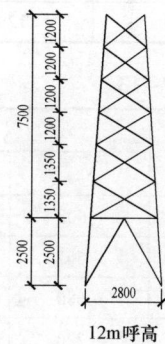

塔呼高（m）	12.0	15.0	18.0	21.0	24.0	27.0	30.0
塔重（kg）	3313.1	3831.1	4424.9	5027.3	5593.2	6196.3	6772.2

30m呼高

27m呼高

24m呼高

21m呼高

18m呼高

15m呼高

12m呼高

图 17-3　35-CH11S-ZC2 铁塔单线图

17.5　35-CH11S-ZC3 塔

17.5.1　设计条件

35-CH11S-ZC3 塔设计条件见表 17-11～表 17-14。

表 17-11　35-CH11S-ZC3 导地线型号及张力

导线型号	JL/G1A-240/30	最大使用张力（N）	28572	断线张力（%）	50
地线型号	JLB20A-80	最大使用张力（N）	25517	断线张力（%）	50

表 17-12　35-CH11S-ZC3 使用条件

水平档距（m）	垂直档距（m）	代表档距（m）	转角度数（°）	最大呼高（m）	K_v
750	1200	200	0	36	0.75

表 17-13　35-CH11S-ZC3 基础力设计值

呼高 h（m）	基础力设计值（kN）					
	N_{max}	F_x	F_y	T_{max}	F_x	F_y
12	-608	-67	-47	551	-59	-46
15	-661	-72	-54	602	-65	-53
18	-680	-73	-62	618	-66	-59
21	-726	-80	-69	660	-73	-66
24	-766	-85	-74	694	-77	-71
27	-794	-87	-76	718	-79	-72
30	-831	-92	-81	751	-84	-77
33	-853	-94	-83	768	-86	-78
36	-876	-94	-83	788	-86	-78

表 17-14　35-CH11S-ZC3 地脚螺栓及铁塔半根开值

呼高 h（m）	地脚螺栓	铁塔半根开（mm）	呼高 h（m）	地脚螺栓	铁塔半根开（mm）
12	4M42	1750	27	4M42	2870
15	4M42	1975	30	4M42	3095
18	4M42	2195	33	4M48	3320
21	4M42	2420	36	4M48	3545
24	4M42	2645	—	—	—

17.5.2　35-CH11S-ZC3 铁塔单线图

35-CH11S-ZC3 铁塔单线图如图 17-4 所示。

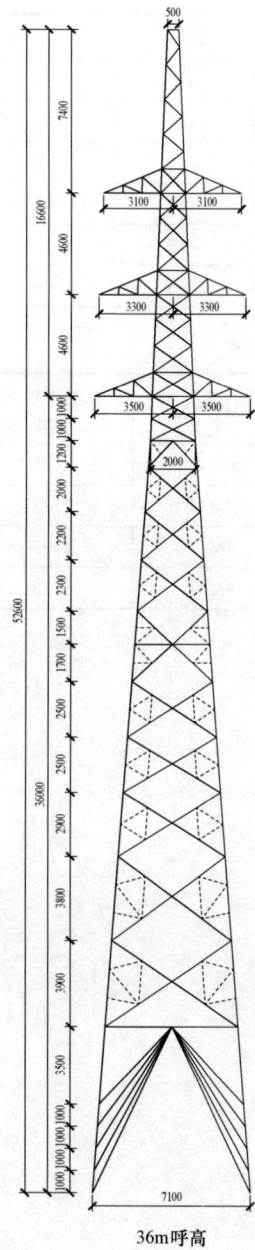

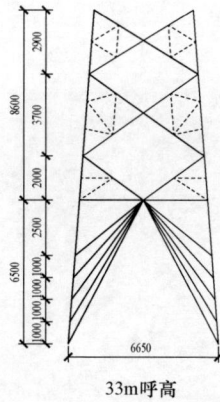

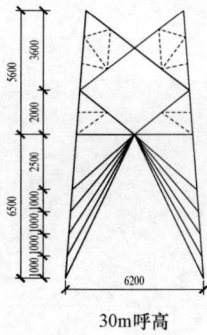

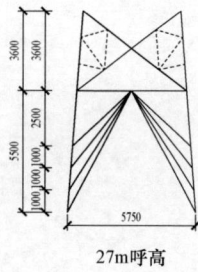

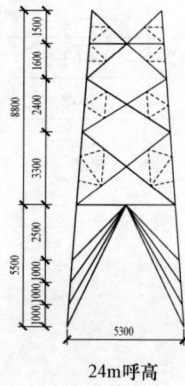

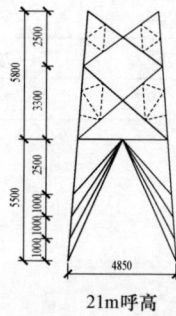

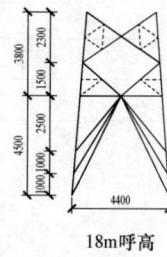

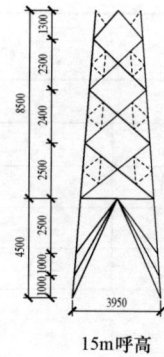

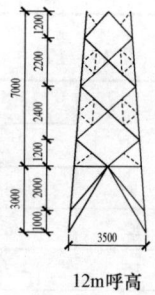

塔呼高（m）	12.0	15.0	18.0	21.0	24.0	27.0	30.0	33.0	36.0
塔重（kg）	5104.4	5641.3	6435.6	7052.8	8154.9	8988.7	9883.4	10710.8	11402.8

图 17-4 35-CH11S-ZC3 铁塔单线图

17.6　35-CH11S-JC1 塔

17.6.1　设计条件

35-CH11S-JC1 塔设计条件见表 17-15～表 17-18。

表 17-15　35-CH11S-JC1 导地线型号及张力

导线型号	JL/G1A-240/30	最大使用张力（N）	28572	断线张力（%）	70
地线型号	JLB20A-80	最大使用张力（N）	25517	断线张力（%）	80

表 17-16　35-CH11S-JC1 使用条件

水平档距（m）	垂直档距（m）	代表档距（m）	转角度数（°）	最大呼高（m）	K_v
450	650	450/150	0～20	30	—

表 17-17　35-CH11S-JC1 基础力设计值

呼高 h （m）	基础力设计值（kN）					
	N_{max}	F_x	F_y	T_{max}	F_x	F_y
9	-680	-75	-63	641	-69	-63
12	-696	-76	-65	653	-70	-63
15	-742	-82	-71	697	-76	-69

（续表）

呼高 h （m）	基础力设计值（kN）					
	N_{max}	F_x	F_y	T_{max}	F_x	F_y
18	-788	-88	-78	741	-82	-76
21	-796	-89	-78	745	-82	-75
24	-797	-88	-76	741	-82	-73
27	-807	-89	-77	746	-82	-73
30	-832	-93	-80	768	-85	-76

表 17-18　35-CH11S-JC1 地脚螺栓及铁塔半根开值

呼高 h （m）	地脚螺栓	铁塔半根开 （mm）	呼高 h （m）	地脚螺栓	铁塔半根开 （mm）
9	4M42	1380	21	4M42	2455
12	4M42	1650	24	4M42	2725
15	4M42	1920	27	4M42	2995
18	4M42	2185	30	4M42	3285

17.6.2　35-CH11S-JC1 铁塔单线图

35-CH11S-JC1 铁塔单线图如图 17-5 所示。

塔呼高 (m)	塔重 (kg)
30.0	9245.2
27.0	8607.3
24.0	7770.2
21.0	6964.3
18.0	6426.2
15.0	5579.0
12.0	5098.3
9.0	4597.9

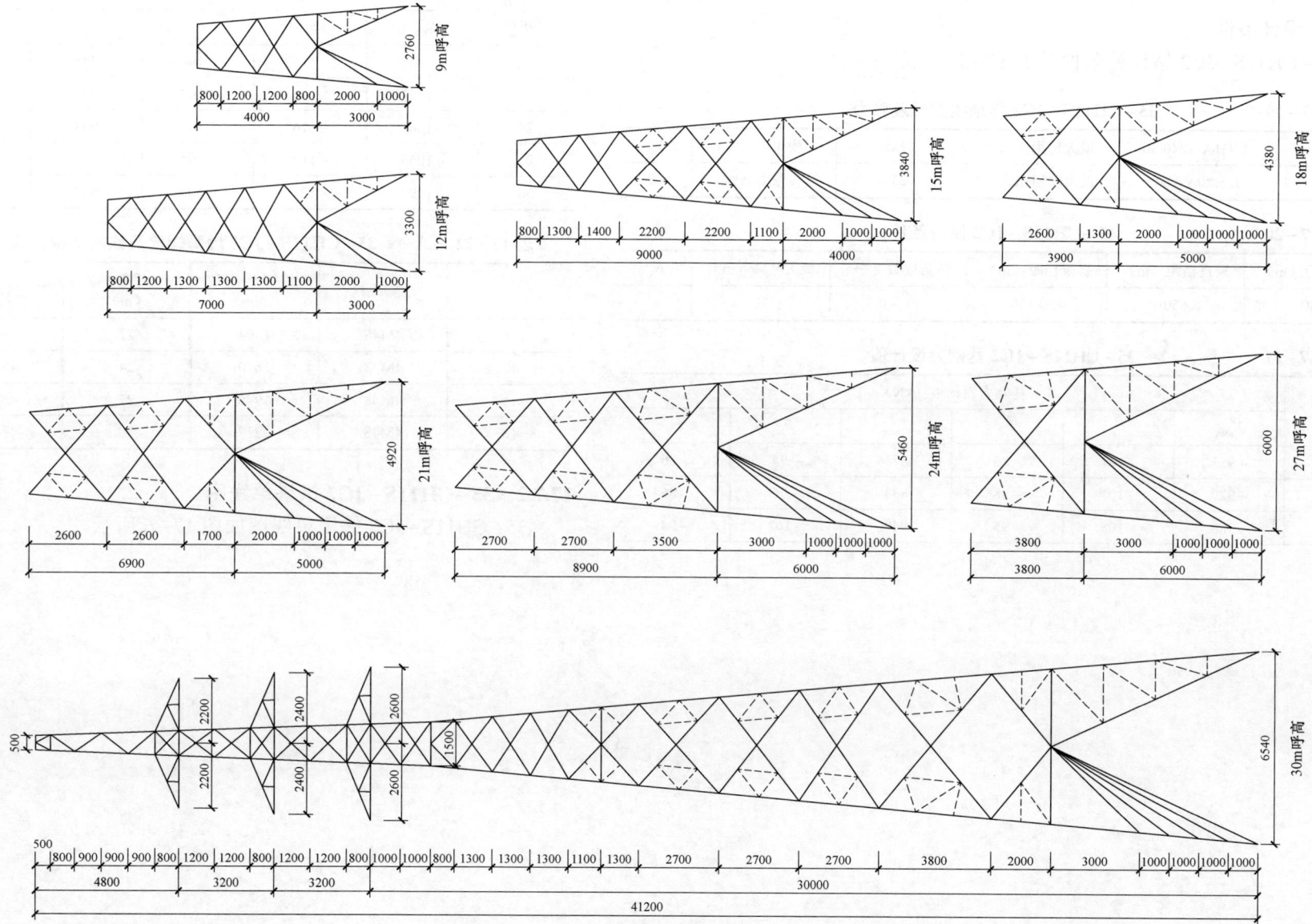

图 17-5   35-CH11S-JC1 铁塔单线图

17.7 35-CH11S-JC2 塔

17.7.1 设计条件

35-CH11S-JC2 塔设计条件见表 17-19～表 17-22。

表 17-19　　　　35-CH11S-JC2 导地线型号及张力

导线型号	JL/G1A-240/30	最大使用张力（N）	28572	断线张力（%）	70
地线型号	JLB20A-80	最大使用张力（N）	25517	断线张力（%）	80

表 17-20　　　　35-CH11S-JC2 使用条件

水平档距（m）	垂直档距（m）	代表档距（m）	转角度数（°）	最大呼高（m）	K_v
450	650	450/150	20～40	30	—

表 17-21　　　　35-CH11S-JC2 基础力设计值

呼高 h（m）	基础力设计值（kN）					
	N_{max}	F_x	F_y	T_{max}	F_x	F_y
9	-913	-101	-86	871	-94	-86
12	-929	-101	-88	884	-95	-86
15	-988	-108	-95	940	-102	-94
18	-1047	-116	-104	996	-110	-102
21	-1052	-116	-104	995	-109	-101
24	-1060	-116	-103	998	-109	-99
27	-1065	-117	-104	999	-110	-99
30	-1097	-121	-108	1027	-113	-103

表 17-22　　　　35-CH11S-JC2 地脚螺栓及铁塔半根开值

呼高 h（m）	地脚螺栓	铁塔半根开（mm）	呼高 h（m）	地脚螺栓	铁塔半根开（mm）
9	4M48	1394	21	4M48	2493
12	4M48	1670	24	4M48	2769
15	4M48	1946	27	4M48	3065
18	4M48	2217	30	4M48	3341

17.7.2 35-CH11S-JC2 铁塔单线图

35-CH11S-JC2 铁塔单线图如图 17-6 所示。

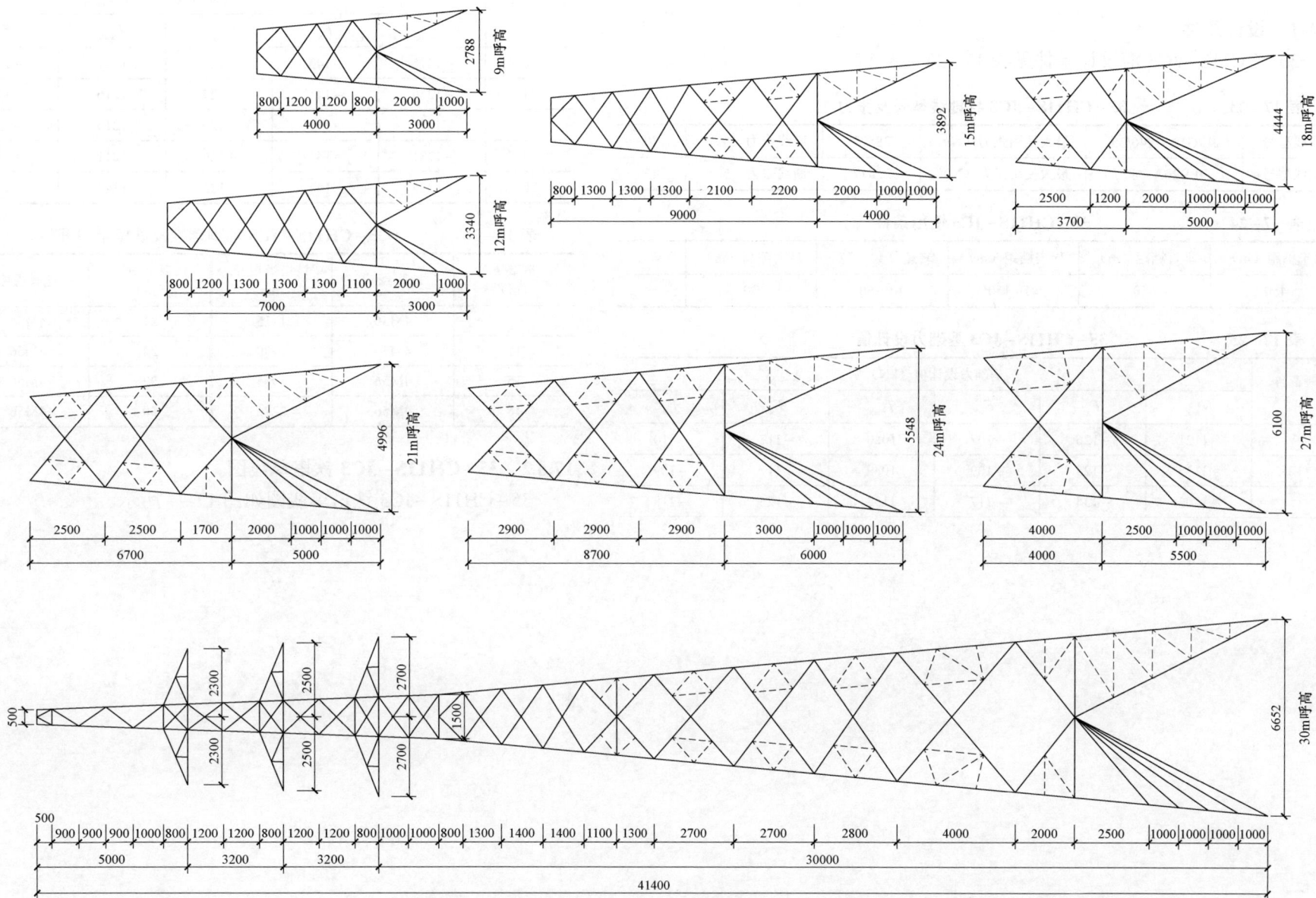

塔呼高（m）	塔重（kg）
30.0	10593.9
27.0	9750.3
24.0	8872.2
21.0	8112.0
18.0	7458.4
15.0	6304.0
12.0	5706.7
9.0	5154.1

图 17-6　35-CH11S-JC2 铁塔单线图

17.8 35-CH11S-JC3 塔

17.8.1 设计条件

35-CH11S-JC3 塔设计条件见表 17-23～表 17-26。

表 17-23　　　　35-CH11S-JC3 导地线型号及张力

导线型号	JL/G1A-240/30	最大使用张力（N）	28572	断线张力（%）	70
地线型号	JLB20A-80	最大使用张力（N）	25517	断线张力（%）	80

表 17-24　　　　35-CH11S-JC3 使用条件

水平档距（m）	垂直档距（m）	代表档距（m）	转角度数（°）	最大呼高（m）	K_v
450	650	450/150	40～60	30	—

表 17-25　　　　35-CH11S-JC3 基础力设计值

呼高 h（m）	基础力设计值（kN）					
	N_{max}	F_x	F_y	T_{max}	F_x	F_y
9	-1121	-126	-107	1080	-117	-110
12	-1135	-125	-109	1089	-117	-109
15	-1203	-134	-117	1152	-125	-118

呼高 h（m）	基础力设计值（kN）					
	N_{max}	F_x	F_y	T_{max}	F_x	F_y
18	-1275	-143	-128	1221	-135	-128
21	-1276	-141	-127	1216	-133	-125
24	-1279	-141	-126	1214	-132	-124
27	-1281	-141	-126	1211	-132	-122
30	-1324	-147	-132	1249	-138	-128

表 17-26　　　　35-CH11S-JC3 地脚螺栓及铁塔半根开值

呼高 h（m）	地脚螺栓	铁塔半根开（mm）	呼高 h（m）	地脚螺栓	铁塔半根开（mm）
9	4M56	1415	21	4M56	2555
12	4M56	1700	24	4M56	2840
15	4M56	1985	27	4M56	3125
18	4M56	2270	30	4M56	3410

17.8.2 35-CH11S-JC3 铁塔单线图

35-CH11S-JC3 铁塔单线图如图 17-7 所示。

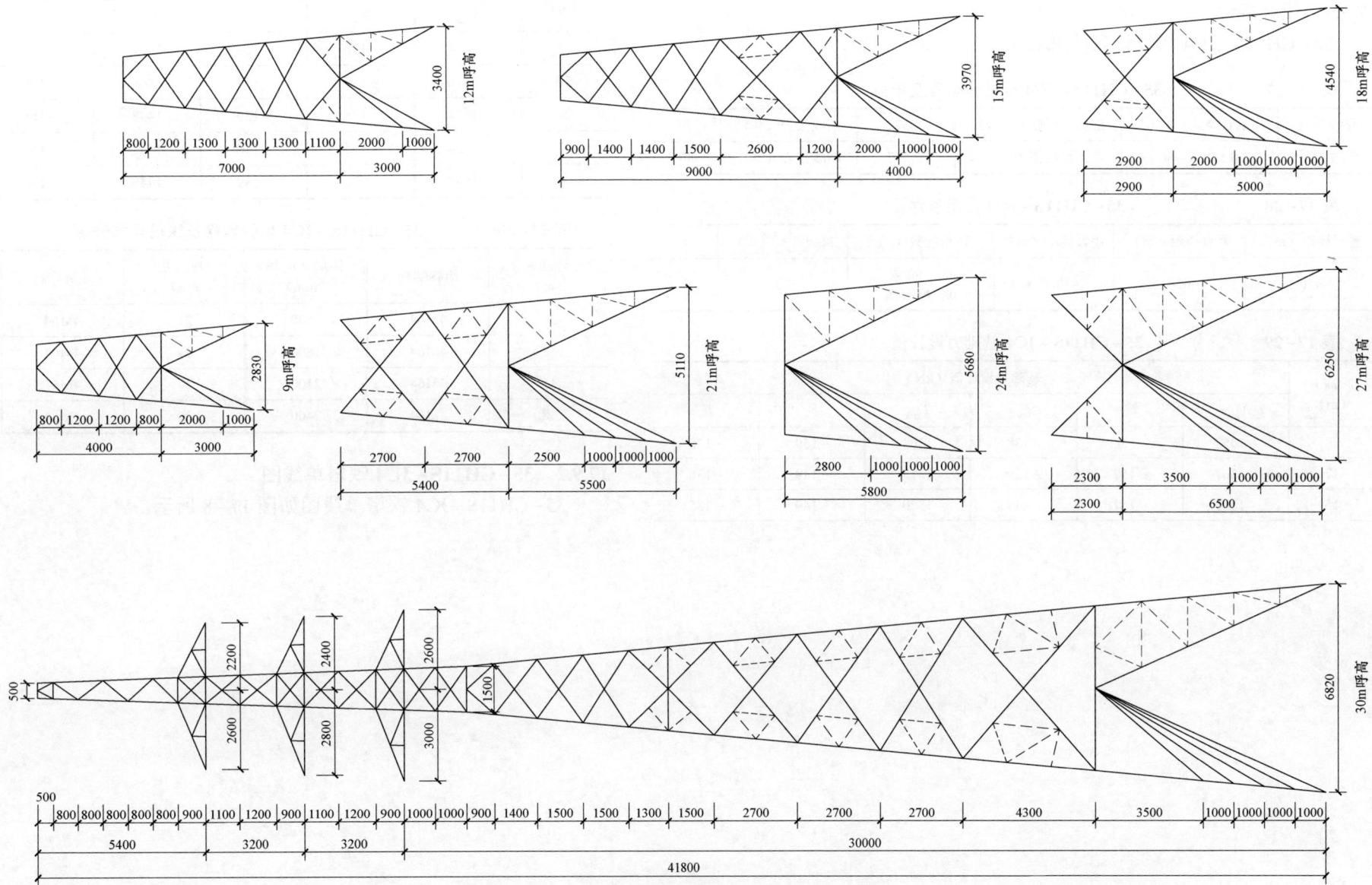

塔呼高（m）	塔重（kg）
30.0	12168.8
27.0	11197.4
24.0	10241.9
21.0	9421.0
18.0	8509.0
15.0	7588.8
12.0	6528.7
9.0	5983.1

图 17-7　35-CH11S-JC3 铁塔单线图

17.9　35-CH11S-JC4塔

17.9.1　设计条件

35-CH11S-JC4塔设计条件见表17-27～表17-30。

表17-27　35-CH11S-JC4导地线型号及张力

导线型号	JL/G1A-240/30	最大使用张力（N）	28572	断线张力（%）	70
地线型号	JLB20A-80	最大使用张力（N）	25517	断线张力（%）	80

表17-28　35-CH11S-JC4使用条件

水平档距（m）	垂直档距（m）	代表档距（m）	转角度数（°）	最大呼高（m）	K_v
450	650	450/150	60～90 兼 0～90 终端	30	—

表17-29　35-CH11S-JC4基础力设计值

呼高 h （m）	基础力设计值（kN）					
	N_{max}	F_x	F_y	T_{max}	F_x	F_y
9	-1352	-158	-138	1304	-150	-136
12	-1367	-157	-139	1313	-149	-136
15	-1380	-157	-139	1320	-149	-135

续表

呼高 h （m）	基础力设计值（kN）					
	N_{max}	F_x	F_y	T_{max}	F_x	F_y
18	-1474	-170	-154	1409	-162	-150
21	-1476	-169	-153	1406	-160	-147
24	-1524	-175	-159	1448	-166	-153
27	-1528	-175	-158	1447	-165	-152
30	-1535	-176	-159	1448	-166	-151

表17-30　35-CH11S-JC4地脚螺栓及铁塔半根开值

呼高 h （m）	地脚螺栓	铁塔半根开 （mm）	呼高 h （m）	地脚螺栓	铁塔半根开 （mm）
9	4M64	1500	21	4M64	2700
12	4M64	1800	24	4M64	3000
15	4M64	2100	27	4M64	3300
18	4M64	2400	30	4M64	3600

17.9.2　35-CH11S-JC4铁塔单线图

35-CH11S-JC4铁塔单线图如图17-8所示。

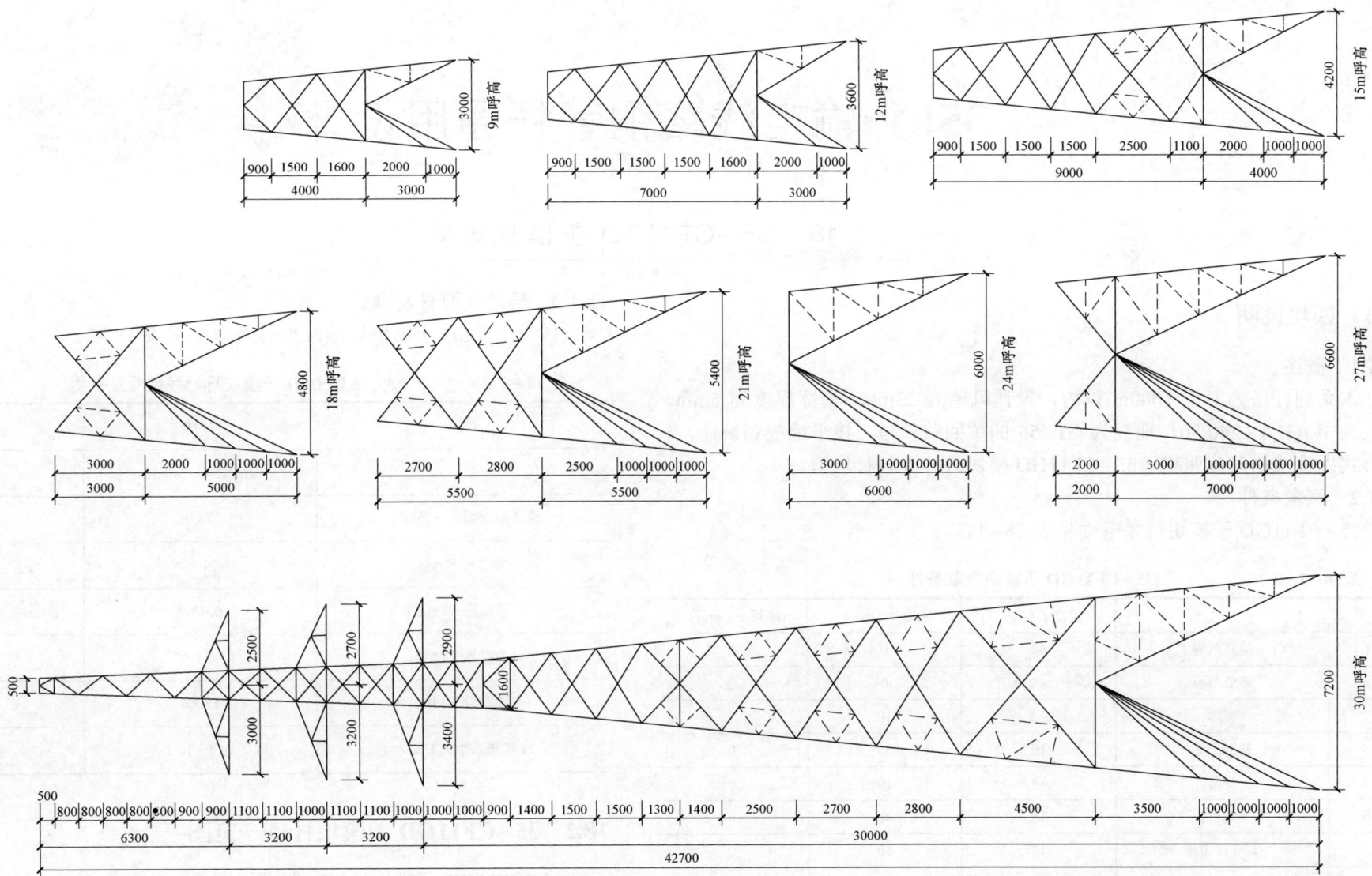

塔呼高（m）	塔重（kg）
30.0	14759.6
27.0	13555.6
24.0	12409.5
21.0	11353.6
18.0	10245.2
15.0	9172.9
12.0	8209.5
9.0	7442.4

图 17-8 35-CH11S-JC4 铁塔单线图

第4篇

35kV 输电线路钢管杆通用设计

18 35-CF11GD 子模块说明

18.1 模块说明

18.1.1 概述

本系列杆塔为海拔 1000m 以内，设计风速为 33m/s，覆冰厚度为 5mm，导线为 JL/G1A-240/30，地线为 GJ-55 的单回路杆塔。按平地规划设计，杆塔形式为直线塔及耐张塔。35-CF11GD 模块共计 5 种杆塔型。

18.1.2 气象条件

35-CF11GD 子模块气象条件见表 18-1。

表 18-1   35-CF11GD 子模块气象条件

序号	气象工况	温度 t（℃）	风速 v（m/s）	冰厚 c（mm）
1	最高气温	40	0	0
2	最低气温	-5	0	0
3	覆冰	-5	10	5
4	基准风速	10	33	0
5	安装	-5	10	0
6	平均气温	15	0	0
7	大气过电压	15	10	0
8	操作过电压	15	18	0

18.1.3 导地线型号及参数

35-CF11GD 子模块导地线型号及参数见表 18-2。

表 18-2   35-CF11GD 子模块导地线型号及参数

项目	导线	地线
型号	JL/G1A-240/30	GJ-55
计算截面面积（mm²）	275.96	56.3
计算外径（mm）	21.60	9.6
计算重量（kg/m）	0.9207	0.447
计算拉断力（N）	75190	65780
弹性系数（MPa）	73000	185000
线膨胀系数（1/℃）	19.6×10^{-6}	11.5×10^{-6}

18.2 35-CF11GD 子模块杆塔一览图

35-CF11GD 子模块杆塔一览图如图 18-1 所示。

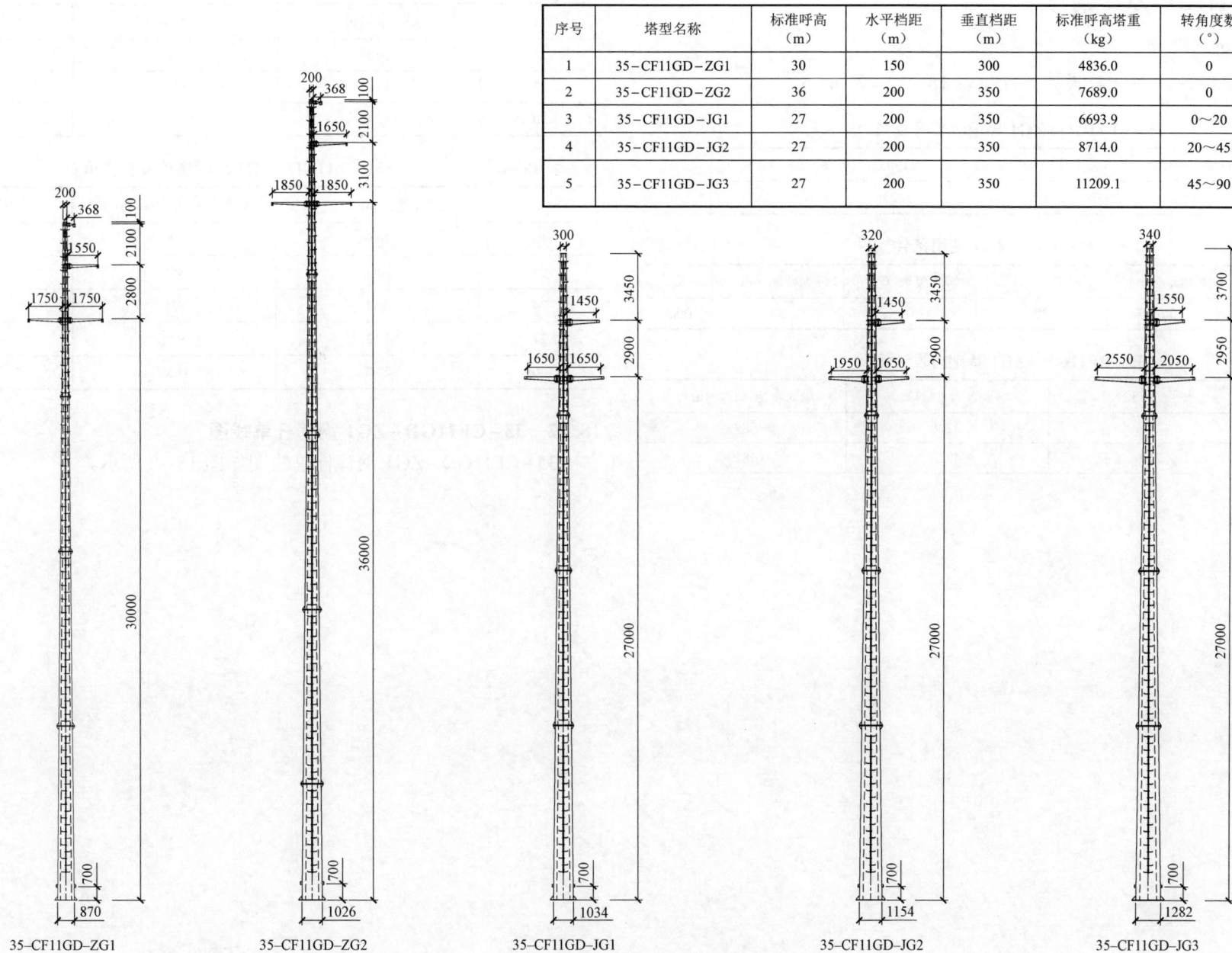

序号	塔型名称	标准呼高（m）	水平档距（m）	垂直档距（m）	标准呼高塔重（kg）	转角度数（°）	备注
1	35-CF11GD-ZG1	30	150	300	4836.0	0	
2	35-CF11GD-ZG2	36	200	350	7689.0	0	
3	35-CF11GD-JG1	27	200	350	6693.9	0～20	
4	35-CF11GD-JG2	27	200	350	8714.0	20～45	
5	35-CF11GD-JG3	27	200	350	11209.1	45～90	兼 0°～90° 终端

图 18-1　35-CF11GD（原 35C1）子模块杆塔一览图

18.3　35-CF11GD-ZG1 钢管杆

18.3.1　设计条件

35-CF11GD-ZG1 钢管杆设计条件见表 18-3～表 18-6。

表 18-3　35-CF11GD-ZG1 导地线型号及张力

导线型号	JL/G1A-240/30	最大使用张力（N）	11905	断线张力（%）	50
地线型号	GJ-55	最大使用张力（N）	8223	断线张力（%）	50

表 18-4　35-CF11GD-ZG1 使用条件

水平档距（m）	垂直档距（m）	代表档距（m）	转角度数（°）	最大呼高（m）	K_v
150	300	80	0	30	0.85

表 18-5　35-CF11GD-ZG1 基础力设计值

呼高（m）	水平力（kN）	垂直力（kN）	最大弯矩（kN·m）
18	23.6	37.9	389
21	26.6	42.3	481

呼高（m）	水平力（kN）	垂直力（kN）	最大弯矩（kN·m）
24	30.1	47.1	590
27	33.6	52.3	707
30	37.1	57.9	835

表 18-6　35-CF11GD-ZG1 地脚螺栓及根径值

呼高（m）	根径（mm）	地脚螺栓中心间距（mm）	地脚螺栓规格
18	640	790	16M36
21	697	850	16M36
24	754	910	16M36
27	812	970	20M36
30	870	1030	20M36

18.3.2　35-CF11GD-ZG1 钢管杆单线图

35-CF11GD-ZG1 钢管杆单线图如图 18-2 所示。

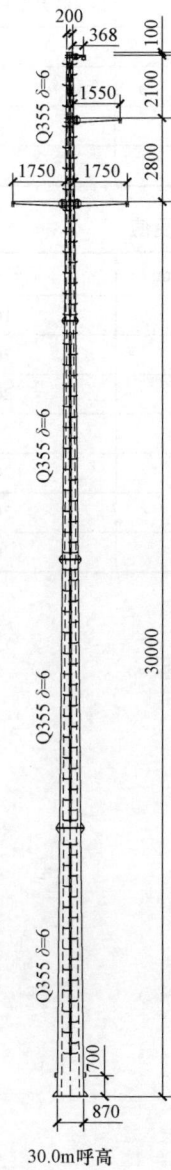

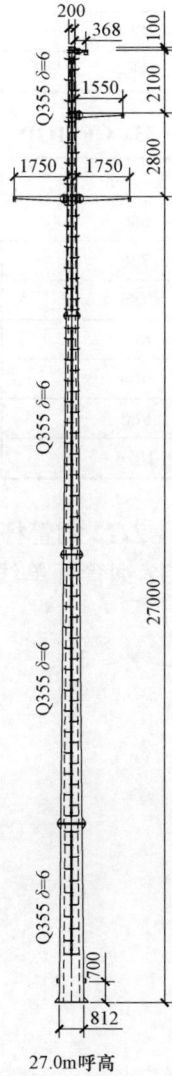

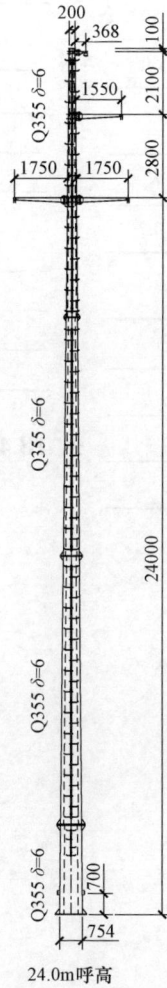

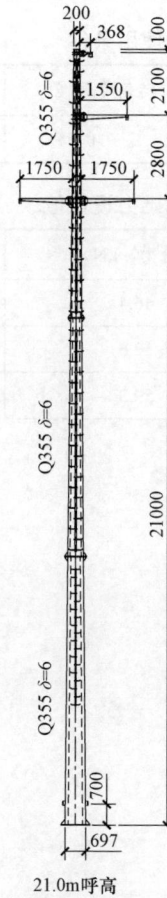

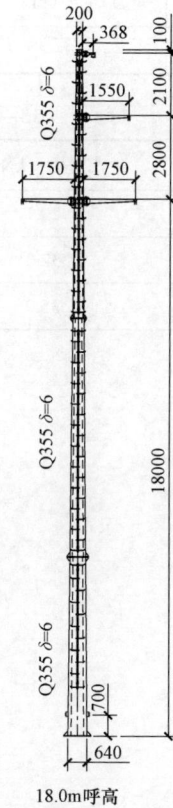

塔呼高（m）	18.0	21.0	24.0	27.0	30.0
塔重（kg）	2282.8	2618.1	3214.7	4317.4	4836.0

30.0m呼高　　　27.0m呼高　　　24.0m呼高　　　21.0m呼高　　　18.0m呼高

图 18-2　35-CF11GD-ZG1 钢管杆单线图

18.4 35-CF11GD-ZG2 钢管杆

18.4.1 设计条件

35-CF11GD-ZG2 钢管杆设计条件见表 18-7～表 18-10。

表 18-7　35-CF11GD-ZG2 导地线型号及张力

导线型号	JL/G1A-240/30	最大使用张力（N）	11905	断线张力（%）	50
地线型号	GJ-55	最大使用张力（N）	8223	断线张力（%）	50

表 18-8　35-CF11GD-ZG2 使用条件

水平档距（m）	垂直档距（m）	代表档距（m）	转角度数（°）	最大呼高（m）	K_v
200	350	80	0	36	0.7

表 18-9　35-CF11GD-ZG2 基础力设计值

呼高 h（m）	水平力（kN）	垂直力（kN）	最大弯矩（kN·m）
18	29.1	46.4	497
21	32.2	52.6	607
24	35.9	59.3	733

续表

呼高 h（m）	水平力（kN）	垂直力（kN）	最大弯矩（kN·m）
27	39.5	66.5	868
30	43.1	74.2	1013
33	47.1	82.5	1174
36	51.4	93.7	1353

表 18-10　35-CF11GD-ZG2 地脚螺栓及根径值

呼高 h（m）	根径（mm）	地脚螺栓中心间距（mm）	地脚螺栓规格
18	666	820	16M36
21	726	890	20M36
24	786	950	20M36
27	846	1020	20M42
30	906	1090	20M42
33	966	1150	20M42
36	1026	1210	20M42

18.4.2 35-CF11GD-ZG2 钢管杆单线图

35-CF11GD-ZG2 钢管杆单线图如图 18-3 所示。

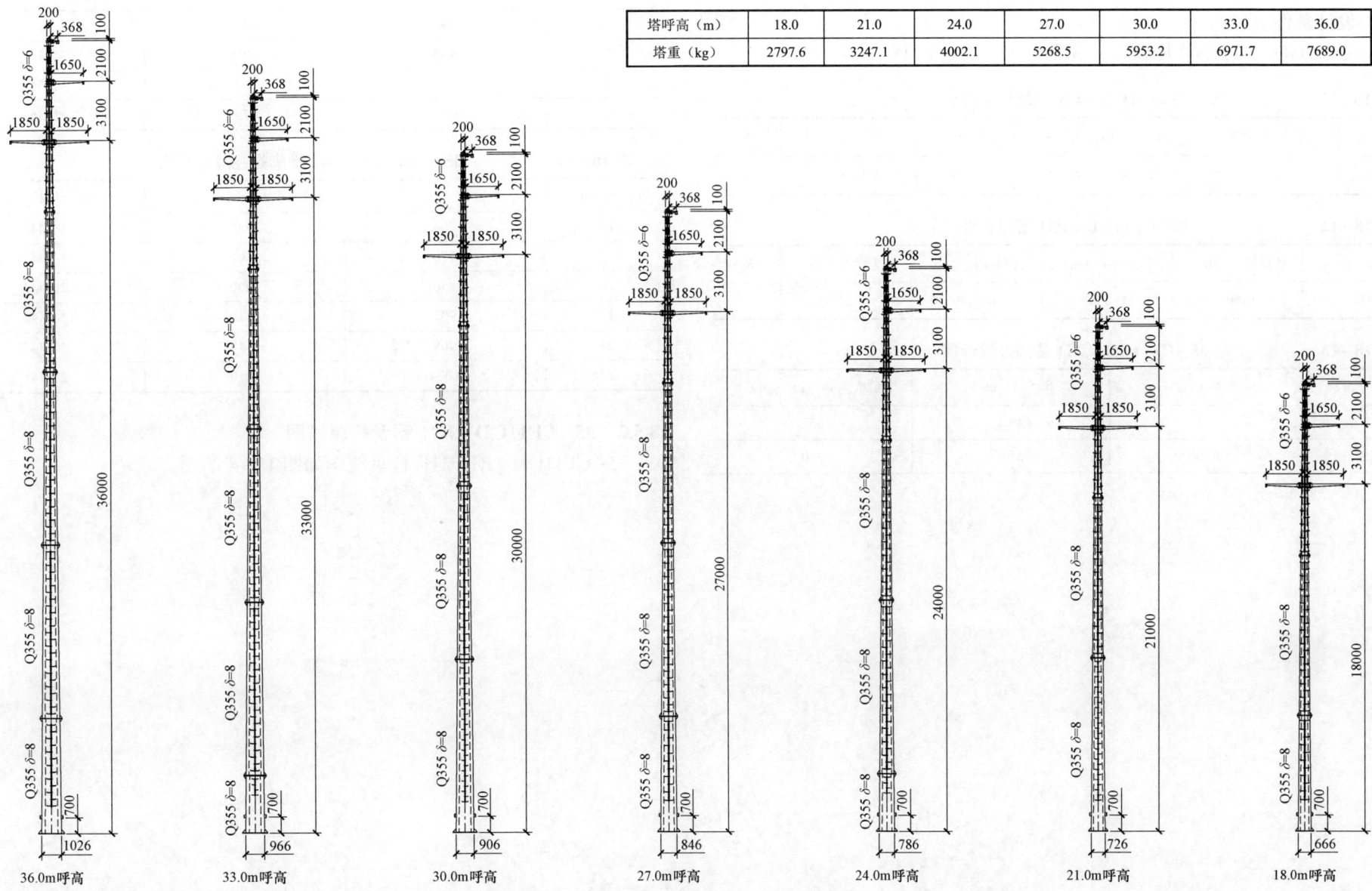

塔呼高（m）	18.0	21.0	24.0	27.0	30.0	33.0	36.0
塔重（kg）	2797.6	3247.1	4002.1	5268.5	5953.2	6971.7	7689.0

36.0m呼高   33.0m呼高   30.0m呼高   27.0m呼高   24.0m呼高   21.0m呼高   18.0m呼高

图 18-3   35-CF11GD-ZG2 钢管杆单线图

18.5 35-CF11GD-JG1 钢管杆

18.5.1 设计条件

35-CF11GD-JG1 钢管杆设计条件见表 18-11～表 18-14。

表 18-11   35-CF11GD-JG1 导地线型号及张力

导线型号	JL/G1A-240/30	最大使用张力（N）	11905	断线张力（%）	70
地线型号	GJ-55	最大使用张力（N）	8223	断线张力（%）	80

表 18-12   35-CF11GD-JG1 使用条件

水平档距（m）	垂直档距（m）	代表档距（m）	转角度数（°）	最大呼高（m）	K_v
200	350	150/50	0～20	27	—

表 18-13   35-CF11GD-JG1 基础力设计值

呼高 h（m）	水平力（kN）	垂直力（kN）	最大弯矩（kN·m）
12	48.5	49.2	652
15	50.6	55.6	810

呼高 h（m）	水平力（kN）	垂直力（kN）	最大弯矩（kN·m）
18	53.5	62.7	984
21	56.8	70.3	1172
24	60.7	78.5	1376
27	64.1	87.3	1586

表 18-14   35-CF11GD-JG1 地脚螺栓及根径值

呼高 h（m）	根径（mm）	地脚螺栓中心间距（mm）	地脚螺栓规格
12	704	860	16M42
15	770	930	16M42
18	836	1000	20M42
21	902	1070	20M42
24	968	1140	20M48
27	1034	1210	20M48

18.5.2 35-CF11GD-JG1 钢管杆单线图

35-CF11GD-JG1 钢管杆单线图如图 18-4 所示。

塔呼高（m）	12.0	15.0	18.0	21.0	24.0	27.0
塔重（kg）	2778.9	3261.3	3775.2	4669.0	5945.4	6693.9

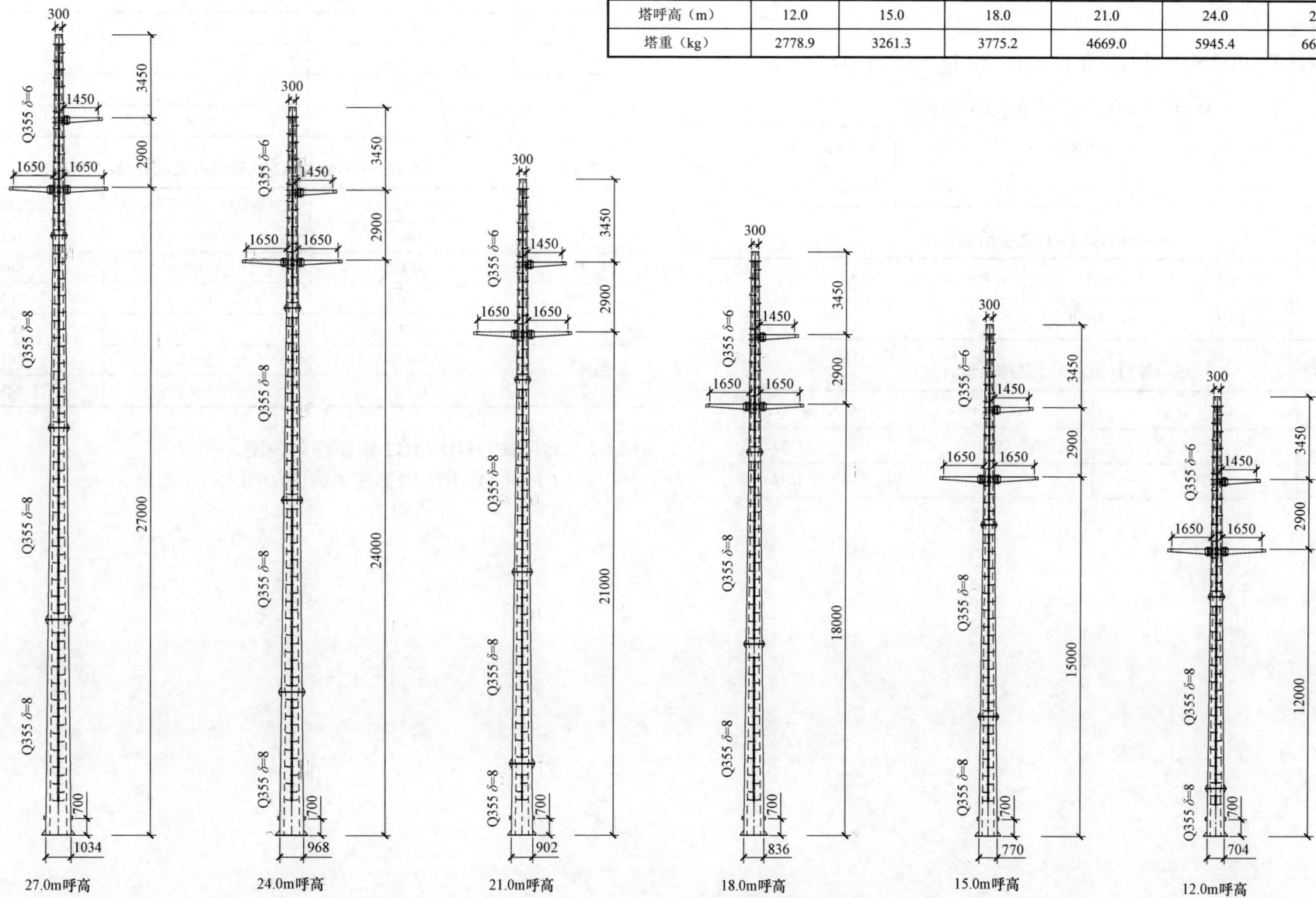

图 18-4 35-CF11GD-JG1 钢管杆单线图

18.6　35-CF11GD-JG2 钢管杆

18.6.1　设计条件

35-CF11GD-JG2 钢管杆设计条件见表 18-15～表 18-18。

表 18-15　35-CF11GD-JG2 导地线型号及张力

导线型号	JL/G1A-240/30	最大使用张力（N）	11905	断线张力（%）	70
地线型号	GJ-55	最大使用张力（N）	8223	断线张力（%）	80

表 18-16　35-CF11GD-JG2 使用条件

水平档距（m）	垂直档距（m）	代表档距（m）	转角度数（°）	最大呼高（m）	K_v
200	350	150/50	20～45	27	—

表 18-17　35-CF11GD-JG2 基础力设计值

呼高 h（m）	水平力（kN）	垂直力（kN）	最大弯矩（kN·m）
12	75.8	59.0	1030
15	78.2	67.9	1272
18	81.4	77.7	1530
21	85.1	88.3	1804
24	89.4	99.7	2096
27	93.2	111.9	2393

表 18-18　35-CF11GD-JG2 地脚螺栓及根径值

呼高 h（m）	根径（mm）	地脚螺栓中心间距（mm）	地脚螺栓规格
12	780	960	16M48
15	854	1030	20M48
18	930	1110	20M48
21	1004	1190	20M48
24	1080	1260	24M48
27	1154	1340	24M48

18.6.2　35-CF11GD-JG2 钢管杆单线图

35-CF11GD-JG2 钢管杆单线图如图 18-5 所示。

塔呼高（m）	12.0	15.0	18.0	21.0	24.0	27.0
塔重（kg）	3631.8	4444.8	4991.3	6248.5	7726.0	8714.0

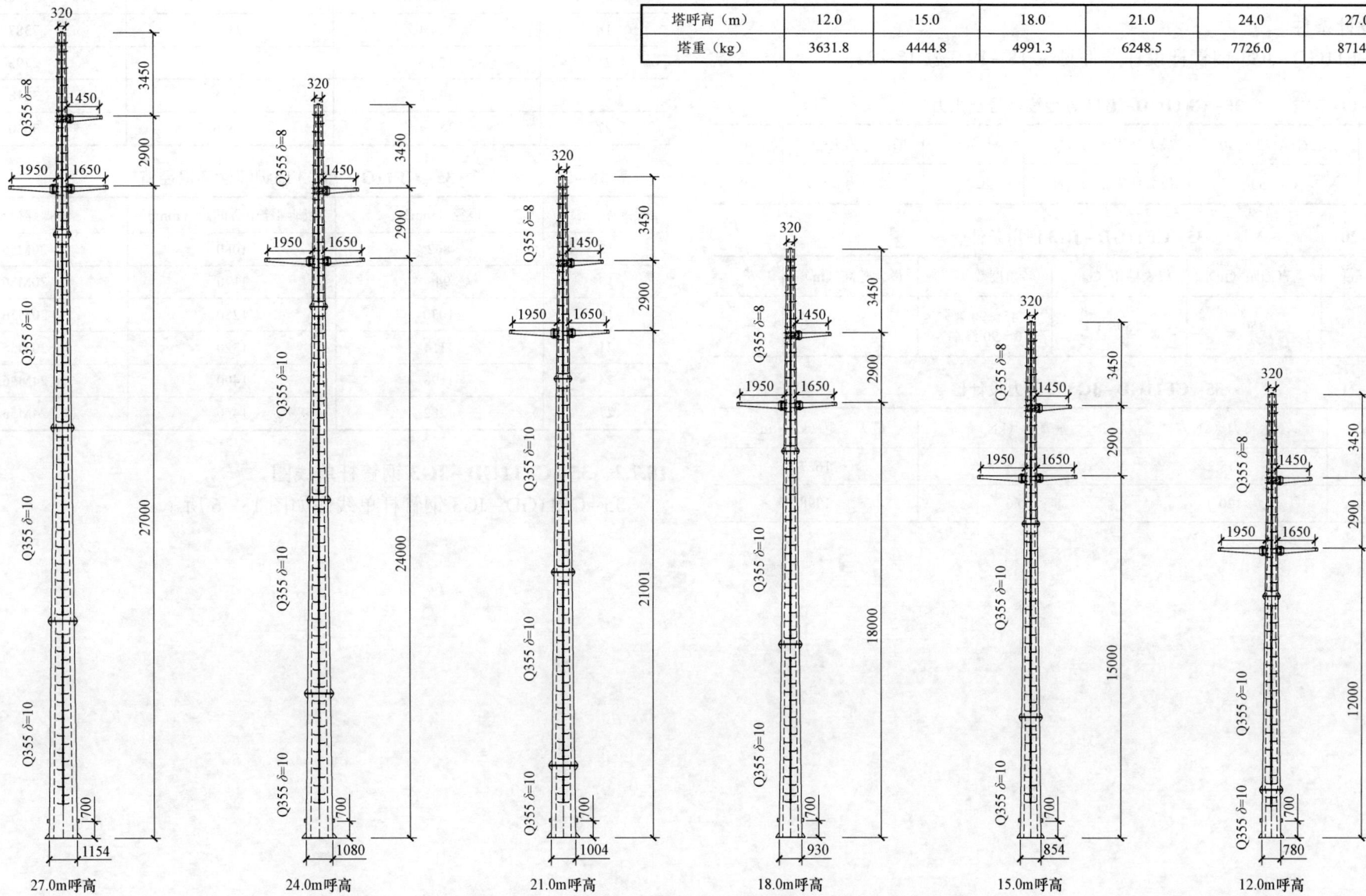

27.0m呼高　　24.0m呼高　　21.0m呼高　　18.0m呼高　　15.0m呼高　　12.0m呼高

图 18-5　35-CF11GD-JG2 钢管杆单线图

18.7 35−CF11GD−JG3 钢管杆

18.7.1 设计条件

35−CF11GD−JG3 钢管杆设计条件见表 18−19～表 18−22。

表 18−19　　35−CF11GD−JG3 导地线型号及张力

导线型号	JL/G1A−240/30	最大使用张力（N）	11905	断线张力（%）	70
地线型号	GJ−55	最大使用张力（N）	8223	断线张力（%）	80

表 18−20　　35−CF11GD−JG3 使用条件

水平档距（m）	垂直档距（m）	代表档距（m）	转角度数（°）	最大呼高（m）	K_v
200	350	150/50	45～90 兼 0～90 终端	27	—

表 18−21　　35−CF11GD−JG3 基础力设计值

呼高 h（m）	水平力（kN）	垂直力（kN）	最大弯矩（kN·m）
12	118.2	68.8	1627
15	120.9	80.6	1998

续表

呼高 h（m）	水平力（kN）	垂直力（kN）	最大弯矩（kN·m）
18	124.4	93.6	2387
21	128.6	107.6	2793
24	133.2	122.8	3218
27	137.4	139.6	3650

表 18−22　　35−CF11GD−JG3 地脚螺栓及根径值

呼高 h（m）	根径（mm）	地脚螺栓中心间距（mm）	地脚螺栓规格
12	862	1080	20M56
15	946	1170	20M56
18	1030	1230	20M56
21	1114	1320	20M56
24	1198	1400	24M56
27	1282	1490	24M56

18.7.2 35−CF11GD−JG3 钢管杆单线图

35−CF11GD−JG3 钢管杆单线图如图 18−6 所示。

塔呼高（m）	12.0	15.0	18.0	21.0	24.0	27.0
塔重（kg）	4695.5	5560.1	6500.4	8156.9	9915.3	11209.1

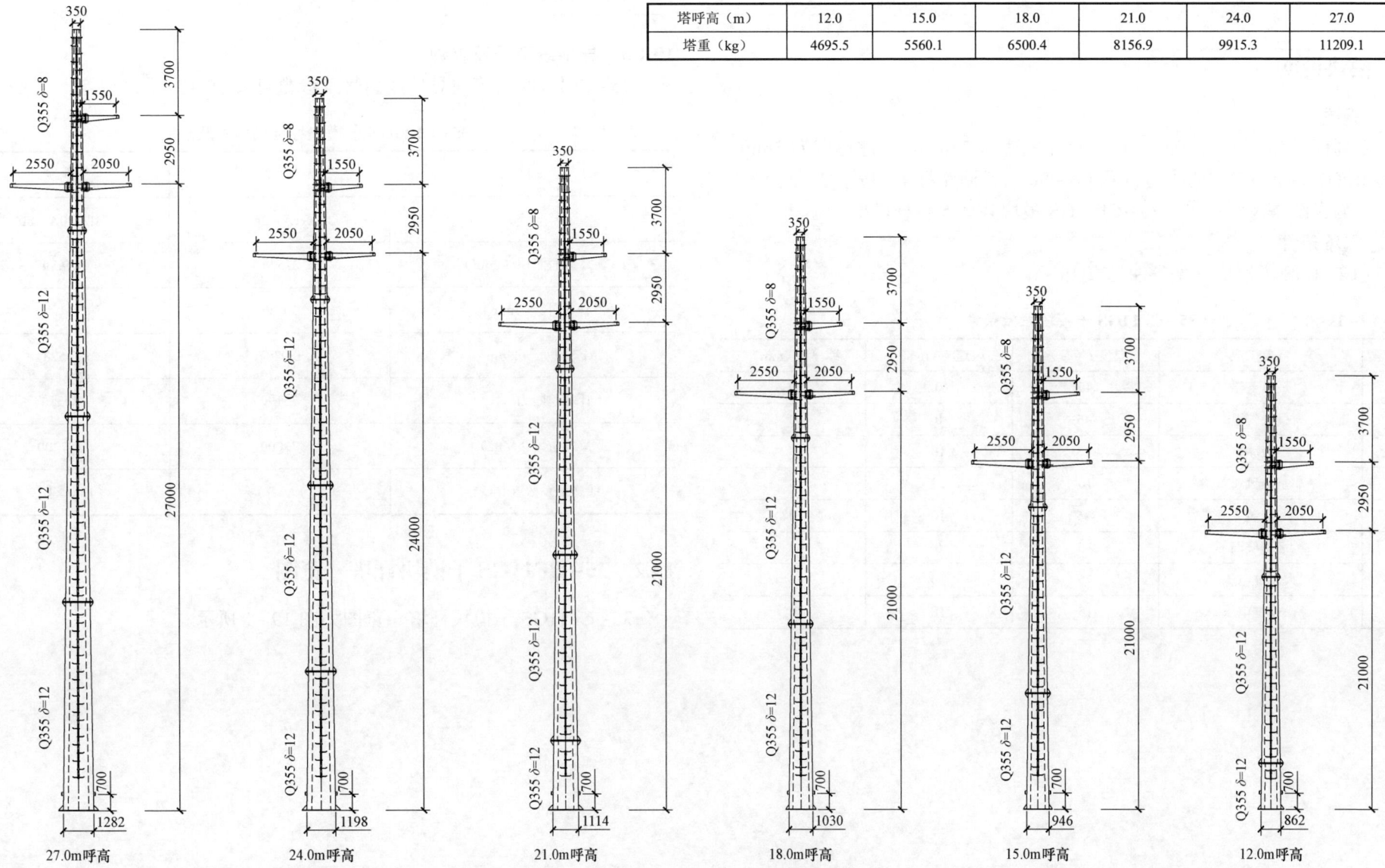

图 18-6　35-CF11GD-JG3 钢管杆单线图

19.1　模块说明

19.1.1　概述

本系列杆塔为海拔 1000m 以内，设计风速为 33m/s，覆冰厚度为 5mm，导线为 JL/G1A-240/30，地线为 JLB20A-80 的双回路杆塔。按平地规划设计，杆塔形式为直线塔及耐张塔。35-CF11GS 模块共计 5 种杆塔型。

19.1.2　气象条件

35-CF11GS 子模块气象条件见表 19-1。

表 19-1　　　　　35-CF11GS 子模块气象条件

序号	气象工况	温度 t（℃）	风速 v（m/s）	冰厚 c（mm）
1	最高气温	40	0	0
2	最低气温	-5	0	0
3	覆冰	-5	10	5
4	基准风速	10	33	0
5	安装	-5	10	0
6	平均气温	15	0	0
7	大气过电压	15	10	0
8	操作过电压	15	18	0

19.1.3　导地线型号及参数

35-CF11GS 子模块导地线型号及参数见表 19-2。

表 19-2　　　　35-CF11GS 子模块导地线型号及参数

项目	导线	地线
型号	JL/G1A-240/30	JLB20A-80
计算截面面积（mm²）	275.96	79.39
计算外径（mm）	21.60	11.4
计算重量（kg/m）	0.9207	0.528
计算拉断力（N）	75190	89310
弹性系数（MPa）	73000	147200
线膨胀系数（1/℃）	19.6×10^{-6}	13.0×10^{-6}

19.2　35-CF11GS 子模块杆塔一览图

35-CF11GS 子模块杆塔一览图如图 19-1 所示。

序号	塔型名称	标准呼高（m）	水平档距（m）	垂直档距（m）	标准呼高塔重（kg）	转角度数（°）	备注
1	35-CF11GS-ZG1	30	150	300	7344.9	0	
2	35-CF11GS-ZG2	36	200	350	10797.7	0	
3	35-CF11GS-JG1	27	200	350	11252.0	0~20	
4	35-CF11GS-JG2	27	200	350	15842.4	20~45	
5	35-CF11GS-JG3	27	200	350	22054.6	45~90	兼0°~90°终端

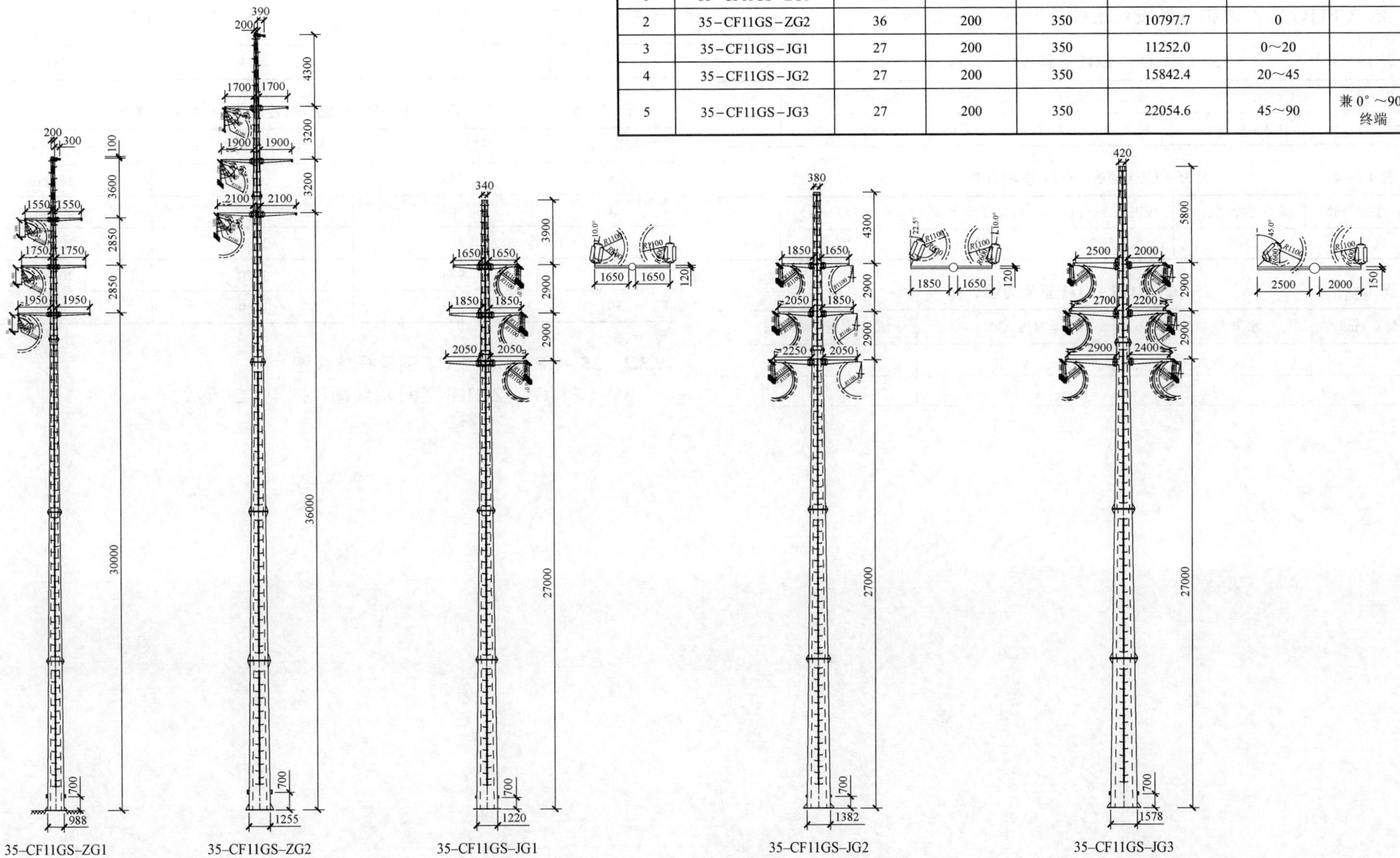

35-CF11GS-ZG1

35-CF11GS-ZG2

35-CF11GS-JG1

35-CF11GS-JG2

35-CF11GS-JG3

图 19-1 35-CF11GS（原 35C2）子模块杆塔一览图

19.3 35−CF11GS−ZG1 钢管杆

19.3.1 设计条件

35−CF11GS−ZG1 钢管杆设计条件见表 19−3～表 19−6。

表 19−3　　　　　　**35−CF11GS−ZG1 导地线型号及张力**

导线型号	JL/G1A−240/30	最大使用张力（N）	11905	断线张力（%）	50
地线型号	JLB20A−80	最大使用张力（N）	11164	断线张力（%）	50

表 19−4　　　　　　**35−CF11GS−ZG1 使用条件**

水平档距（m）	垂直档距（m）	代表档距（m）	转角度数（°）	最大呼高（m）	K_v
150	300	80	0	30	0.85

表 19−5　　　　　　**35−CF11GS−ZG1 基础力设计值**

呼高 h（m）	水平力（kN）	垂直力（kN）	最大弯矩（kN·m）
18	40.8	67.0	768
21	44.6	73.9	925
24	48.1	81.3	1087
27	89.2	51.8	1264
30	97.9	56.0	1461

表 19−6　　　　**35−CF11GS−ZG1 地脚螺栓及铁塔半根开值**

呼高 h（m）	根径（mm）	地脚螺栓中心间距（mm）	地脚螺栓规格
18	748	930	16M42
21	808	980	20M42
24	868	1040	20M42
27	928	1110	20M42
30	988	1180	20M48

19.3.2 35−CF11GS−ZG1 钢管杆单线图

35−CF11GS−ZG1 钢管杆单线图如图 19−2 所示。

塔呼高（m）	18.0	21.0	24.0	27.0	30.0
塔重（kg）	3861.1	5035.0	5957.0	6612.8	7344.9

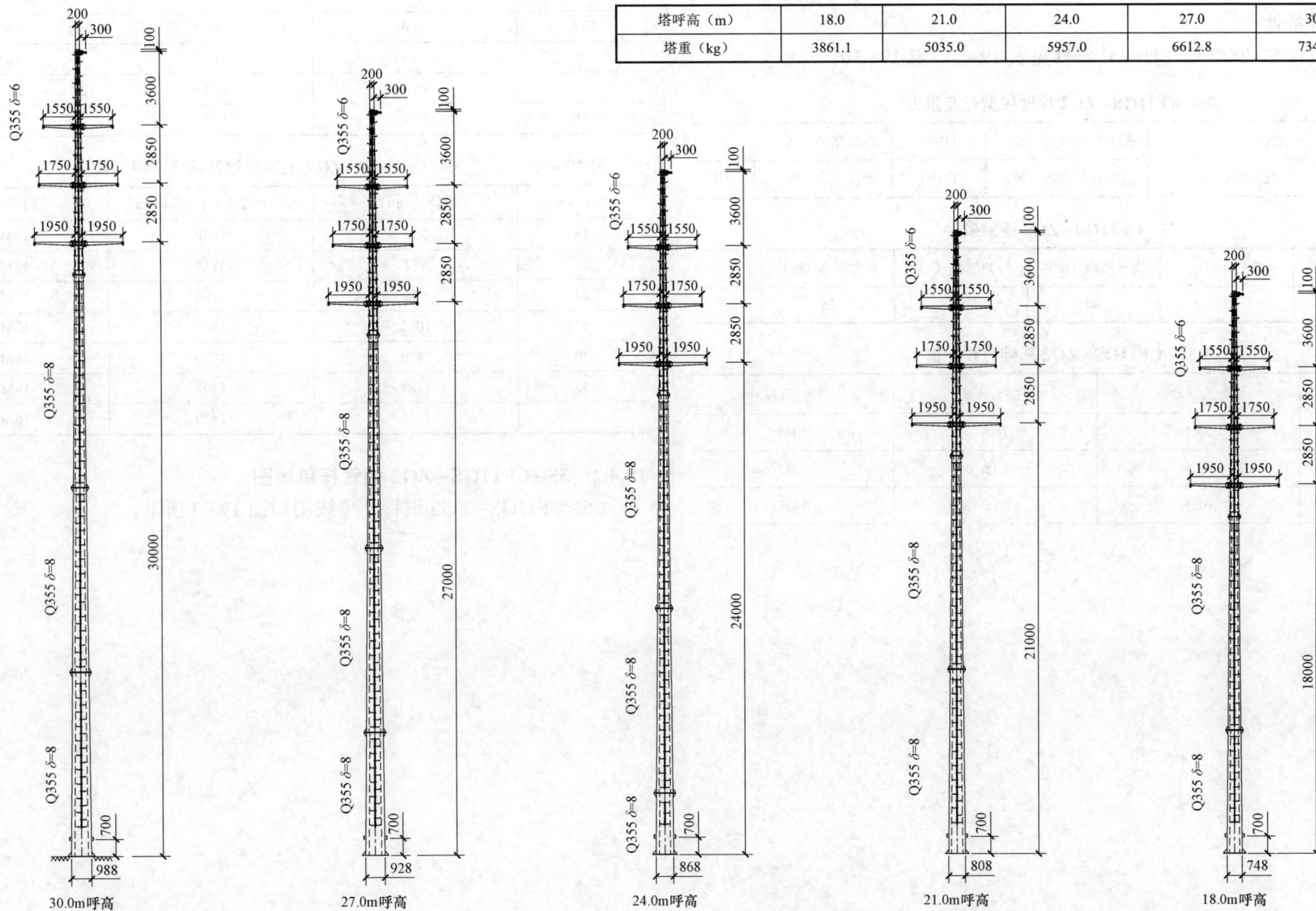

图 19-2　35-CF11GS-ZG1 钢管杆单线图

19.4 35-CF11GS-ZG2 钢管杆

19.4.1 设计条件

35-CF11GS-ZG2 钢管杆设计条件见表 19-7～表 19-10。

表 19-7 35-CF11GS-ZG2 导地线型号及张力

导线型号	JL/G1A-240/30	最大使用张力（N）	11905	断线张力（%）	50
地线型号	JLB20A-80	最大使用张力（N）	11164	断线张力（%）	50

表 19-8 35-CF11GS-ZG2 使用条件

水平档距（m）	垂直档距（m）	代表档距（m）	转角度数（°）	最大呼高（m）	K_v
200	350	80	0	36	0.7

表 19-9 35-CF11GS-ZG2 基础力设计值

呼高 h（m）	水平力（kN）	垂直力（kN）	最大弯矩（kN·m）
18	53.5	78.8	1040
21	57.4	86.6	1233
24	61.3	95.0	1437

续表

呼高 h（m）	水平力（kN）	垂直力（kN）	最大弯矩（kN·m）
27	65.6	104.1	1658
30	70.3	113.7	1897
33	75.3	123.9	2157
36	80.7	134.7	2438

表 19-10 35-CF11GS-ZG2 地脚螺栓及铁塔半根开值

呼高 h（m）	根径（mm）	地脚螺栓中心间距（mm）	地脚螺栓规格
18	850	1050	12M56
21	917	1120	12M56
24	984	1190	12M56
27	1052	1260	12M56
30	1120	1330	16M56
33	1187	1400	16M56
36	1255	1470	16M56

19.4.2 35-CF11GS-ZG2 钢管杆单线图

35-CF11GS-ZG2 钢管杆单线图如图 19-3 所示。

塔呼高（m）	18.0	21.0	24.0	27.0	30.0	33.0	36.0
塔重（kg）	4551.8	6279.6	6975.5	7739.9	9096.1	9905.4	10797.7

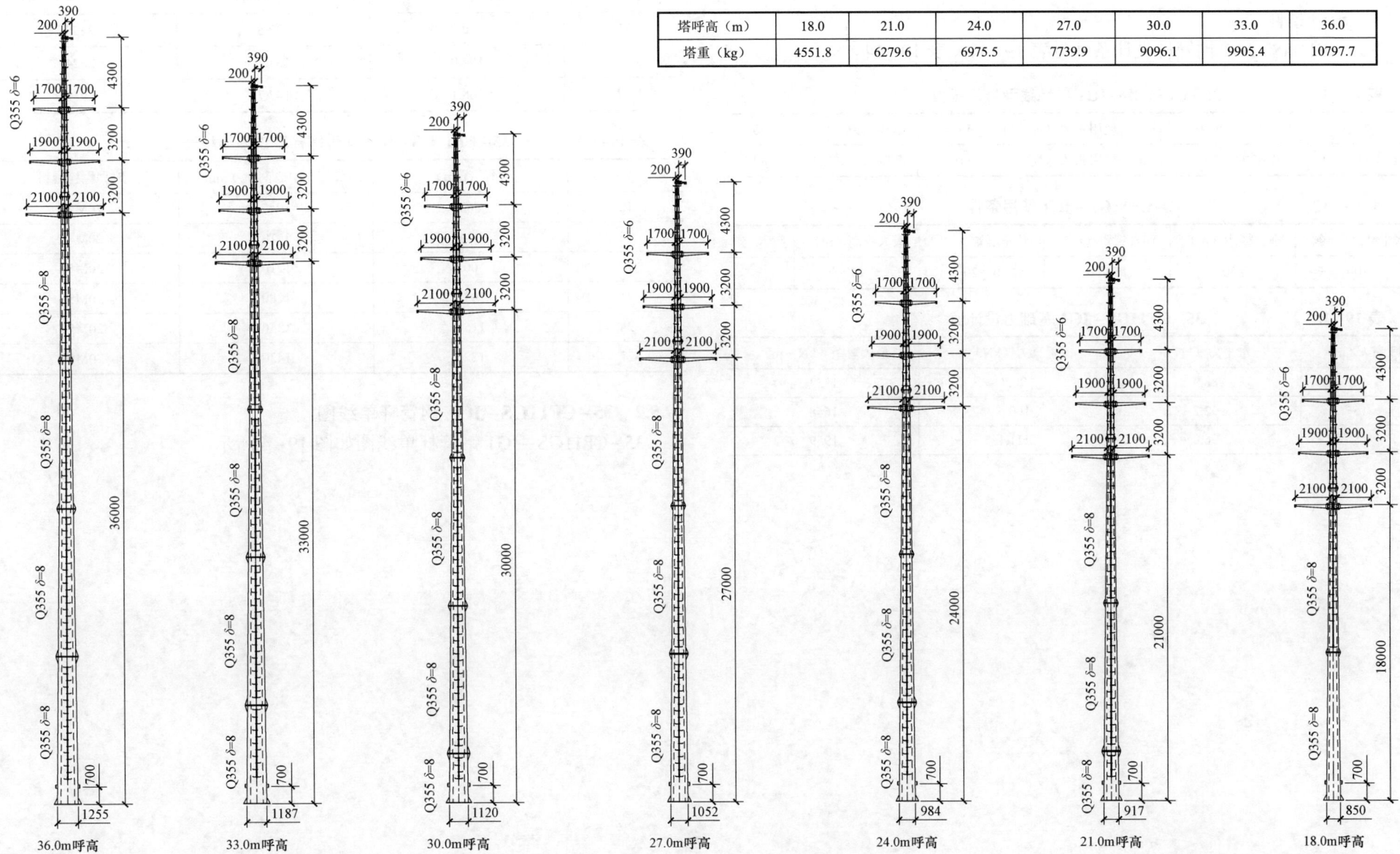

36.0m呼高　　33.0m呼高　　30.0m呼高　　27.0m呼高　　24.0m呼高　　21.0m呼高　　18.0m呼高

图 19-3　35-CF11GS-ZG2 钢管杆单线图

19.5 35-CF11GS-JG1 钢管杆

19.5.1 设计条件

35-CF11GS-JG1 钢管杆设计条件见表 19-11～表 19-14。

表 19-11   35-CF11GS-JG1 导地线型号及张力

导线型号	JL/G1A-240/30	最大使用张力（N）	11905	断线张力（%）	70
地线型号	JLB20A-80	最大使用张力（N）	11164	断线张力（%）	80

表 19-12   35-CF11GS-JG1 使用条件

水平档距（m）	垂直档距（m）	代表档距（m）	转角度数（°）	最大呼高（m）	K_v
200	350	150/50	0～20	27	—

表 19-13   35-CF11GS-JG1 基础力设计值

呼高 h（m）	水平力（kN）	垂直力（kN）	最大弯矩（kN·m）
12	88.9	90.7	1353
15	92.2	100.5	1648
18	96.0	111.1	1959

续表

呼高 h（m）	水平力（kN）	垂直力（kN）	最大弯矩（kN·m）
21	100.2	122.5	2288
24	104.0	134.7	2624
27	108.1	147.7	2976

表 19-14   35-CF11GS-JG1 地脚螺栓及铁塔半根开值

呼高 h（m）	根径（mm）	地脚螺栓中心间距（mm）	地脚螺栓规格
12	860	1040	20M48
15	933	1110	20M48
18	1005	1210	20M56
21	1077	1280	20M56
24	1150	1350	20M56
27	1220	1430	20M56

19.5.2 35-CF11GS-JG1 钢管杆单线图

35-CF11GS-JG1 钢管杆单线图如图 19-4 所示。

塔呼高（m）	12.0	15.0	18.0	21.0	24.0	27.0
塔重（kg）	5204.7	5924.0	6734.7	8903.6	10027	11252

27.0m呼高　　24.0m呼高　　21.0m呼高　　18.0m呼高　　15.0m呼高　　12.0m呼高

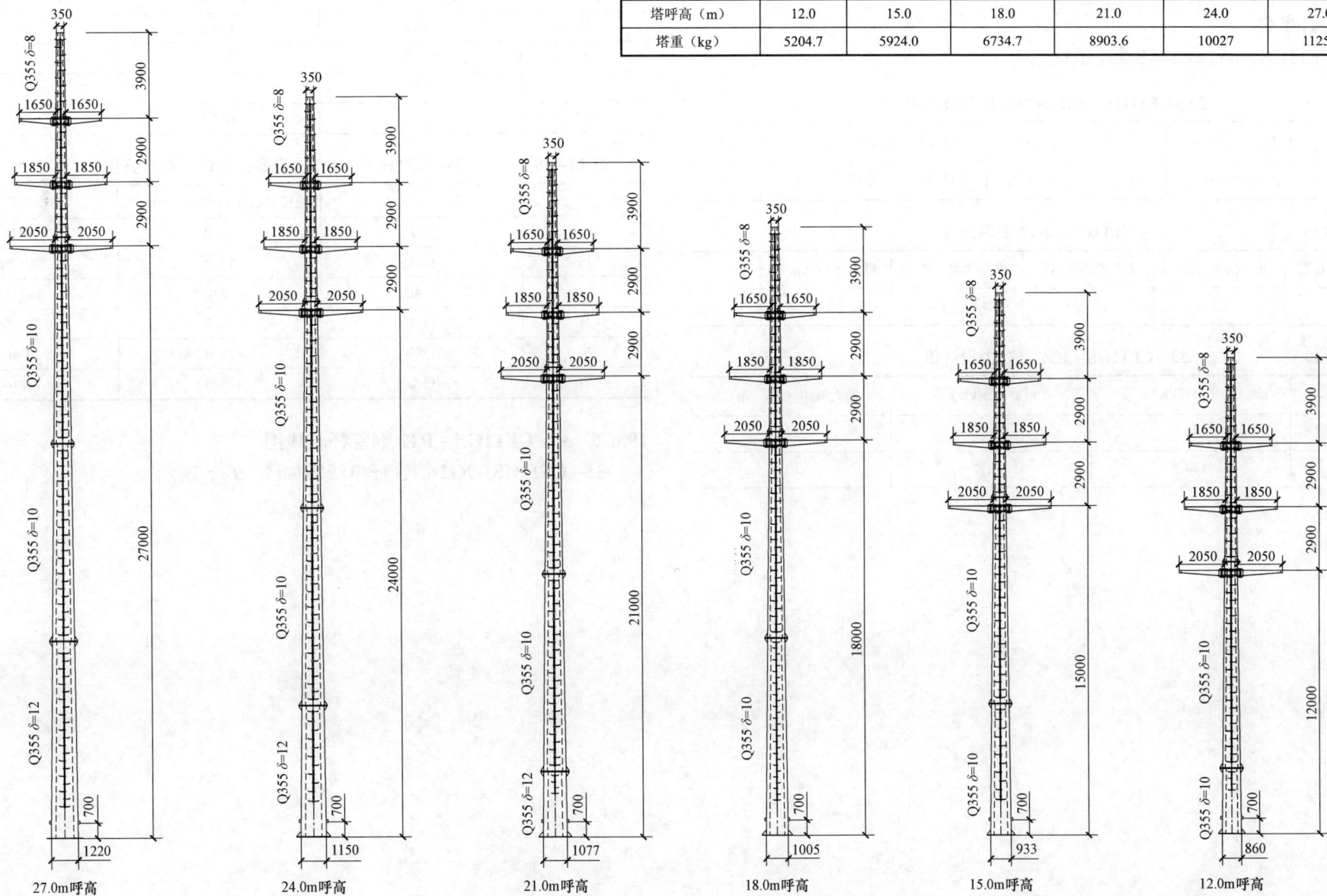

图 19－4　35－CF11GS－JG1 钢管杆单线图

呼高 h（m）	水平力（kN）	垂直力（kN）	最大弯矩（kN·m）
18	148.6	136.2	3089
21	153.2	151.6	3578
24	157.5	168.2	4076
27	162.2	185.8	4595

19.6 35-CF11GS-JG2 钢管杆

19.6.1 设计条件

35-CF11GS-JG2 钢管杆设计条件见表 19-15～表 19-18。

表 19-15　　　35-CF11GS-JG2 导地线型号及张力

导线型号	JL/G1A-240/30	最大使用张力（N）	11905	断线张力（%）	70
地线型号	JLB20A-80	最大使用张力（N）	11164	断线张力（%）	80

表 19-16　　　35-CF11GS-JG2 使用条件

水平档距（m）	垂直档距（m）	代表档距（m）	转角度数（°）	最大呼高（m）	K_v
200	350	150/50	20～45	27	—

表 19-17　　　35-CF11GS-JG2 基础力设计值

呼高 h（m）	水平力（kN）	垂直力（kN）	最大弯矩（kN·m）
12	140.5	108.4	2164
15	144.2	121.7	2617

表 19-18　　　35-CF11GS-JG2 地脚螺栓及铁塔半根开值

呼高 h（m）	根径（mm）	地脚螺栓中心间距（mm）	地脚螺栓规格
12	977	1180	20M56
15	1058	1260	20M56
18	1140	1340	24M56
21	1220	1430	24M56
24	1300	1530	24M64
27	1382	1620	24M64

19.6.2 35-CF11GS-JG2 钢管杆单线图

35-CF11GS-JG2 钢管杆单线图如图 19-5 所示。

塔呼高（m）	12.0	15.0	18.0	21.0	24.0	27.0
塔重（kg）	7146.3	8272.2	9478.2	12370.8	14045.8	15842.4

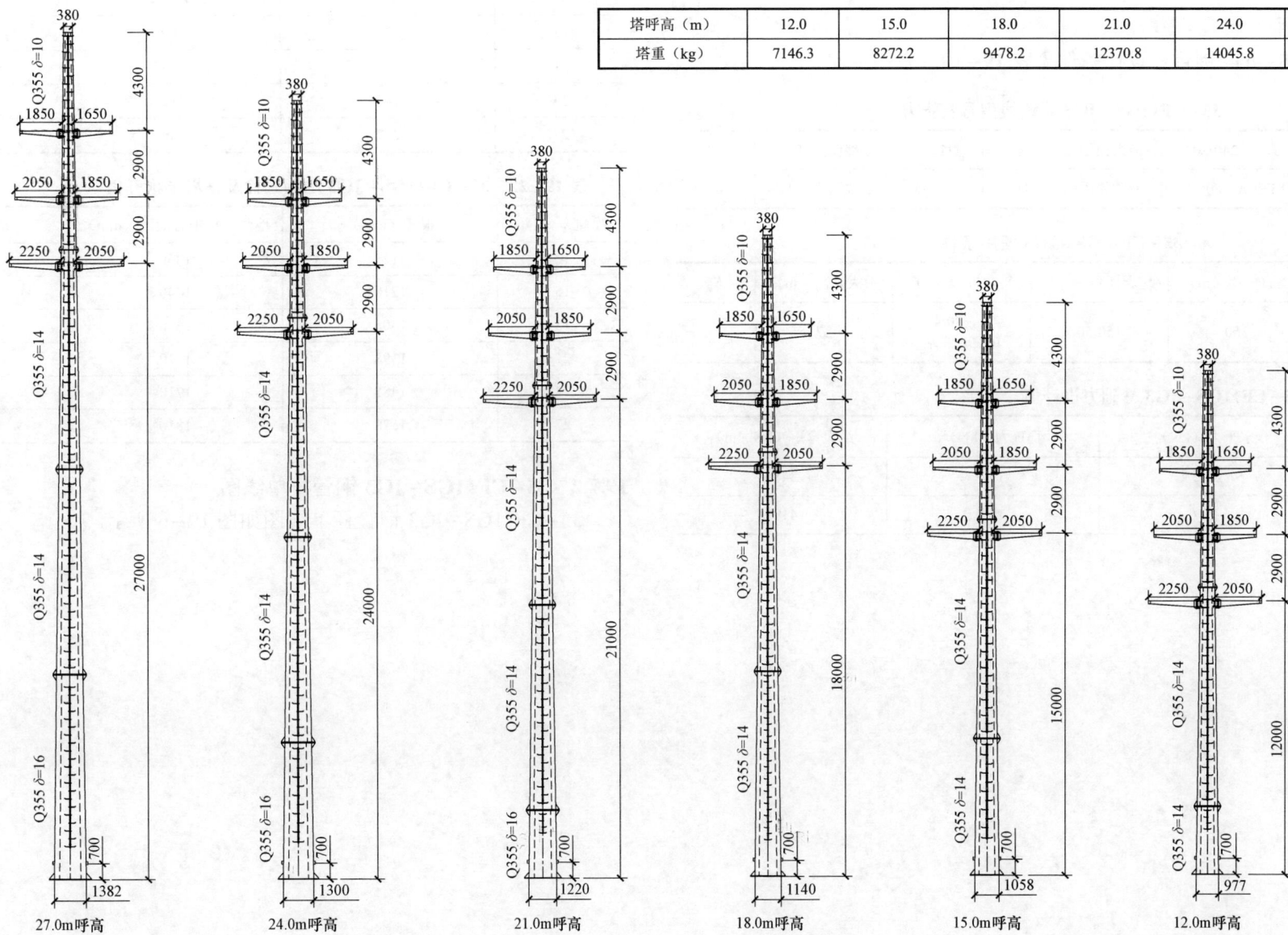

27.0m呼高　　24.0m呼高　　21.0m呼高　　18.0m呼高　　15.0m呼高　　12.0m呼高

图 19-5　35-CF11GS-JG2 钢管杆单线图

19.7 35-CF11GS-JG3 钢管杆

19.7.1 设计条件

35-CF11GS-JG3 钢管杆设计条件见表 19-19～表 19-22。

表 19-19　　35-CF11GS-JG3 导地线型号及张力

导线型号	JL/G1A-240/30	最大使用张力（N）	11905	断线张力（%）	70
地线型号	JLB20A-80	最大使用张力（N）	11164	断线张力（%）	80

表 19-20　　35-CF11GS-JG3 使用条件

水平档距（m）	垂直档距（m）	代表档距（m）	转角度数（°）	最大呼高（m）	K_v
200	350	150/50	45～90 兼 0～90 终端	27	—

表 19-21　　35-CF11GS-JG3 基础力设计值

呼高 h（m）	水平力（kN）	垂直力（kN）	最大弯矩（kN·m）
12	222	132	3488
15	227	150	4191

呼高 h（m）	水平力（kN）	垂直力（kN）	最大弯矩（kN·m）
18	232	169	4918
21	237	190	5654
24	242	212	6407
27	247	236	7183

表 19-22　　35-CF11GS-JG3 地脚螺栓及铁塔半根开值

呼高 h（m）	根径（mm）	地脚螺栓中心间距（mm）	地脚螺栓规格
12	1128	1350	20M64
15	1218	1440	20M64
18	1308	1530	24M64
21	1398	1620	24M64
24	1488	1710	28M64
27	1578	1810	28M64

19.7.2　35-CF11GS-JG3 钢管杆单线图

35-CF11GS-JG3 钢管杆单线图如图 19-6 所示。

塔呼高（m）	12.0	15.0	18.0	21.0	24.0	27.0
塔重（kg）	10648.9	12289.8	14072.1	17774.7	19856.7	22054.6

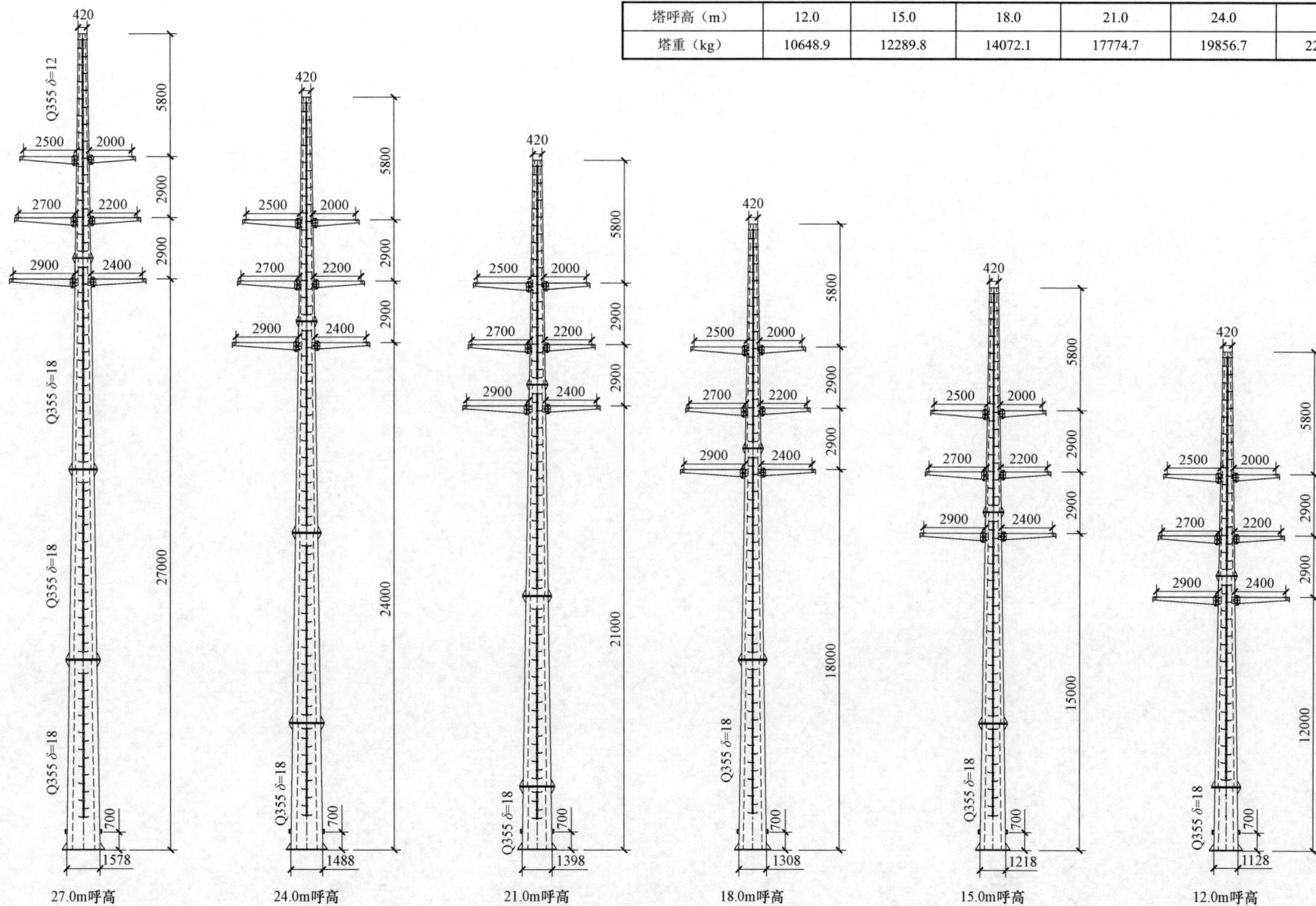

图 19-6   35-CF11GS-JG3 钢管杆单线图